城市更新与空间演进

CHENGSHI GENGXIN KONGJIAN YANJIN

严湘琦 杜庆 蒙彦 著

图书在版编目（CIP）数据

城市更新与空间演进 / 严湘琦，杜庆，蒙彦著．--哈尔滨：黑龙江科学技术出版社，2023.9（2024.3 重印）

ISBN 978-7-5719-2133-0

Ⅰ．①城… Ⅱ．①严… ②杜… ③蒙… Ⅲ．①城市规划—研究 Ⅳ．① TU984

中国国家版本馆 CIP 数据核字 (2023) 第 179633 号

城市更新与空间演进

CHENGSHI GENGXIN YU KONGJIAN YANJIN

作　　者　严湘琦　杜　庆　蒙　彦

责任编辑　蔡红伟

封面设计　张顺霞

出　　版　黑龙江科学技术出版社

地址：哈尔滨市南岗区公安街 70-2 号　邮编：150007

电话：（0451）53642106　传真：（0451）53642143

网址：www.lkcbs.cn

发　　行　全国新华书店

印　　刷　三河市金兆印刷装订有限公司

开　　本　710mm × 1000mm　1/16

印　　张　19.25

字　　数　340 千字

版　　次　2023 年 9 月第 1 版

印　　次　2024 年 3 月第 2 次印刷

书　　号　ISBN 978-7-5719-2133-0

定　　价　98.00 元

《城市更新与空间演进》
编委会

主　编　严湘琦　湖南大学建筑与规划学院

杜　庆　广东省广建设计集团有限公司规划咨询院

蒙　彦　中山火炬开发区临海工业园规划管理所

副主编　陈斌卿　哈尔滨工业大学

田浩楠　华南理工大学建筑学院

作者简介

严湘琦

严湘琦，男，1979年生，湖南长沙人，湖南大学建筑与规划学院博士，硕士生导师，高级工程师。中国城市规划学会住房与社区规划学术委员会青年委员，湖南省国土空间规划学会城市设计专业委员会副主任委员，湖南省建筑室内设计协会副会长，湖南省设计艺术家协会理事。

杜　庆

杜庆，男，1984年生，湖北荆州人，硕士研究生，高级工程师，一级注册建筑师，注册城乡规划师，广东省广建设计集团有限公司规划咨询院副院长、广东省建科建筑设计院城设一所所长，拥有多年在国内规划设计大院负责从事城市设计，城市更新及建筑方案设计的丰富工作经验。主持和参与设计了各种类型的策划规划、城市设计和建筑设计项目；尤其擅长重点地区城市设计、大型公共建筑周边地区城市设计和存量更新类规划设计。2022年2月获聘广东省国土空间规划专家库专家，广东省小城镇建设技术帮扶专家库成员。参与过住房和城乡建设部科技计划项目《岭南特色城市风貌控制与管理技术指南》，住房和城乡建设部软科学研究项目《岭南特色城市风貌控制与管理研究》。

蒙　彦

蒙彦，男，1988年生，广东高要人，本科，理学学士学位，国土高级工程师职称，北京师范大学珠海分校本科毕业，资源环境与城乡规划管理专业，于中山火炬开发区临海工业园规划管理所工作，熟悉国土空间用途管制，国土空间规划（城乡规划）以及城市更新（村镇低效工业改造），已发表论文两篇：《国土空间规划背景下城市更新路径探索》《国土空间规划体系中的城市规划与可持续发展分析》。

前言

随着我国城镇化的加速发展，许多城市展开了轰轰烈烈的城市更新运动，大量旧改项目在改变城市面貌、提升城市环境质量的同时，亦面临着无序和低效开发、城乡区域发展失调、社会发展失衡等诸多弊端，城市盲目扩张问题明显。城市自从其产生之时起，就必然面临持续的改造和更新。纵观人类城市发展史，那种大规模的、彻底的城市改造更新总是偶发的和短暂的，更加常态化的城市发展状态是持续不断的小规模渐进式改造更新。而中国在经历了数十年大规模快速城市改造和城市更新运动后，也必然进入这种更加常态化的城市更新状态。如何更好地开展城市更新与空间演进工作，实现城市的可持续发展，成为地方政府与规划设计单位必须直面的课题。在国家新型城镇化的背景下，城市面临转型，由以往"摊大饼"蔓延式扩张转向城市内部的升级，即从增量发展走向存量更新，这标志着我国城市发展进入了一个新的阶段。

本书共有六章，第一章为城市更新与空间演进概述，系统介绍了城市更新与空间演进的基本等内容；第二章和第三章分别对城市更新制度建设、空间演进与发展分析进行了探究；第四章和第五章主要对国内外城市更新与空间演进实践进行了分析；第六章主要写了城市更新与空间演进路径探析，包括更新城市与空间演进理念、优化城市更新与空间演进的制度供给、城市更新与空间演进的可能方向等内容。

本书由严湘琦、杜庆、蒙彦、陈斌卿、田浩楠等作者撰写完成，其中严湘琦负责前言、第一至第二章，合计 10 万字；杜庆负责第三章至第四章，合计 10 万字；蒙彦负责第五章，合计 8 万字；陈斌卿、田浩楠合作撰写第六章，分别承担 3 万字左右，合计 6 万字。本书参考了众多文献资料，包括书籍、期刊论文等，在此一并表示感谢。由于编者水平有限，书中疏漏之处在所难免，恳请广大读者批评指正。

目 录

第一章　城市更新与空间演进概述

第一节　城市更新的概念与内涵

一、城市更新的概念内涵

“城市更新”（urban regeneration）通常指通过重新设计、重新建构，以及对城市土地资源的重新分配来实现城市转型的过程。城市更新是城市变化的产物，城市更新的实施是对城市兴衰所带来机遇和挑战的回应。英国城市战略规划学者彼得·罗伯茨（Peter Roberts）和休·塞克斯（Hugh Sykes）在《城市更新手册》中对这一概念进行了界定：城市更新是用一种综合的、整体的观念和行为来解决各种各样的城市问题；应该在经济、社会、物质环境等各个方面，致力于对处于变化中的城市地区进行长远的、可持续性的改善和提高。

提及城市更新，学界、业界、政府和媒体通常会相互替换使用一些相似的短语、词汇。

英语表述如“urban regeneration”“urban revitalization”“urban renewal”和“urban renaissance”等。这些术语虽有细微差别，但内涵相似，都与“再生”“复活”“重建”相关。在英国的城市更新中，“城市改建”（urban renewal）多用于20世纪六七十年代的公共建设，重点是对城市中心过度拥挤的贫民窟进行大规模的推倒重建式再开发。与之形成对比的是，20世纪80年代的“城市更新”（urban regeneration），侧重经济发展和房地产开发，使用公共资金来刺激没有明确方向的市场投资。“城市复兴”（urban renaissance）在20世纪90年代被纳入更为宽泛的可持续发展议题中，“复兴”一词的隐喻得到挖掘和重视。经历过2008年全球金融危机之后，城市更新再一次与经济增长紧密联系在一起，“城市更新”（urban regeneration）的表述成为认可度较高和较常使用的术语。

中文表述有“城市更新”“有机更新”“城市再生”和“城市复兴”等。20世纪80年代初期，城市规划专家陈占祥使用“城市更新”，强调城市发展会经历新陈代谢的过程，经济发展在其中发挥重要作用。20世纪90年代，面对逐渐显现的城市空间问题，如历史街区和特色文化区在城市改造中的快速消失，建筑学家吴良镛提出“有机更新”，强调城市的保护与发展，体现了可持续发展的思想。2000年以来，学者们开始注重城市空间发展的整体性和综合性，不少文章对“城市更新”这一主题发表了新见解，提出了“城市再生”“城市复兴”等概念。综合来看，“城市更新”的表述使用范围较为广泛、接受程度较高，该表述既指明了对象——城市，也表明了寓意——面向未来的新生希望。

成功的城市更新应该认识到，社会经济、政治和文化与地理环境之间是共生发展的。从建立要素关联的角度来说，南非裔英国城市经济学者伊万·图罗克（Ivan Turok）以“商业”（business）、“人群”（people）和“场所”（place）三个要素来考察变迁中城市的竞争力和凝聚力：在商业方面，城市更新旨在提高经济竞争力，创造更多的就业机会，促进城市繁荣；在人群方面，城市更新致力于提高现代人的技能、才能，帮助他们抓住机会并从中受益；在场所方面，商业和人群的更新以城市物理场所为基本承载。应整合、平衡这三个要素，保证城市以可持续的姿态保持向上走势。由于各地实际情况各有不同，城市更新并没有一套固定的指导原则和操作指南，也没有可以被直接复制的成功之路。然而，正是城市更新的目的和范围的模糊性提高了其弹性、可修改性和可适用性。

城市更新意义深远。从历史和生态的角度来说，城市如果不更新，就会面临消亡的威胁。芝加哥城市社会学派认为，如果将城市视作有机体，那么其动态变化的过程包括成长、成熟、衰退和没落等阶段。城市更新是城市发展中的新陈代谢过程，其表现即城市的物质形态、空间布局、社会制度和文化结构的一次次变迁。在面临城市缓慢发展时，如果不主动采取更新策略，结果可能就是城市的消亡。考古发掘和传世文献所呈现的城市发展史都证明了这一点。

从社会现实的角度来说，城市面临经济、政治、社会和文化的转型，兼具内部和谐及外部竞争的压力，城市更新的进程被寄予解决这些日趋明显的社会问题的希望。总体来说，当代城市更新面向后工业化，或被称作"后现代""消费社会""媒介社会""信息社会"等，不同的研究立足点制造了不同的话语标签，而它们的共同之处在于说明社会的重要转型。即便亚洲城市正处于制造业和服务业同步增长的阶段，但从长远来看也将面临后工业化或新工业化的转型。现代城市基于19世纪中期以来的工业扩张而建立，工业的兴起是城市发展的历史转折；然而在20世纪中后期，去工业化成为城市的又一个重要抉择，城市面临更加人性化的发展。

城市更新的重点是对于旧城区内的建筑、土地、道路的结构性调整，它是当代城市社会进步、经济结构升级的产物，是城市生态管理的新形式、新内容。城市更新的本质是城市功能的调整和城市空间的再利用。城市更新的对象主要是建筑、道路、基础设施和环境。一般说来，城市更新的目的是公共设施和环境的改善、财政状况的好转、居民生产和生活条件的改善、经济和社会的可持续发展、就业率的增加、教育和发展机会的增多、犯罪数量的减少、卫生缺陷的减轻等。

根据国内外城市更新的实践，笔者认为，城市更新的原则如下：①经济效益和社会效益兼顾；②居民参与和人性化；③多方投入和多方受益；④适合人的基本需要（以人为本）；等等。城市更新要充分发挥城市的集聚效应、规模效应、发散效应、极化效应。

城市更新的模式大体上可以分为以下3种。

第一，重建。顾名思义，就是把部分城市建成区的所有建筑物彻底推倒，根据新的城市功能需要重新规划建设。这种更新的优点是规模大、易规划、现代化，但也有投资大、环境协调差、缺少人性化、原有社区破坏严重等缺陷。

第二，整建。就是在保持原有建成区的基本空间结构和主体建筑的前提下，对原有建成区进行适合新的功能需要的整理改造。这种更新的优点是规模较小、投资相对较小、具有一定的功能和空间的继承性、能够实现传统文化和现代需求的结合、较为人性化、原有社区能够得到较好保护；缺点是容积小、传统建筑和周边环境的局限性较大、设计和改造过程较为困难、一些建筑在可保护与不必保护之间难以取舍等。

第三，维护。为了防止城市建成区的衰败，可以充分利用城市原有的建筑和历史文化传统，通过社区居民自身参与维护原有社区的完整，使得社区在保持原有主体建筑的前提下获得适合新的功能需要的发展。这种更新的优点是成本小、易操作、社区居民参与广泛、民间组织活跃，是一种理想的更新模式。但是，其前提是原有社区的建筑和基础设施比较完好或容易被改造利用，能够适应城市进一步更新的需要。

国内不乏城市更新的成功实践，如被列为世界文化遗产的平遥古城和丽江古城、南京秦淮区夫子庙、苏州平江区观前街等历史街区，以及扬州古运河与瘦西湖的整治等都提供了很好的范例，不仅实现了对具有历史价值、科学价值和使用价值的历史街区的保护，而且促进了经济和社会的进步和发展。中国绝大多数城市都正经历着城市更新的喜悦与阵痛，喜悦的是中国城市的现代化进程日新月异，不少省份排列了城市现代化的先后顺序表，如江苏省最早基本实现现代化的城市是苏州，而最后基本实现现代化的城市是宿迁，前后相差接近20年；阵痛的是在城市快速现代化的同时，广大城市居民，尤其是普通居民并没有明显提高自身的生活质量，甚至有些人还在城市快速现代化的过程中遭受“折磨”，承担了不应该由他们承担的社会成本，一部分人的生活水平显著下降。这种阵痛是城市现代化过程中难以完全避免的。

二、城市更新的后工业性

城市的功能形态与时代背景密切相关，是经济社会发展的产物。意大利经济史学者卡罗·齐波拉（Carlo Cipolla）指出，两次重要的变革促进了城市的形成与发展：第一次是农业革命，这次革命改变了人类的生活方式，使人类从狩猎者和采集者变成农民与牧民，生产力的提高、剩余产品的出现为商品交易提供了条件，也为城市的形成奠定了物质基础；第二次是工业革命，这次革命改变了人类的生产方式，其影响更为深远，工业革命使城市发展迎来崭新时代。以工业化为基点，可以将社会划分为前工业化、工业化和后工业化三个阶段。

前工业化阶段的城市，先有"城"而后有"市"。早期的城市一般作为军事要塞和政治中心，突出"城"的功能。随着农业生产技术的进步和社会生产力的提高，剩余产品越来越丰富，形成早期的"市"。交通运输工具的发展进一步扩大了贸易市场，促进商品交易不断扩大，商业活动日益活跃。随着城市中商品经济和货币关系的发展，城市职能也不再局限于军事和政治功能，还成为手工业发达、商业贸易往来频繁和交通便利的经济中心。这一时期的典型城市，如罗马帝国的罗马和威尼斯、拜占庭帝国的君士坦丁堡、古埃及的开罗，以及古代中国的长安、洛阳和南京等。前工业化阶段的城市是围绕着发达的农业地区形成的。

工业化阶段的城市主宰了世界。18 世纪初的英国，以工厂和手工作坊为特征的生产型企业的投资快速增长，实体经济逐渐取代此前的重商主义体制。技术进步推动工业发展，机器生产代替手工劳作，工厂出于节约成本的需要倾向于落户原材料丰富、交通便利的地区，工业企业集聚发展。这一时期，农田土地被工厂码头替代，农民成为工人，城镇人口大幅增加，消费需求不断增长，生产和交易活动日渐繁荣。18 世纪下半叶，英国内陆地区出现了一些制造业城市，城市形态通常是工厂位于中心地带而大量破旧的工人住宅密集地分布于外围。19 世纪中叶，城市人口超过农村人口，城市出现贫民窟、荒废区、市政腐败和道德危机等问题。政治家和社会改革家认为，在欧美的一些大城市里，需要通过干预来解决这类问题，因此城市地区出现了正式的规划体系以调控发展。这一时期所采取的行动主要是修葺房屋、改善卫生条件等，以改善城市贫困人群的物质生活条件。19 世纪下半叶，美国的工业发展区域已经远远超出最初的新英格兰州，进入更具活力的全面发展阶段。得益于现代交通运输业的发展，人们的活动范围不断扩大。大城市凭借其雄厚的经济实力、充足的就业机会和优越的生活条件成为人口流入地，专业技术人员集聚城市，提升了城市的组织生产和创新能力。总体而言，工业化阶段的城市，工业逐步取代农业成为主导的经济载体，职能多样化推动城市形成了生产区、居住区、商业区和文化教育区等区域分工明确的城市形态。工业化阶段实现了城乡关系的根本性转变，城市成为物质财富高度集中的区域，城市创造的精神财富也不断增长，城市成为社会发展进步的中心。

后工业社会的到来，早在福特主义转向后福特主义初期就得到了社会学者的关注，如美国社会学者丹尼尔·贝尔（Daniel Bell）有关后工业社会的预测和断言。20 世纪 70 年代爆发了严重的经济危机，美国制造业地带变成铁锈地带，去工业化成为城市经济发展的焦点。与此同时，第三次科技革命席卷全球，西方城市先后进入以信息化、知识化和服务化为特征的后工业化阶段。科技在推动生产力进步方面发挥着越来越重要的作用。生产力的提高推动西方社会经济结构从商品生产经济向服务型经济转变，服务业成为国民经济中最重要的部门。此时的城市已经不再是制造业基地，而成为第三产业的中心。当代城市的经济社会背景是从工业化向后工业化转型。在英国城市和区域发展研究学者艾伦·斯科特（Allen Scott）看来，后工业时代的新经济是一种认知文化经济（cognitive cultural economy），其主要特征是高度依赖高水平的科学技术劳动力，具有广泛的知识密集型与情感密集型的生产过程，其最终产品主要是审美化的产品和服务。认知文化经济主要包括技术密集型产业、商业和金融服务，以及文化创意产业。总体而言，当代城市更新是一种经济转型和文化扩张的状态。

三、城市更新带来显著的社会效益

随着中国城市更新速度的不断加快，城市面貌和空间格局都发生了显著变化，城市经济文化突飞猛进地发展，产生了显著的社会效益。

第一，城市经济发展迅速，拉动了相关产业发展，提供了大量新的就业岗位。城市更新促进了城市的现代化，带动了城市第二、第三产业的快速发展。中国大多数城市的房地产业已经成为支柱产业，并且已经成为地方政府最重要的财政收入来源。房地产业的发展还带动了数十个相关产业的发展，建筑业、制造业、运输业、配套服务业、小区物业、绿化产业、通信业、水电气基础设施等都得到了相应发展。城市新产业的发展代替了许多旧产业，大量城市职工面临下岗威胁，城市更新带动城市新产业的发展为广大下岗职工，特别是为广大外来务工者提供了大量的劳动就业岗位和新的就业渠道，促进了城市化进程。

第二，城市基础设施明显改善。城市更新最重要的目的之一就是改善城市基础设施，提高居民的生活质量，改善人们的生活环境。有目共睹的是，在中国城市更新过程中，城市小区的环境得到了明显的改善，居民的用水、用电、用气等基础设施建设不断得到完善。过去许多社区电线老化、缺少下水道，更没有煤气管道和通信网络，现在这些问题通过城市更新得到极大的改善。以南京市为例，南京市的道路设施发生了日新月异的变化，如城市地铁的建成通车，城东干道、城西干道及城市环城快速通道、四通八达的高速公路、多条地下隧道的建成通车，等等，都使城市交通变得快速便捷，人们的出行更加方便。江宁、栖霞、江浦、六合与城市主城区的联系更加紧密，带动了这些郊区的主城区化。教育设施、商业设施等的普及同样为民众带来了现代化的生活。

第三，提高了城市居民的人均住房面积。在城市更新之前的 20 世纪 80 年代，中国的城市人口平均居住面积长期保持在 10 m^2 以下，甚至有些大城市的人口人均住房面积只有不到 3 m^2。而今，中国城市人均住房面积已经达到或超过 20 m^2，并且住房质量和交通条件都得到了前所未有的改善。

第四，城市功能分区明显。20 世纪 80 年代，大多数城市居民区和工厂区掺杂在一起，主城区的工厂数量较多，严重影响城市居民的日常生活，同时也影响工厂的进一步发展和更新改造。20 世纪 90 年代以来，大城市开展的“退二进三式”（第二产业退出城区，第三产业进入城区）的改造更新不断地把工厂搬迁到郊区和工业开发区，城市原有工厂用地大多改造成居民居住用地。过去城市郊区大多是农业生产用地，但随着城市更新的发展，大多农业生产用地转变成为郊区住宅用地和新型郊区农业用地。如南京市的江心洲，过去主要是农业生产地，现在转变成为现代化的农业示范区：葡萄园、休闲娱乐园、旅游度假区，整个江心洲的城市功能都发生了显著变化。如今，南京市的主城区几乎没有工厂，取而代之的主要是现代化的第三产业和居民区，城市功能分区基本实现，不同区位优势根据其基础和条件都得到了发挥。大学城、高新技术开发区、新型住宅区、现代化农业示范区、旅游度假区等不同功能的城市空间各得其所。

第五，城市中心地位明显加强。现代化国家特征之一是城市人口占据主导地位，城市经济成为国家经济的主导，城市的政治文化中心地位牢固。中国城市化和城市现代化的过程，在某种程度上也可以说就是城市中心地位不断强化的过程。近 20 年的城市更新正在使这个中心地位更加突出，城市经济、政治、文化中心地位更加牢固。城市化把大量农村人口转移到城市，必然要求原有的城市规模不断扩大，城市人口规模不断增长，城市建成区的更新改造就成为不可避免的趋势。城市作为国家经济政治文化中心的地位更加巩固。

随着城市中心地位的巩固，城市更大规模地融入世界经济大潮之中，全球化、全球经济一体化的趋势使得中国城市不断受到外来经济文化的影响。快速的城市更新使城市管理水平显著提高，为全面建设小康社会、早日全面实现现代化奠定了基础。

城市大规模更新既是城市化和城市现代化发展的必然要求，又是城市化和城市现代化发展的必然结果。下面以武汉为例，对城市更新路径及成果进行介绍。

武汉市是我国中部省份唯一的副省级城市，其交通便利，自古以来便有“九省通衢”之称；其经济活动繁荣，高校林立，在我国城市各类排名中均居前列。地理上，长江及其最长支流汉江横贯市区，将武汉一分为三，形成武昌、汉口、汉阳三镇隔江鼎立的格局。独特的地理格局、深厚的历史积淀为武汉增添了魅力，但也一度使得武汉以城市规划零乱、建筑物老旧的形象出现在公众面前。近年来，武汉市通过加大基础设施建设、大力推进城市更新，城市面貌焕然一新，吸引了众多知名企业前来投资、设置机构。在此过程中，城市更新暨“三旧”（棚户区）改造活动起到了至关重要的作用。

武汉市城市更新的主要表现形式为“三旧”改造，即城中村改造、旧城区改造、旧厂房改造，具体如下。

（1）城中村改造。武汉市“城中村”具有明确的范围，指《武汉市土地利用总体规划》《武汉市城市总体规划图》确定的城市建设发展预留地范围内，因国家建设征用土地后仅剩下少量农村用地，农民已不能靠耕种土地维持生产生活且基本被城市包围的行政村。

根据人均农用地面积的多少，将武汉市城中村划分为A、B、C三类：A类村为人均农用地小于或等于0.1亩（约66.6 m^2）的村，B类村为人均农用地大于 0.1 亩（约 66.6 m^2）、小于或等于 0.5 亩（约 333.3 m^2）的村，C 类村为人均农用地大于 0.5 亩（约 333.3 m^2）的村。前述分类在实践中的主要意义在于针对不同类型的城中村，相关政策规定了不同的改造方式，概括而言，A 类村主要以改制后的经济实体自行实施改造，B 类村主要以项目开发方式实施改造，C 类村主要以统征储备的方式实施改造。

改造方式的不同，间接会影响社会资本能否参与某一具体类型城中村改造项目，以及参与的形式等。但总体而言，城中村改造仍然是社会资本（尤其是房地产企业）参与武汉市城市更新的主要通道。

（2）旧城区改造。武汉市“三旧”改造政策文件中的“旧城”用语通常与“棚户区”用语同时出现，二者的概念在较大程度上重合，通常合指主城区范围内房屋破旧、布局零乱、基础设施落后、安全隐患突出、集中成片的旧城和城市棚户区。

武汉市旧城（棚户区）改造的形式分为三类：①以拆除重建形式进行改造；②以保护整治形式进行改造，主要是建筑修缮和环境整治，少数无保留价值的建筑可拆除；③以历史文化风貌街区为主体进行改造，可以探索“权属不变、功能更新”的方式进行改造。不同于城中村改造的主体因城中村类型而存在差异，旧城（棚户区）改造的实施主体统一为各区土地储备或房屋征收机构，即社会资本无法直接参与此类城市更新项目。

（3）旧厂房改造。武汉市“三旧”改造政策文件中的“旧厂”通常指城市规划确定不再作为工业用途，以及国家产业政策规定的禁止类、淘汰类、不符合安全生产和环保要求的旧厂房用地。

武汉市旧厂房改造的形式主要包括 2 类：①以拆除重建进行改造；②以保护整治进行改造。前述两种形式与旧城（棚户区）改造的第①、②形式类似。不同的是，相关文件对旧厂房改造更强调以“成片改造”为原则；此外，改造主体除市、区土地储备机构外，还可以包括原土地使用者。究其原因，主要是旧厂房项目往往具有占地规模较大、产权集中、原土地使用者自身具备较好的人员及资金实力（例如“百年汉阳造”的汉阳钢铁厂项目）。

武汉市城市更新政策如下：

（1）政策初期——城中村改造阶段。武汉市城市更新政策起步于“城中村”改造政策。2004年9月10日，中共武汉市委、武汉市人民政府发布实施了《关于积极推进“城中村”综合改造工作的意见》（武发〔2004〕13号），对城中村改造的目标、范围、政策措施、工作内容、领导机构作出了全面的规定。除房屋的拆建外，还包括了“城中村”集体经济组织改制、村民户籍变更、撤销村民委员会组建社区居民委员会、劳动就业和社会保障、计划生育等多方面的内容。同日，市规划局（市国土资源局）发布了《关于“城中村”综合改造土地房产处置及建设规划管理的实施意见（试行）》，对A、B、C三类城中村改造建设的方式进行了详细的规定，并对相关具体政策、处置标准、规划要求进行了细化说明。此后，武汉市及各区政府部门先后出台了大量涉及“城中村”改造各方面问题的综合性或专门规定，例如《市人民政府关于进一步加快城中村和旧城改造等工作的通知》（武政〔2009〕37号）、《关于进一步下放中心城区城中村改造还建、产业用地审批权限的通知》（武土资规规〔2015〕3号）等。

（2）逐步完善期——“三旧”改造阶段。“城中村”改造项目广泛开展起来后，在国家及省政府的政策导向下，参考先行地区的有关规定，并结合武汉市实践中大量存在的“城中村”以外的待改造项目情况，中共武汉市委、武汉市人民政府于2013年9月26日发布了《关于加快推进“三旧”改造工作的意见》（武发〔2013〕15号），首次在武汉市政策文件层面提出“三旧”改造概念。在上述政策基础上，2016年12月26日，中共武汉市委、武汉市人民政府发布了《关于进一步加快推进城市更新暨“三旧”（棚户区）改造工作的意见》（武发〔2016〕29号）。该文件针对改造实践中的难点问题提出了进一步完善政策的意见，涉及改造主体、生态保护、节约集约用地、基础设施建设、补偿标准、供地手续、不动产登记、历史遗留问题的处理等多方面内容。此外，该文件亦吸取了政策先进地区的经验，首次在武汉市相关政策文件中使用了“城市更新”的用语，并将“棚户区”改造有机融入现有政策体系。

（3）政策探索期——以“改”代“拆”。随着拆除重建形式的城市更新项目遍地开花，武汉市的建筑现代化水平得到了较大提升。但作为一座有着深厚历史底蕴、独特人文风貌的城市，一味地拆除、重建对于城市总体形象并非百利无害。此外，亦为贯彻落实国家对于房地产行业的宏观调控要求，武汉市在城市更新政策制定上逐渐转变思路，积极探索以改建或新建公共基础设施、物业配套设施，完善物业管理等综合手段实现对老旧小区的改造，并先后发布了《关于老旧小区新增停车配套设施规划管理暂行规定》（武土资规规〔2014〕1号）、《关于既有住宅增设电梯工作的意见》（武政规〔2018〕27号）和《武汉市老旧小区改造三年行动计划（2019—2021年）》（武政办〔2019〕116号）等。

社会资本参与武汉市城市更新的主要渠道如下：

（1）城中村改造。如前文所述，城中村改造是社会资本，尤其是房地产企业参与武汉市城市更新项目的最主要的渠道。一方面是因为政策层面未赋予社会主体作为“旧城区”改造项目实施主体的权利，而“旧厂房”改造项目往往在土地和规划条件方面存在一定限制，因而对社会资本参与的吸引力相对较弱；另一方面是因为“城中村”项目政策起步早于“三旧”改造的其他两类项目，政府和企业在实践中经过一定时间的摸索，已形成了相对成熟的参与模式。综合武汉市相关政策规定及实践情况，A类村、B类村一般引入房地产企业进行项目开发，其改造模式可概括为“生地出让”，即城中村项目土地按照现状挂牌出让给房地产企业，同时开发地块与还建地块捆绑出让，房地产企业在摘牌后从事一、二级开发；C类村采取统征储备方式，土地储备中心委托房地产企业进行拆迁补偿安置，待土地一级开发完成后以招拍挂方式公开出让，尽管无法确保一级开发企业获得二级开发主体资格，但实践中一级开发企业基于前期对项目情况的了解和投入，在招拍挂环节通常具有一定的优势。

（2）政府购买棚改服务。对于武汉市“三旧”改造中的“旧城区”（棚户区）改造而言，尽管相关政策规定此类城市更新项目的实施主体须为各区土地储备或房屋征收机构，但社会资本仍可以通过承接政府购买棚改服务项目参与到“旧城区”（棚户区）改造项目中。其主要依据为武汉市人民政府于2016年5月12日发布实施的《武汉市政府购买棚户区改造服务管理办法（试行）》。根据该文件，市场主体可以承接的政府购买棚改服务事项包括：国有土地上房屋征收与补偿服务、集体土地征地拆迁服务、安置住房筹集、棚改片区（含安置住房小区）公益性基础设施建设、其他经市、区人民政府确定的购买棚改服务事项（包括法律援助、信息化建设与管理、技术业务培训等）。相较于以房地产开发形式介入城中村改造项目而言，此类项目社会资本获取投资回报的风险相对较小，但投资回报率通常较低。

从武汉市十余年来的政策、实践探索，我们能够看到武汉市政府部门在改善城市面貌、提升人民生活幸福感和归属感上的不懈努力。2020年7月31日，武汉市城市更新中心在武汉市国资委直属的武汉地产集团正式揭牌成立，负责统筹推进旧城改造等城市更新重难点项目落地实施，设定了助力重要民生工程提速、实现城市功能和空间品质整体提升的目标。我们期待武汉市的城市更新之路越走越宽、行稳致远。

四、学术界对城市更新研究的局限

近年来，中国学术界对城市更新问题也给予了较多关注，对中国城市更新的理论和实践做了较好的总结。众多专家学者认为，中国城市更新过程中存在“城市发展的历史断裂”“城市行政决策的社会参与不足”等问题，需要解决好“非物质文化与城市发展”“城市更新与郊区城市化”等关系，应当重视城市更新过程中研究者的作用等。但是对城市更新中存在的社会成本问题还没有较好的认识，学术界对城市更新问题的关注主要局限在以下几个方面。

第一，对西方城市更新经验的介绍。

第二，对西方城市更新发展问题的反思。

第三，对中西方城市更新进行比较和反思。

第四，对中国城市更新某些具体问题的研究和反思。

第五，对于历史文化名城和历史街区更新改造问题的研究。

很明显，学者们的这些研究成果对于认识中国的城市更新社会成本具有重要的启发意义，但是这些研究还不是真正意义上的城市更新社会成本研究，中国学术界依旧缺少对于城市更新社会成本的实证研究成果。

第二节　城市更新的理论与方法

一、城市更新的基础理论综述

（一）城市更新的基础理论

1. 城市更新的动因

城市的发展，始终受到全球化、区域化和城市变化等诸多因素的影响，尤其是城市本身的变化，成为城市更新的内在逻辑起点和基本动因。具体而言，可以从城市变化的四个方面来看城市更新的动因。一是经济转型和就业的变化。在经济全球化和区域化发展进程中，城市经济必然处于从工业向服务业、从低端向高端的不断转型升级之中，而旧城区或传统工业区往往因其脆弱的经济基础与结构，率先出现产业转移、就业岗位减少、经济增长乏力等衰退现象。这种因经济转型而导致的城市经济衰退，成为城市更新的首要动因。二是社会和社区问题。主要表现为城市中心区的贫困现象，老城成为穷人和弱势群体的相对集中地，社会排斥、社会分化程度加剧，城市形象受损，吸引力下降，进一步加剧了内城地区的不稳定和衰退。三是建筑环境退化和新需求的出现。在经济发展过程中出现建筑环境破败、场地退化废弃、基础设施陈旧过时、固体废弃物污染等问题，难以满足建筑物使用者的需求，如何利用制度干预，以及防止建筑环境的衰退就成为城市发展面临的一个直接挑战。四是环境质量和可持续发展。过度注重经济增长和过度消费环境的不可持续的发展模式，导致城市局部地区出现环境污染加剧、生态退化等问题。如何改善环境质量、构筑良好的城市环境，成为城市发展面临的另一个直接挑战，也成为生态文明时代影响城市发展的核心动因。

2. 城市更新的对象

城市更新的对象至少包括以下四个方面：一是针对经济转型的城市经济的更新，即产业置换、结构升级等，需要创造就业岗位，提升劳动力与经济结构的适应性，创造更大的经济效率和经济活力。二是针对社会或社区问题的更新，即在解决经济问题的同时，更新中心城区或旧城区公共服务体系，完善公共设施、改善居住方式、提高生活质量、加强就业培训，推动社会融合，促进社会和谐稳定发展。三是针对建筑环境退化的建筑设施的更新，即重新利用废弃工业厂房、整修破败建筑等，在置换的同时改善衰退地区的建筑形象。四是针对生态环境问题的更新，即积极推动以服务型经济为目标的城市经济运行模式，并以可持续发展理念来打造服务型城市，使得更新地区获取最大程度的环境效益，提高城市可持续发展的能力和水平。

3. 城市更新的内容

城市更新的内容就是对城市中某一衰落的区域进行拆迁、改造和建设，以全新的城市功能替换功能性衰败的物质空间，使之重新发展和繁荣。它包括两方面的内容：一是对客观存在实体（建筑物等硬件）的改造；二是对各种生态环境、空间环境、文化环境、视觉环境等的改造与延续，包括邻里的社会网络结构、心理定势、情感依恋等的延续与更新。而在欧美国家，城市更新最初起源于二战后对不良住宅区的改造，随后扩展至对城市其他功能地区的改造，并将重点落在城市中土地使用功能需要转换的地区。

4. 城市更新的目标

城市更新的目标就是解决城市中影响甚至阻碍城市发展的城市问题，这些问题的产生既有环境方面的原因，又有经济和社会方面的原因。我国学者叶耀先认为，城市更新的目标是使城市具有现代化城市的本质，为市民创造更好的生活环境，并受环境、经济和社会三个方面的影响。具体而言，城市更新所追求的目标应该是一个集经济、社会、生态等在内的目标群，即更新后的城市或城区应该是一个和谐、富有活力、可持续发展的城市。首先，城市社会应包容和谐。城市更新要满足一个城市或区域的要求，改善居住质量，减少社会排斥，共享城市经济增长的成果，促进社会公平。其次，激发城市活力。城市更新要对城市经济发展作出贡献，实现更新地区的产业置换、结构升级和功能拓展，增加就业岗位，创造更多税收，打造经济增长的新型空间，提升城市活力。最后，推动城市可持续发展。城市更新在使用现代环保科技改善城市形象、打造城市名片的同时，还要积极追求环境效益，实现低碳化、节能化、绿色化，逐步打造可持续发展的城市。

（二）城市更新研究综述

我国城市更新理论研究起步相对较晚。新中国成立初期，我国的城市规划思想深受现代主义影响，因此对于城市更新的认识也停留在形体规划和物质层面的改造。1980 年，陈占祥先生最早提出“城市更新”概念，强调城市自身的演变过程，突出经济因素在城市更新中的作用，并提出更新途径包含重建、保护和维护等。1984 年，我国首次召开旧城改建经验交流会，正式拉开了中国旧城更新理论研究的序幕，城市更新理论也经历了从偏重于技术问题的讨论，到深入系统的理论研究的转变过程。1994 年，人居环境科学的创建者吴良镛教授通过北京菊儿胡同改造的理论与实践，总结出“有机更新”理论，该理论的核心要点是城市有机更新要做到以人为本，满足社会发展需求的同时传承区域历史文化；后又有其他学者提出连续渐进式的小规模开发，开始重视生态环境，提倡以人为本，强调公众参与等更新策略；2000 年，张建强、汪海峰发表《城市滨水区历史文态与空间形态的整合与延续——以杭州市湖滨地区整治规划为例》，通过研究梳理杭州滨水空间环境整合与规划中对于历史文化延续的城市更新内容，分析其空间组织架构模式与空间元素的应用。2004 年，学者张平宇提出“城市再生”概念，他认为城市再生的关键在于发现问题、分析问题、解决问题，并提出应当通过制定相对应的政策来解决城市涌现的问题。2007 年，学者于今又提出“城市更新”概念，他认为城市更新是对城市中某衰败区域进行拆除、改造、投资和建设，使之重新焕发活力的过程，概念中指出更新的对象主要是客观存在实体的改造，以及生态、文化、休闲环境的改造。2011 年，于今的《城市更新：城市发展的新里程》一书系统阐述了国内外城市更新理论，并介绍了相应的优秀案例。

由于我国的特殊国情，我国城市更新理论研究最初并不是从理论研究开始的，而是在城市发展的实践中产生和总结出来的，主要是为了解决我国城市发展过程中所出现的问题，例如老城区的衰败、居住环境恶化、城市结构不协调等。

（三）城市更新研究经历的 4 个阶段

陈鸣借助 CiteSpace 工具对我国城市更新相关文献资料中的研究机构、关键文献和研究热点进行了分析，初步确立了我国城市更新近十年（2009—2018 年）的三个阶段发展历程。刘伯霞等通过对最新文献资料的细化，划分了 2009 年至今的中国城市更新四阶段历程：

第一阶段（2009—2010 年），在学习西方城市发展经验的基础上，探索中国城市更新的模式，同时对产业创新有了较高的关注。

第二阶段（2011—2012 年），城市更新主要关注对历史文化的保护和传承，城市中的历史建筑也受到极大的关注，研究的重点开始从物质层面向精神层面转变。

第三阶段（2013—2018 年），城市更新开始向多元化发展，广东的“三旧改造”成为城市更新中特有的改造模式，城市规划的模式由增量开发向存量规划转变，街区、社区等小尺度的改造也开始在城市更新中变得越来越普遍。

第四阶段（2019 年至今），中国城市更新领域的理论研究成果显著增多，城市更新的理论探索逐步走向精细化，呈现出重视政策与制度建设，倡导城市“微更新”和“有机更新”，提倡通过城市更新提升城市治理水平，激发基层参与，注重城市更新的经济、社会、生态等综合效益相结合的发展态势。

（四）我国城市更新理论

随着我国城市更新理论研究的深入及城市更新具体实践的开展，我国城市更新理论日臻完善。通过梳理我国城市更新的相关文献资料发现，目前相对成熟的理论大致有 3 种。

1. 有机更新理论

有机更新理论是中国科学院院士、中国工程院院士、人居环境科学的创建者吴良镛教授结合北京菊儿胡同的改造实践，并通过对中西方城市发展历史、中国城市规划的借鉴与认识，以及对中国城市建设的长期研究后提出来的。有机更新是指在可持续发展的基础上，以城市发展的内在规律为依托，探索城市的更新与发展，拓展了中国的城市更新理论。

2. 系统更新理论

系统更新理论由东南大学城市规划设计学科带头人吴明伟和东南大学

建筑学院教授、博士生导师、城市规划系主任阳建强，针对中国城市发展及城市更新过程中出现的问题提出来的。他们指出：传统的规划难以为继，需要建立一套目标明确、内涵丰富、执行灵活的规划体系。吴明伟教授认为，城市更新应以促进城市整体协调为目的，建设优美且有活力的人居环境；面对城市更新过程中的复杂问题，要从它的层次结构入手优化城市决策，要对各层次的目标统一权衡选取最优方案。

3. 可持续发展理论

城市更新理论，随着时代的进步以及城市规划理论的完善，不停地在向前发展。虽说可持续发展理论不是国内学者提出的，但该理论提出后对中国城市更新和城市规划有着重要的指导意义，并逐渐成为现代城市更新的理论基础。

二、城市更新的步骤及方法

改革开放初期，我国著名学者叶耀先率先提出了城市更新的三个步骤。他认为：实施城市更新的第一步是对城市老化程度进行周详的调查与评定；第二步是编制城市更新总体规划，以明确更新地区的开发方向；第三步是实施城市更新规划，涉及领导和市民的认识、更新法规的拟定、土地的征收、经费的筹措、更新地区的开发，以及原住户的安置等问题。

2019 年，我国城市更新的最新实践依照更新对象的不同，将城市更新划分为历史文化街区的更新、老旧城区的改造更新、城市工业遗产的更新、城中村更新、三旧综合更新改造等 5 种。

1. 历史文化街区的更新

首先，对历史建筑或环境的再利用。通常而言，文化资源驱动的历史街区更新往往起始于历史建筑的更新，随着街区更新的开展，一个被修复甚至焕然一新的城市历史街区被创造出来。历史建筑作为重要的城市建筑遗产，常成为被更新的目标，进而被转化成受欢迎的新场所。这个新场所结合了传统文化元素和现代便利设施，既可以使人们感受到其深刻的文化内涵，又能够从中获取各种生活服务的便利。这个过程体现了文化和遗产在城市更新和可持续发展中赋予资产附加的机遇和价值，为艺术设计创作提供了便利，从而吸引了大量艺术家入驻，使得局部地区呈现出艺术文化产业繁荣发展的景象。

其次，提升公共空间品质。良好的历史街区在城市发展中的独特价值已经被政府和社会大众广泛认可。在更新过程中，历史街区不仅可以实现公共空间环境品质的改善，同时还可以促进城市的再发展。在历史街区更新项目中，有许多以多种方式应用于空间品质提升的案例，如对街道环境的改善，包括重新粉刷建筑立面、修缮人行道、重整街面、安装新的照明设施等。这些行动不仅改善了当地公共空间的质量，同时也强化了地区特征。

最后，通过对公共环境的修缮和提升，改善本地居民的生活环境。公共空间在人们日常生活中扮演着重要角色，尤其是历史街区。在许多城市的历史街区中，人们的生活依旧保留原有的模样，社区邻里之间存在着非常密切的生活联系，传统的生活方式也一直在延续。这些生活方式有其独特的当地特色，受当地气候环境以及其他因素的影响，形成于漫长的历史过程中，公共空间则是承载这些活动发生的场所。因此，公共空间的改善不仅能直接提高居民的生活质量，甚至还可以维持并推进传统的生活方式，进而保护当地的传统特色。

2. 老旧城区的改造更新

一是对破败不堪的老旧社区进行重建改造或者维修升级。在此之前，必须对这些建筑的情况进行评估，以免在进行维修升级过程中发生坍塌，造成二次事故。对于需要重建的建筑一定要加强与居民的沟通、交流和协商，以求更好地完成任务。这样不仅能够让居民体验到更好的现代生活，还能改善市容市貌。

二是改善环境，通过立体绿化来增加植被覆盖率。老旧社区的植被覆盖率受限于土地资源难以提高，可通过立体绿化来增加老旧社区的绿化率。可以利用墙体种植毯介质，在建筑的侧面种植一些诸如紫藤等爬藤植物或者种植一些不招蚊虫，甚至驱蚊的植物。墙体种植毯可以利用营养液为植被提供所需营养，在南方雨水较多的地方可以实现免维护免浇灌。这样不仅节约用水、工程短、施工便捷，还能充分利用空间给老旧社区增添一抹绿色。

3. 城市工业遗产的更新

近年来，工业旅游在国内发展迅速，成为新时代中国旅游业发展的新亮点。不少企业与机构相继向公众开放，实现生产过程透明化，消除信息不对称，以品牌效应吸引消费者，增加消费者对产品的信任度。中国地质大学旅游发展研究院发布的《中国工业旅游发展报告（NO.1）》指出，当前中国已迈入 3.0 工业旅游时代。工业旅游的主要特点为：工业旅游资源丰富、工业旅游资源类型多样、地域分布较均衡；其产品的主要类型为：工业遗产博物馆、工业遗产公园、工业文化创意产业园、观光工厂和工业特色小镇。将工业遗产视作挖掘城市文化产业的“金山银山”，数十年、上百年的工业史是城市化的历史见证，而高速的时代转换往往导致工业遗产无暇兼顾、无迹可寻，故事稍纵即逝，历史的印记如何保护并发展，不只是推倒重来那般简单。

工业遗产的保护、激活需要尊重技艺与记忆，更需要情感联系。据国际工业遗产保护协会透露，“大规模工业建筑转换中，主要的国际原则是尊重原有的美学，以及尊重建筑的历史——很多工业建筑的价值正是来自其历史特色。因此，保护中不仅要留下单纯的厂区、建筑的躯壳，更重要的是要留下工业的记忆，留下流程和工艺中的故事。”国际工业遗产保护协会一直致力的一项重要工作就是专门考察工业建筑，进而对其进行改造设计，在此过程中，记录它们过去的生产流程，也记录它们的改造过程。

4. 城中村更新

一是高效的空间利用。城市物质空间的更新离不开经济的支持，同时城市的开发建设完成后又会对城市经济起到促进和提升的作用，二者相辅相成。城中村改造后，大面积的套房户型显然不能够实现租金效益最大化，而小面积小户型多分隔的空间布局模式，更能实现高效的空间利用。

二是匹配的空间关系。城市空间形态与其所处社会结构特征是相匹配的，城中村空间特征与其熟人社会的社会结构具有明显的匹配关系，在空间形态上表现为生活空间之间的相互联系。城中村的租户人群为中低收入者，其空间形态则表现为生产、生活、商业高度混合，呈现出低质、无序，但又具活力的复合空间形态。因此，城中村改造规划的主要导向应为联系紧密、有序、更具活力的转型式复合空间形态，与村民和租户的社会结构相匹配，而不是拆迁之后按城市居住小区建设。

三是人性的公共空间。公共空间是属于公共价值领域的空间，是居民活动、交流的重要场所，也是营造社区活力的关键。公共空间的布局要结合环境、尺度宜人，周围建筑不要形成太强的压迫感，最好远离城市主干道。公共空间可以结合使用者的需求进行布置，城中村改造后租户大部分都是白领、学生等，喜欢宅在家中，公共空间的使用者多数是本地村民，村民已经习惯了改造前的小尺度、紧凑的公共空间，所以大广场的形式显然不合适。因此，城市更新过程中，公共空间的布局要针对本区域内的特定人群的空间使用和行为方式，营造人性化的公共空间。

5. 三旧综合更新改造

一是保护式更新。只有通过城市具有的历史文化精神才能彰显该城市独有的特色，并充分展现该城市特有的深刻内涵。为保护具有历史价值区域内的历史建筑与周边的历史风貌建筑群，可以采用“修旧如旧”的模式，采取管线入地、拆除周边乱搭乱盖，对不具备居住条件的房屋居民实施搬迁，进行适当绿化等措施，将其改造成能体现历史文化、提供展览区域、展现娱乐精神并提供娱乐设施和场地的文化创意用地。

二是置换式更新。置换式更新主要是指在政府的总体规划指引下，按照高效用地的要求，在规划区范围内进行的大规模土地使用性质和物质形态的再次开发和重建，使土地利用更高效，基础设施更完善。在旧城镇中，对于危旧房分布比较集中、土地功能布局不适应城市发展需要或公共服务配套设施极端落后的区块，大部分城市采取了一种先征地拆迁补偿，再通过土地公开出让回笼资金，以市场化的方式进行成片开发和重建，以达到改善人居环境、完善城市公共服务设施、更新城市形象的目的。

三是改建式更新。针对旧城镇中市政配套落后、公共设施不足，以及建筑结构、功能和环境设施不达标的区域，除了采取拆除重建的方式外，对于零散分布的危房、旧房，可以进行重新建造，扩大现有建筑或拆除其中不适宜的部分建筑。改建后，土地的用地性质保持不变，只是开发强度发生了变化。如对于旧城镇的改建，可以结合街区综合整治，采取建筑修缮、内外装修、加装电梯等方式，完善房屋使用功能，改善公共空间环境，使其满足房屋使用及城市形象更新的需要。对于旧厂房的改建，可以增加旧厂房的层数、对旧厂房进行表面的修饰、改善或配齐现有的配套设施，提高旧厂房的容积率和土地利用率，进行技术革新，引进节能环保新技术，提高企业产出效率。对于旧村的改建，需要结合美丽乡村建设、历史文化名镇名村和中国传统村落的保护进行统一规划和部署，多方筹措资金，按照就地改造原则，配以相应的基础设施和公共服务设施，建设社会主义新农村。

第三节　空间演进的基本规律与影响因素

演进，意为演变发展。城市空间在演变发展的过程中，涉及对各个时期居住用地形态、增长方式变化的研究，明晰空间发展的基本规律，对于解释城市发展变化中出现的现象具有基础支撑作用。

一、城市空间演变的基本规律

城市因人类活动而产生的社会交往与经济行为的影响逐步形成，其城市空间组织受到以上活动的作用而在城市地域空间得到直接表达，其空间形态因此发生变化。同时，这一过程也反映了人类社会的生产力发展水平与体现城市发展历程的投影，城市的空间组织在此期间逐渐成为不同领域学科所研究的重点。

（一）国外的相关城市模型理论

第一次世界大战后，资本主义国家休养生息使得这一时期的大城市保持高速扩张的状态，城市贫富差距拉大、社会分化程度较高，产生了大量的社会问题。美国芝加哥作为老牌资本主义工业与商业开发较为发达的城市，其内部的用地组织也因此较为复杂，社会学家欧内斯特·伯吉斯（Ernest Burgess）根据芝加哥的城市空间结构提出了“同心圆”模型，将该模型划分为三个部分，根据时空顺序分别是核心区（中心商务）、过渡区、居住区（见图 1-1）。当时处于美国外来移民的浪潮中，不同种族的人口的迁移使得城市人口激增，因此该模型具有特殊性并不具备普遍意义，但其中有关土地利用的影响要素仍被当今的研究学者作为参考。

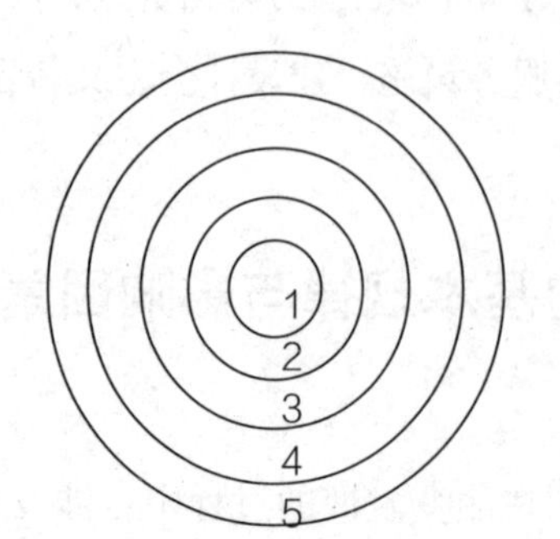

图 1-1 “同心圆”模型（图片来源：格林，皮克．城市地理学）

之后，霍默·霍伊特（Homer Hoyt）通过对美国大城市地租的分析提出“扇形结构”理论，其理论认为城市的扩张永远满足沿交通干线或两点间的最短路程延伸这一规律，其扩张的过程与伯吉斯的理论不同的是城市的地域扩张更像是扇形而非圆形（见图 1-2），这一观点有助于之后的城市边缘区研究者认识到其空间组织并非呈规则的几何图形，但对城市边缘区的概念仍未有所提及且“扇形结构”理论过分强调经济的重要性而忽略了其他因素的考量，如人口成分构成等。由于美国的国土面积较大，城市的分布较为广阔，因此哈里斯（Harris）与爱德华·乌尔曼（Edward Ulman）认为，美国的城市并非单级发展而是呈现出多中心的发展趋势，由此提出“多核心结构”理论，虽然该理论揭示了“同心圆”模型与“扇形结构”理论的局限性，但其研究的视角仍偏重于城市中心部分，对受到城市影响较大的外部周边空间缺少足够的认识。

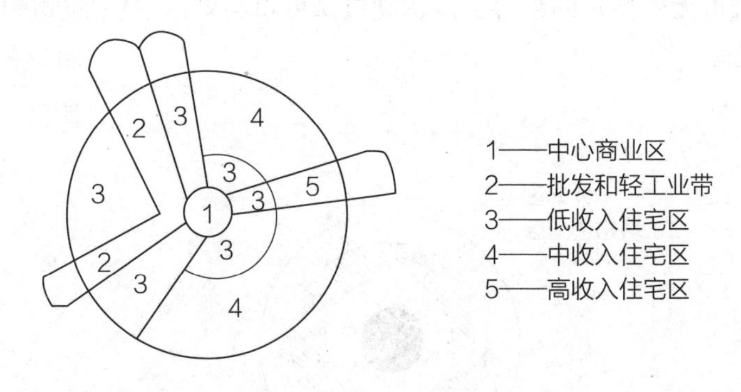

图 1-2　扇形结构模型（图片来源：格林，皮克. 城市地理学）

在这之后虽然有众多学者的研究理论对“同心圆”模型、“多核心结构”等理论进行升华与提炼，但有关城市边缘区的理论仍未得到足够的重视与突破，直到洛斯乌姆（Russwurm）的“区域城市结构”理论将城市边缘区这一概念进行系统性的研究与分解，并将城市边缘区的空间构成划分为三个部分，即城市核心建成区、城市边缘区、城市辐射区，直观地展现了不同空间层次自身的特征与内涵。城市边缘区的概念在 20 世纪 70 年代伴随着理论研究突破与实际应用探讨而逐渐清晰，学术界在 20 世纪 80 年代对边缘区空间结构的研究有所创新，穆勒（Muller）在哈里斯—乌尔曼及洛斯乌姆的理论成果基础上进行了延伸与提炼，根据西德的城市分布特点提出大都市结构模型，其理论在综合了大城市经济因素、交通因素、环境因素等方面的考虑后形成了“城域”的概念，“城域”间的持续扩张产生地域融合而成了“大都市区”（见图 1-3）。近年来，西方的工业大城市衰退导致人口、产业向周边地区疏散，郊区化的势头迅猛，而这也促使学术界对城市空间结构及其演变愈发重视，费利恩（Filion）与加力诺（Galileo）从地理学的角度提出“边缘城市”的理论，但这一时期城市的空间范围变得模糊，曾经城市与乡村的差异也因郊区化的影响而被抹除。格伦登宁（Glendenning）倡导城市土地的集约利用，用地成分应多样化并通过控制居住类型及市场价格的办法对城市建成区部分进行内涵挖掘，实现存量发展以遏制城市无序蔓延的趋势，以达到重塑城市与郊区过往的发展模式的目的。

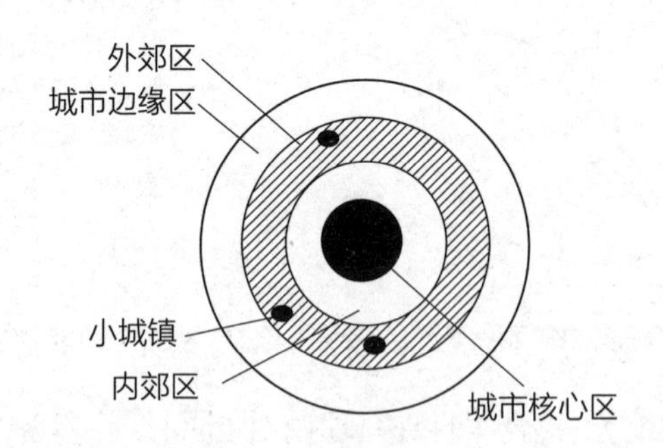

图 1-3 “大都市区”结构模型（图片来源：格林，皮克. 城市地理学）

（二）国内城市空间形态理论研究进展

我国的城镇化起步较晚，学术界对城市的系统性研究不够充分，因此针对城市边缘区的空间结构研究多从城市的空间结构角度进行分析。我国城市空间结构的研究主要集中在三个方面：第一个方面是社会经济空间。改革开放后，生产力的提升使得制造业在我国经济发展中占有重要的地位，制造业空间结构的调整已直接或间接地对其他产业产生影响，并由此作用于其他产业空间结构的演化过程。周一星在对我国大城市郊区化现象的研究中发现，城市的产业结构始终处于动态调整的过程并同时产生郊区化的现象；段杰基于冯健工业用地的郊区化现象研究，从城市规模经济的角度提出产业空间结构的演化规律。第二个方面是有关人口居住空间。1994年住房市场改革前，我国的城市居民享受的是国家住房分配制度，这一制度严重阻碍了城市住房市场的发展，城市化的推进产生了大量的住房需求而造成住房供应量上严重不足，难以匹配当时我国经济发展的实际情况，这一问题吸引了当时我国学术界的广泛关注并对城市居住空间结构进行了许多研究。崔功豪对南京的城市居住空间进行了研究，并根据南京的住房特征提出了有关居住空间的重构方案；之后，高向东和李志刚分别从大城市的郊区化特征与人口密度方面分析了城市化过程当中人口居住空间结构的演化特征。第三个方面是有关城市的空间形态。这一方面的研究成果较多，武进最先探讨了我国大城市空间形态的发展规律；随后胡俊根据城市化过程中大城市的空间发展规律，系统性地总结了我国大城市空间形态特征与演化规律；顾朝林对城市空间的组织结构研究中提出集聚与扩散的理论内容；齐康通过对城市建筑肌理特征的分析，总结了影响我国城市空间形态演化的相关因素。随着定量分析工具的进步，近些年有关城市空间形态的研究开始较多采用新兴技术手段来探寻城市空间形态的形成机制，数理模型与软件模拟等定量分析的应用亦日趋丰富。段进采用空间句法工具对我国东部沿海地区大城市的拓扑空间形态的历史演化过程进行分析，黎夏通过搭建神经网络引擎构建城市模型模拟城市空间结构的演化过程。

目前，有关我国城市空间形态理论的研究所涉及的城市要素较广，具有较强的系统性与综合性研究特征。以上结果表明，快速城市化的当下，我国土地利用日趋复杂并深刻地影响到城市空间形态的演变过程，社会经济发展因素与人口对居住条件需求是驱动空间演变的关键。

二、城市空间演进的影响因素

第二次世界大战后，全球各大城市受到经济发展的影响而重新获得了发展生机，生产效率的提高使得原有的生产关系与居民生活方式发生了不可逆的改变，城市核心区与周边区域保持着十分深刻的依存关系，城市活动对周边区域的空间肌理产生了潜移默化的影响，而该活动的作用机制也日趋复杂，这也导致了针对城市空间演变机制的研究从最初的地理学单学科领域研究转向对城市经济、政策、社会、文化、环境等多学科综合的角度进行思考。

（一）工业化因素驱动城市空间形态演变

生产力的提高改变了原有的生产方式，为社会的变革提供了根本动力，生产力得到发展主要从生产资料的数量、劳动者的素质、生产要素结构在国家地域层面的分布方式，以及生产要素与生产资料的流动性四个方面得到展现。受到改革开放与人口红利的双重作用的影响，生产力提升与生产资料的结构性升级为我国大城市的工业化发展打下了坚实的基础，工业化是驱动一座城市发展的最为直接的动力，对城市产生积极影响的同时，又受制于城市当时所处的工业发展水平，并且不同的工业活动形式和内容又在不同要素层面直接或间接地影响到了城市空间形态的构成，其中伴随着生产方式的转变改变了原有的城市空间组织秩序。驱动城市空间演变的影响要素有多种，而工业活动及其结果是主导城市空间扩张的直接驱动力。20 世纪 80 年代初，财政包干制度激励了地方政府发展本地经济的动力，生产力因此得到了解放，促使民营经济登上了历史的舞台。20 世纪 90 年代末，在我国财政政策与货币政策并行的经济发展战略条件下，劳动力价格与土地成本等方面的优势吸引了众多的海内外投资者。通过分析北京的城市产业结构演化可以发现，工业的用地扩张是影响城市产业结构升级的关键要素起到推动边缘区空间演变的重要作用。2001 年中国成为世界贸易组织成员之后，以出口导向型经济为主的发展模式成为驱动我国经济增长的重要动力，企业的规模扩张对土地的需求与日俱增，轻工业制造领域成为外部投资者投资的重要动力，城市边缘区空间结构呈现用地混杂的特征，主要表现为空间内有着地方政府所投资的公共基础设施、民营企业投资开发的工业区与商业区、集体土地非法建造的厂房、外商投资所建立的工厂等，这一时期工业化的发展速度超过了城市化所能提供的增长动力。对北京市郊区的用地结构进行研究发现，矿区的开采、配套工厂的工业加工、工人集聚而形成的居民点等使得用地结构在空间分布上呈现出离散分布的状态，用地的进一步开发过程使得边缘区空间形态向无序发展。生产力的提高加快了城市工业化的步伐，城市产业结构因用地的开发时刻保持着动态变化，诱发了工业生产的规模扩张，城市空间演变表现为边缘区的土地利用转化较为频繁，为进一步的城市化发展提供了动力与条件。

（二）城市化进程助推空间形态演变

快速的城市化进程给城市外空间产业与人口带来了不同程度的冲击，引发了学术界对边缘区内的产业发展与人口结构调整的持续关注。城市核心区活动引发了城市外空间的相关功能的改变，原有的生产结构伴随着土地利用方式的改变而转型升级，使得农业部门以外的产值比重日趋提高，农村劳动力向第二产业和第三产业转化，而这也同时引发了生产规模的扩张与人地的激烈矛盾，农村集体土地被大量转为城市发展所需的建设用地，城市功能进一步向乡村腹地内蔓延。

城市化对城市的空间形态发展具有重要影响作用，该作用的结果传递到城市周边的地域环境影响了空间未来的演变过程。而产业升级与城市人口持续增长向周边区域迁移，对边缘区的空间扩张具有一定的驱动作用；居民生活方式的变化缩小了城乡间生产与生活的差别，郊区城市化的过程使得乡村空间向城市空间转变。

笔者将两次人口普查的数据进行对比，通过分析北京市常住人口与外来人口在不同地域层次上的分布特征发现，城市化的过程对外来人口具有极大的吸引力，近郊区部分的人口增长幅度最快而远郊区人口增长幅度呈现放缓趋势。人口的郊区化过程与居住用地空间蔓延时刻保持着同步的状态并动态地影响着边缘区的空间形态。通过对我国大城市边缘区空间发展机制的总结，可以明确空间的演变过程是受到快速城市化产业结构的调整、企业生产效益的提高、城市交通与通讯设施的完善等要素共同影响而形成的。

笔者在对城市边缘区的影响因素进行梳理时发现，边缘区内的信息流、人流和物流随着城市化过程中交通设施的逐步完善与延伸而得到良好的互动，降低了企业的经营成本并提升了沟通效益。此外，通过分析上海的城市空间演进，可以发现早期影响边缘区的空间演变动力主要源于城市化发展促使工业转型及配套居住区向周边转移，而近些年则是受到在已有建设用地基础上进行高密度的填充式发展的影响。边缘区受到城市化作用使得自身的空间组织在生产结构的转变与信息交流形式的提升方面时刻进行着调整，在各信息交流互动与生产要素转化的过程中动态地发生着变化。

（三）城市经济活动主导空间形态演变

生产力的提高、生产方式的转变与快速城市化进程使得城市经济突飞猛进，同时带来了居民对物质条件、精神文化生活的新诉求，而交通运输成本、集聚经济效应与丰富的外部社会环境在城市经济活动的背景下成为影响边缘区空间结构的关键，城市经济的发展对原有的城市产生了重大的影响，新的城市功能逐渐取代了原有的功能形式并创造了能够逐渐适应城市功能变化的内适应力。由于边缘区空间较多地参与城市的发展与经济活动，近些年来的研究发现边缘区的空间表征显示出农业用地与建设用地交错、组织结构破碎、横向摊大饼式无序蔓延的特点，其演变历程特征主要表现为离散化、去中心化与多中心化。梁运鬓通过利用城郊交通的可达性衰减区间及构建综合评价指标体系判断北京市边缘区的空间边界，发现经济因素是造成城乡分异的原因之一，经济发展水平影响着城乡交通运输的延伸并持续作用于边缘区的空间腹地。史洪亮通过研究我国农村居民收入的结构特征发现，处于边缘区的农民其收入增长方式的主要是通过农村宅基地在土地黑市上的置换以及集体所有的建设用地的开发过程所获得的，追逐经济效益的目标改变了原有的土地利用模式。因此，城市空间形态演变所反映的是各相关城市功能不断适应城市经济发展活动的需要而做出的反应结果，是农业经济向服务经济转型的具体表现。其中也伴随着城市功能的兴衰与演替，空间组织形式由单一到复合、从缓慢稳定到快速无序。

（四）土地利用方式影响空间形态演变

快速城市化带动的城市经济发展需要在用地层面做出迅速反应，城市用地规模的扩张超过了合理的增长速度，而过热的建设开发导致城乡间的用地结构交错混杂，出现了土地权属模糊的现象，综合我国土地监管层面失位等因素，土地利用效率的低下造成边缘区内用地失衡进而影响到空间结构，使得边缘区的空间扩张无序蔓延，难以达到城市规划管理者原有的初衷。通过研究边缘区的可持续发展发现，农业用地的粗放利用不仅导致景观环境受到严重污染，还影响城市边缘区的土地利用结构，在空间组织上呈现出破碎的形态，由于空间的向外扩张而形成块状离散化的分布态势。而土地利用的整体效益是驱动边缘区空间扩张的重要因素，持续动态地作用于空间的演变过程。城市的发展过程在空间形态上呈现出不同的功能，保持土地利用的连续性可以促进边缘区空间以最低的开发成本向最佳的空间形态进行演化。

（五）利益要素动机诱发空间形态演变

1994 年我国税收分配制度的改革，使得地方政府参与本地治理的行政事权随之增多，企业营业税收上缴制度打消了地方政府原有发展乡镇企业的动力，同时在财政上过于依赖中央政府的地方转移支付，刚性兑付的压力与官员激励制度使得地方政府寻求预算外收入与非预算收入的增长方式，依赖土地出让金所形成的剪刀差成为地方政府创收的主要手段。21世纪初，所得税分享制度促使地方政府将建筑行业和第三产业作为发展地方经济的主要路径，并形成了路径依赖，市政基础设施的投资建设与房地产开发的热情空前高涨，城市空间扩张影响下的边缘区其内部的用地性质也由原先乡镇企业所开发的工业用地向居住、商业等多种用地性质转变，用地类型的复杂多样使得边缘区的空间结构十分混杂。以北京的土地利用转换动力机制为例，对其进行分析发现，政府行为与市场效益的加持作用是边缘区农业用地向建设用地转换的宏观动力，土地政策对城市边缘区的空间形态演变起着十分明显的作用，而市场机制对土地开发的重要影响引领着边缘区空间未来的发展方向。近年来，越来越多的研究者注意到参与土地开发的多元主体其利益诉求对空间扩张起着至关重要的作用，陈霄宇从“空间权力”的视角分析了南京市雨花台区的空间演化历程，并提出边缘区的发展过程存在着多元利益主体间的互动，叠加历史因素与行政制度性影响共同决定了大城市边缘区的空间形态演变。冷方兴提出“空间权威”的概念框架用于解释边缘区的空间形态演变的根本机制，其理论重点揭示了城市空间的持续扩张源于国家—市场—集体间对边缘区空间土地发展权的博弈。

因此，城市空间形态演进离不开各利益主体在市场环境下过分追求经济效益的作用，同时也是在各种权力针对用地进行博弈的基础上相互妥协所产生的结果。

第四节　空间演进的理论基础

一、古典区位理论

古典区位理论以农业区位论、工业区位论、中心地理论（城市区位论）和市场区位论为代表，萌芽于资本主义商业、运输业大发展的18世纪，到20世纪上半期初步形成完整体系。古典区位理论认为规模经济、运输成本和集聚效益是促进经济要素集聚的决定因素，产业、企业区位的选择过程和结果促进了空间结构的演变。

（一）农业区位论

1826年，德国农业地理学家约翰·海因里希·冯·杜能（Johann Heinrich von Thünen）出版了《孤立国同农业和国民经济之关系》一书，提出了著名的农业区位论。杜能通过分析农产品运输成本与利润的相关关系发现，农业土地利用类型和农业土地经营集约化程度，不仅取决于土地的天然特征，更重要的是依赖于其经济状况，特别取决于它到农产品消费地的距离。他以城市为中心，按距离远近划成6个同心环带，从内向外依次的土地利用方式为精细城郊农业、林业、集约种植业、栅栏农业、粗放的三年轮作、牧业与粗放种植业，被称为“杜能环”。杜能的理论指出并论证了农业生产空间差异的形成和模式。

（二）工业区位论

1909年，阿尔弗莱德·韦伯（Alfred Weber）的《论工业的区位》的出版，标志着工业区位论的正式诞生。在假定条件下，韦伯认为理想的工业区位和企业厂址，应当选在生产费用最低的地点。影响生产费用的区位因素有原料和燃料、工资、运费、集聚、地租、固定资产的维修、折旧和利息等，其中起主导作用的是运费、工资和集聚。运费起着决定性作用，决定着工业区位的基本方向，理想的工业区位是生产和分配过程中所需要运输的里程和货物重量的综合成本为最低的地方；工资影响可引起运费定向区位产生第一次“偏离”；集聚作用又可使运费、工资定位产生第二次“偏离”，即在运费、工资和集聚三者关系中寻求最佳区位。韦伯以费用等值结构圈作为区位分析的工具，确实很有见地。

（三）中心地理论

1932 年，德国地理学家瓦尔特·克里斯塔勒（Walter Christaller）出版了《德国南部的中心地》一书，运用了“中心地”的概念，从市场、交通和行政三个原则分析中心地的空间分布形态，探讨一定区域内城镇等级、规模、数量、职能关系及其空间结构的规律性，论证了城市居民点及其地域体系，揭示了城市、中心居民点发展的区域基础及等级——规模的空间关系，将区域内城市等级与规模关系形象地概括为正六边形模型。

（四）市场区位论

奥古斯特·勒施（August Losch）在 1940 年发表《经济空间秩序》一书，把生产区和市场范围结合起来，提出了市场区及市场网的理论模型，实质仍是工业区位论。勒施用企业配置的总体区位方程来求解各生产者的最佳配置点，通过产品的价格、运费等推导出需求曲线和销售量。当空间中一家生产或在开始阶段几家同时生产某种产品时，会形成圆形的市场区。随着竞争者不断出现，圆形市场区演变成正六角形的市场区。企业势力的消涨取决于其六边形的市场圈的扩大和发展，但每种商品都有一个最大的销售半径，随着销售半径的扩大，运费增加，价格上升，销售量也逐渐减少，从而影响利润的大小。

二、极化发展理论

针对古典经济学家的均衡发展观点，法国经济学家弗朗索瓦·佩鲁（Francois Perroux）于 20 世纪 50 年代在《增长极概念的解释》一文中正式提出增长极的概念，并从技术创新与扩散、资本的聚集与输出、规模经济效益、集聚经济效果四个方面，论证了现实世界中经济要素的作用完全是在一种非均衡的条件下发生的。经济增长并非同时出现在所有地方，它以不同的强度首先出现于一些增长点（增长极）上，然后通过不同的渠道向外扩散，并对整个经济产生不同的积极影响。增长极有两个过程作用于周围地区：一是“极化过程”，即增长极以其较强的经济技术实力和优越的地理区位将周边区域的自然资源、劳动力和资本等经济发展要素潜力吸引过来；二是“扩散过程”，即增长极对周围地区投资或进行经济技术援助，为周围地区初级产品提供市场，吸收农村剩余劳动力。在增长极形成的初期，以“极化”为主，区域经济发展不平衡程度增加；在增长极发展的中后期，以“扩散”为主，区域发展水平趋于均衡。

佩鲁的“增长极”概念最初只涉及工业部门间的关联和乘数效应，用以论述推进型产业或关键产业在经济发展中的作用，而不是指工业和经济发展的空间据点开发，因而只具有经济含义，与地域空间系统无关。后来，很多学者在此基础上从不同角度提出各种形式的增长极概念，将增长极的经济含义延伸到地理区位，使该理论得以发展和完善。

1957 年，法国地理学家布代维尔（Boudeville）将“极”的概念引入地理空间，提出了“增长中心”这一空间概念，使增长极同极化空间、同城镇联系起来。这样，增长极就包含了两个方面的含义：一是作为经济空间上的某种推动型产业；二是作为地理空间上产生集聚效应的城镇，即增长中心。他提出投资应该集中于增长中心，以此带动周边地区发展的观点。从 20 世纪 60 年代起，人们对增长极的研究自然就沿着产业增长极和空间增长极两条主线展开。

此后，学者们借用增长极理论分别提出了内容大致相当的“扩散效应”与“回波效应”、“极化效应”与“涓滴效应”、“中心—外围理论”，用以解释区域之间尤其是城乡之间的发展不平衡现象，也被称为“地理二元结构论”。并且进一步论证了尽管“极化效应”与“涓滴效应”会同时起作用，但在市场机制自发作用下，极化效应占支配地位，进而提出了“边际不平衡增长理论”和“核心与边缘区理论”。他们认为，经济发展初期阶段，极化效应将起主导作用，地区差距趋于扩大；经济发展到成熟阶段，在政府采取积极干预的政策下，扩散作用将发展为主导作用，使地区差距转向缩小，整体变化轨迹呈现一条倒“U”形曲线。

一个国家或地区（特别是发展中国家）因受人力、物力和财力的限制，单纯强调国民经济各部门均衡发展和各种产品的广大市场全面形成，会造成生产效率低下。因此，只能优先选择特定的、能够快速实现高效增长的地理空间作为中心，通过对有限的生产要素的集约利用，使中心地成为区域中处于支配地位的增长极，通过区域经济增长的乘数效应，以及发展成熟再增长的受遏，将其资本、技术、劳动力逐渐向其他地区和部门扩散，从而带动整个地区的发展。

城镇和乡村作为构成区域的基本地域单元，其经济的发展是相互促进、相互影响、相互制约的。城镇在区域经济发展初期具有比较优势而先于乡村发展，成为经济相对发达的地区，而乡村则成为经济欠发达地区。城镇不断地从其腹地——乡村地区获得一切有利于其发展的各种要素和资源，从而使城镇的经济发展水平不断提高，乡村的发展则受到压制。我国正处于体制转型时期，如何正确审视并指导城乡经济的协调发展，改变城乡差距不断扩大的局面，是目前乃至今后一段时期城乡经济发展必须面对和解答的问题。所以，正确运用这一学说对于解决城乡经济发展失衡的问题具有现实的指导意义。

三、点—轴渐进扩散理论

我国学者陆大道在增长极理论的基础上，于1984年首次提出点—轴渐进扩散理论。点—轴开发理论中的“点”是指区域中的各级中心城镇，“轴”是联结点的线状基础设施束，其实质是依托沿轴各级城镇形成产业开发带，通过城镇点和轴带的等级确定发展时序的演进，进而带动整个区域的发展，点—轴渐进扩散理论是城乡空间一体化过程中前期的必然要求。20 世纪 90 年代以来，学者提出的网络开发理论是高度发展的点—轴系统向广度和深度的延伸与完善，是空间一体化过程后期区域开发的必然趋势。

点—轴渐进扩散理论顺应生产力发展必须在空间上集聚成点并发挥集聚作用的客观要求，既重视发挥中心城镇的作用，又注意经济布局与基础设施之间的最佳组合，有利于区域之间的交通通信便捷，有利于发挥各级中心城镇的作用，有利于把经济开发活动结合为一个有机整体，有利于发挥集聚经济的效果。

1984 年，陆大道提出应将海岸线和长江沿岸作为我国一级发展轴线，组成国土开发和区域发展的“T”字形结构，将有较大发展潜力的铁路干线附近作为二级发展轴，并确定若干中心城市，组成不同层次重点建设的“点—轴”系统。

这样的发展系统有助于加强三大经济地带的横向联系，实现由点到线、由线到面的协调发展，并逐步实现经济由东向西的梯度转移。这样的宏观格局，准确地反映了我国国土资源、经济实力和发展潜力空间分布的基础框架，提示了我国生产力空间分布、空间运动的客观规律。

经济发展推动区域空间结构的演进与成长。改革开放以来，伴随着全球化、信息化和市场化进程，我国区域空间结构发生了和正在发生着一些非常重要的根本性变化，这既体现在区域整体空间结构的转型，也体现在城乡社会空间结构由传统社会向现代社会的转型，其中一些变化可被视为历史的延续，而另外一些变化则正预示着区域空间结构演变的新方向和发展趋势。关注我国区域空间结构的急剧演变进程，研究其内在作用机制和发展趋势，可以判断区域经济发展所处阶段、揭示区域经济空间分布特征、预测区域经济空间结构状态的演变趋势、对具体区域空间结构提出调整方向等，达到资源的可持续利用，经济和社会的可持续发展，实现生产、生活、生态空间的有效结合和统一。

第二章　城市更新制度建设研究

第一节　城市更新的制度创新需求

改革开放以来，城市快速发展，2022年中国常住人口城镇化率已超过了60%，中国的城市化发展已经从快速城市化转向深度城市化阶段，城市建设的土地资源约束日益趋紧，发展重点从增量用地转向存量用地，城市更新将成为城市迈向高质量发展的新动能，深刻影响着城市经济社会和空间结构的转型。面对城市发展不断涌现的新需求，城市更新作为一项综合性、系统性的实践，已积累了一定的经验，也产生了诸多问题与矛盾，城市更新实践与制度的不适应逐步凸显。

城市更新制度反映了一座城市的演进历程，是国家治理体系和治理能力现代化建设的重要组成部分。在存量规划和发展阶段，城市更新需要以培育城市内在活力和释放城市内生动力为转型关键，以提升城市公共服务和建成环境品质为目标，不断增强应对愈发复杂多元且不确定的城市问题的综合治理能力。城市更新首先应讨论建成区的维护，其次才是城市再开发的问题。城市更新制度是城市演进的基础，其完善及创新的过程将引领和规范城市更新的实践，也决定了城市更新的质量和价值取向。

一、对城市更新及其制度的理解

（一）城市更新的内涵反思

自城市形成起，建成环境的“新陈代谢”就伴随着城市的发展，可以说，城市更新是城市发展的永恒话题。现代城市更新的探讨源于西方第二次世界大战后以大拆大建为特征的城市改造（urban renewal），无论是早期政府主导对衰败历史城区或颓废贫民窟的推倒重建，还是20世纪80年代新自由主义思想主张的市场主导的通过房地产开发推动经济增长，其实质均是对建成区进行大规模的再开发，因此产生的一系列社会问题引发了对城市改造方式的反思批判和理论探索。大量复杂的城市问题单靠市场或者政府都难以解决，城市更新不仅仅是物质空间的经济再开发，更涉及社会、文化等多元化目标。因此，城市更新逐渐趋向通过公共和私人领域的合作，推动多元主体参与的共同行动。伴随教训与经验的积累，西方城市更新的理论与实践也日益转向面向城市发展积极愿景的反思，出现了城市新生（urban revitalization）、城市复兴（urban renaissance）等概念，并逐步摒弃了狭隘的城市改造（urban renewal），而城市更新（urban regeneration）成为这一领域更为合宜且最为常用的术语。

在快速城市化的背景下，我国城市也经历了从“改造”到“更新”的反思与转向过程。吴良镛先生早在20世纪90年代就已倡导城市“有机更新”，主张循序渐进、小规模整治的更新方式，但在以经济增长为中心的政策环境中，城市更新路径更趋向于市场主导的“改造”模式，通过征收拆迁获得土地再开发权，大幅提高存量建设用地的建设强度，实现城市土地的二次开发。以广东省“三旧”改造中的城中村改造为典型，普遍出现了相对原本较高密度建成区采用1 ∶ 2以上拆建比的更高容积率的推倒重建模式。近年来，随着对历史保护工作的日益重视，以及“城市双修”试点工作的开展，对城市更新综合性、整体性内涵的共识进一步形成，“小规模、渐进式”的理念回归到旧城更新、社区微改造等领域。其中的“城市修补”就是通过有机更新的方式，解决老城区环境品质下降、空间秩序混乱、历史文化遗产损毁等问题。

当前，我国城市更新实践呈现多种类型、多个层次和多维角度探索的局面，城市更新已成为国家推动城市演进和转型发展的一项重要抓手。城市更新是综合性、整体性的愿景与行动，旨在解决城市建成区内经济、社会和环境等各个方面的可持续发展问题。值得强调的是，城市建成环境现状与人民群众美好生活需求之间存在的差距是明显的，如何维护和保持建成环境的高品质成为城市更新工作的基本命题。

（二）城市更新的制度演进

城市更新反映了城市的演进能力，可见于城市的日常生活，反映城市的内在发展观、价值观。城市更新制度是这些观念的规则呈现，也是不同主体参与城市更新实践的互动行为准则。相对于物质空间的建设和再开发，西方普遍将城市更新视作一项城市公共政策的设定和实践过程，可以说，每一次的城市迭代和升级都必然与城市建设和更新制度相关。

改革开放后，城市规划和开发制度随着社会主义市场体制的建立而逐步完善，分税制、土地有偿出让与住房商品化等一系列制度变革成为推动中国城市化进程的关键，有效引导了新城开发与城市扩张，也相当显著地延续作用于旧城改造和更新的实践。我国早期的城市更新制度包含在一般性的城市规划建设制度之中，而2009年按照原国土资源部和广东省合作共建节约集约用地示范省的部署，广东省在全国率先开展“三旧”改造工作，推进“旧城镇、旧厂房、旧村庄”存量用地的再开发，可以视为我国城市更新作为特殊化、专门化制度构建的开端。随后各地针对自身城市发展特点，陆续出台相应的城市更新办法，明确界定城市更新的实施范围和路径，持续以制度建设的方式规范城市更新的具体实践。

随着当前我国城市发展进入新时期，人们对城市发展理念、发展目标的认识也在持续完善，经济高质量发展、生态文明建设、演进体系现代化、文化保护传承等综合目标被纳入城市更新的要求当中，也推动了城市更新制度的持续创新与完善。“微改造”“共同缔造”、历史建筑保护再利用、老旧住宅加装电梯等城市更新实践的创新，经历了从探索到推广再到制度性转化的过程，老旧小区改造、历史文化街区改造、历史建筑保护利用等城市更新相关政策相继出台。城市更新制度“约束”与“激励”并行演进，推动着城市更新的持续开展。

二、制度创新与城市发展

城市制度是整合城市诸多要素的核心，是城市有序发展的基础，也是城市的重要本质；能否以制度创新为动力推动社会发展是衡量社会发展自觉程度的重要标准，自觉推动城市制度转换是城市发展进入自觉阶段的根本标志；反思城市制度，借助系统方法和哲学思维，全面、深刻地把握城市本质，是推动我国城市良性、快速发展的迫切需要与重要前提。

（一）城市制度：城市发展的重要前提

第一，从城市存在的基础看，城市制度是城市存在的规则支撑，是城市发展的深层依据，以及城市的深层本质。城市代表着一种相对独特的生产方式、生存方式和交往方式，城市制度是新型生产、生存和交往方式的存在依据。一定意义上说，城市的发展就是多级主体多层次交往的不断扩大、深化与合理化，而规则（城市制度）的不断合理化是城市有序发展的根本保障。离开了城市制度，城市就无以存在、无以发展。

第二，从发展资源看，城市制度是城市发展的支撑性资源。城市资源是以制度资源为核心的自然资源、经济基础与文化传统的统一。没有城市制度的“调控”，也就没有自然环境、经济基础、文化传统等城市资源的合理、有序、高效整合。

第三，从城市的发展动力看，城市制度是存在与发展的内在动力。生产力—生产关系、经济基础—上层建筑—意识形态、生产方式—生活方式构成了城市的内在结构与动力系统，城市制度内存于这个系统的每一方面，是其正常运转的调控中心和神经中枢，合理的城市制度是城市可持续发展的根本保障。

第四，从发展自觉程度看，以制度创新为动力推动城市发展是城市发展的高级阶段。能否以制度创新为动力推动发展是区分“自发发展”与“自觉发展”、衡量发展自觉化程度的重要尺度。城市现代化水平最终体现为城市制度的发展水平，认识城市制度的本质，以制度创新为先导推动城市化与城市现代化，是城市发展的自觉化。

（二）制度创新：城市可持续发展的现实需要

“创新”的概念和创新理论是由约瑟夫·熊彼特（Joseph Alois Schumpeter）在1912年出版的《经济发展理论》一书中首次提出和阐发的。熊彼特认为，创新包括产品创新、技术创新、组织创新和市场创新等。美国经济学家兰斯·戴维斯（Lance Davids）和道格拉斯·诺斯（Douglass North）于1971年出版的《制度变革和美国经济增长》一书中，继承了熊彼特的创新理论，研究了制度变革的原因和过程，并提出了制度创新模型，补充和发展了熊彼特的制度创新学说。关于制度创新，新制度学派有很多论述，他们对制度创新含义的认识主要有以下几种。

（1）制度创新一般是指制度主体通过建立新的制度以获得追加利润的活动，它包括三个方面：第一，反映特定组织行为的变化；第二，这一组织与其环境之间的相互关系的变化；第三，在一种组织的环境中支配行为与相互关系规则的变化。

（2）制度创新是指能使创新者获得追加利益而对现行制度进行变革的种种措施与对策。

（3）制度创新是在既定的宪法秩序和规范性行为准则下，制度供给主体解决制度供给不足，从而扩大制度供给的获取潜在收益的行为。

（4）制度创新由产权制度创新、组织制度创新、管理制度创新和约束制度创新四个方面组成。

（5）制度创新既包括根本制度的变革，也包括在基本制度不变前提下具体运行的体制模式的转换。

（6）制度创新是一个演进的过程，包括制度的替代、转化和交易过程。

从目前的管理体制和今后的发展趋势出发，城市制度创新大概可以从以下几个方面进行。

第一，为适应城市经营的需要和实现城市可持续发展的目标，应建立、健全城市规划相关制度，建设、管理相互衔接与制衡的政府管理组织架构。政府部门组织架构必须适应城市政府职能。

第二，理顺城市各级政府的层次体系，实现各级政府事权、财权的统一，实现一级政府、一级事权、一级财权、一级预算和一级监督的规范管理体制。这有利于推动城市化和城市现代化进程。

第三，大力发展非政府组织、非营利部门和社会团体，分流政府的部分职能，尽可能地简化政府审批项目流程。可以发展各种的非政府组织，诸如行业协会；各种非营利的社会团体，诸如各种志愿者组织，特别是生态环保组织；各种非政府的中介服务组织，分担一部分政府管理职能，促进政府管理向服务转化，政府审批项目流程的精简也能成为必然。这是城市经营多元化的客观要求。

第四，加速实施城市土地储备制度和水务统一管理体制。城市土地是控制在城市政府手中的最大的国有资产，也是城市发展的第一自然资源。水，又是城市可持续发展的命脉。经营城市就要抓住土地和水这两大资源。

第五，城市的公用事业要加速迈向市场化。城市政府要改变市政公用事业管理观念，增强改革的主动精神，提高这部分公共物品（事实上已转化为准公共物品）的经营效率和效益。要汲取发达国家成熟经验，推行特许经营制度和委托代理制度，实行契约管理和合同管理，实行多元化投资，提供公平竞争的环境。

第六，从产权研究与明晰入手，建立有效的城市市容管理制度。运用产权理论深入研究这些公共物品的产权归属，建立起相适应的管理机制，研究这些公共物品外部性内部化的途径，从深层次上找出城市市容问题之症结，建立起有效的市容管理制度。

第七，加强城市居民委员会和城市郊区的村民管理委员会的社区建设，使其成为广大市民参政议政、自治管理的社会基层组织。城市的居委会在推进精神文明建设、推行市民的社会保障制度和社会治安管理等方面起了很大的作用，具有自己的管理特色，需要从制度上巩固与发展。

第八，建立城市政府管理成本决算制度，实行目标管理和科学审计制度，提高城市经营效率。由于政府公共管理的复杂性，有些部门实行成本管理比较困难，但有条件的部门应立即建立这一制度并逐步推广，意义极为重大，它将有力地推动我国城市政府管理的改革。

（三）跨越与制度先导：我国城市发展的可实践模式

从我国城市发展现状看，一方面，城市化和城市现代化程度较低已经成为制约我国经济社会发展的重要因素，但消除城乡二元结构和提升城市内涵都不可能一蹴而就。西方发达国家的城市发展历程说明，城市发展是一个逐渐深化的过程，工业化是城市化的产业基础，现代服务业、第三产业、新兴产业是城市现代化的产业基础，产业升级、结构调整是渐进的过程。没有充分城市化也就没有城市现代化，城市发展是一个“自然的”渐进过程，因此城市发展需要时间。另一方面，国际竞争日益激烈，我国已不可能有一百年的时间进行“充分城市化”，再步入城市现代化。以城市现代化引领城市化，同步推进城市化与城市现代化，走有自身特色的跨越式发展之路，成为推进我国经济社会发展、提升综合国力、加速城市发展的实践选择。

同时，自觉转换发展模式，是实现我国城市跨越式发展的重要前提。一般而言，发展模式有两种：一是“要素自发模式”，即在交往不充分状态下，通过发展要素自发实现整体结构调整，并最终产生新的制度文明；二是“制度先导模式”，即在普遍交往状态下，自觉地学习、创立先进的制度，以新的制度为先导，引导、推进结构与要素的整体跃升。现代全球化的深化、世界普遍交往的发展、西方发达国家城市化的诸多经验与教训、我国经济社会发展的良好态势，这些都为我国采取制度先导模式推动城市发展提供了重要条件与基础。以制度创新为核心推进我国城市发展，可以协调城市化与城市现代化的冲突与矛盾，降低城市转型成本，减少社会震荡。因此，制度先导是我国城市跨越式发展的实践路径。

制度先导模式是尊重客观规律与注重主体创造的统一。它是一种学习的模式，注重对其他发展主体经验的借鉴；它也是一种反思的模式，注重对其他发展主体教训的总结；它还是一种具有强烈主体性的模式，注重对自身文化传统的继承；它更是一种创造性的实践模式，注重对实际情况的把握，注重一般性与特殊性的结合，尤其注重对适合自身发展需要的具体发展制度与策略的探索和创新。学习西方发达国家城市发展经验，吸取其教训，以此为重要参照建构合理的、符合我国发展阶段与文化传统的城市制度，是减少、回避类似发达国家的城市病，以及加快我国城市发展的重要途径。

以制度为先导推进城市发展并不意味着建立统一的、没有差别的城市制度。任何制度都是历史的、具体的，国家、民族、文化的历史传统不同，城市制度便有差异。世界历史的发展过程、全球化的推进过程，是世界普遍进步趋势与文化多样性的统一。与全球化的进程相呼应，城市制度也是普遍进步趋势与具体民族性、地区性、多样化的统一。从纵向历史进程看，城市制度处在不断转换之中，工业经济背景下的城市制度不同于知识经济背景下的城市制度，计划体制下的城市制度不同于市场体制下的城市制度；从横向现实关系看，美国与日本等不同国家的城市制度不同，北京与上海等城市的具体城市制度也互有差异，不同国家与地区的城市制度具有不同特点；从未来发展趋势看，城市制度是城市本质与形象的集中体现，城市制度的多样性将继续存在与发展。统一与多样并存，在普遍进步中保持自身特色是城市制度转换的重要特征。我国城市发展落后不仅表现在城市化与城市现代化水平低，也表现在各地区城市发展类同，没有形成多样的特色城市。对城市制度统一性与多样性的科学认识则是建构多样特色城市的重要前提。在推进城市制度的转换中，坚持统一性与多样性的结合，在保持全国城市制度原则上统一的基础上，鼓励各地区结合自身文化传统建构多样的具体城市制度，是我国城市发展的重要方向。

城市制度转换是“自然历史过程”与创造过程的统一。一方面，城市制度发展有其自身的“自然性”规律，新城市制度的建构以既有城市制度为基础，不能超越已有城市存在的基础，没有城市经济基础与生产方式的转换，也就没有城市制度的转换；另一方面，城市制度的转换是人的自觉“创造物”。城市制度作为城市存在与运转的规则，是城市成员共同意志的体现，形成、存在于城市成员行为实践中。城市成员既可以根据需要制定、形成一种城市规则，也可以用文字或实际行为的方式废除、修改不符合需要的城市规则。

三、城市更新期待制度创新

新制度经济学的视角下，有效的城市更新制度应该能够尽可能减弱更新过程中的不确定性，并降低交易成本；能够使不同主体间复杂的互动交往过程更具可预见性，促进合作；能够为相关利益主体的选择提供激励并约束投机倾向；能够减少城市更新行为的负外部性，并引导正外部性的内在化。按诺斯的“制度变迁理论”，制度安排将决定城市发展效率和速度，制度的效率是实现经济社会增长和发展的关键。

在我国快速城市化进程中，城市发展所面临的问题和主要矛盾不断变化，城市更新的制度创新对不同发展阶段城市更新实践具有决定性、引领性的意义，所有的城市更新实践创新都需要在制度“约束”与“激励”框架之下得以实现；而城市更新实践中成效显著的创新举措，都应该能通过制度创新得以固化并成为社会共同的规则。可以说，制度创新决定了城市更新的模式与质量。

通常情况下，制度实现行为规范的效率很大程度上源于其相对稳定性。因此，城市更新制度的创新需要充分理解和认识城市发展演进和变化过程中的基本规律。一方面，城市建成环境的发展本身具有延续性和继承性，地方性文化积淀和社会使用过程等因素，使城市更新不同于城市新区开发，必然要求渐进连续的实践过程，城市更新的制度创新必须识别并突破既有面向新区开发的制度路径依赖；另一方面，城市建成环境的发展迫切需要活力与品质的提升，需要合适的制度激活并推动社会共同行动，突破日益严峻的物质性衰败困境，实现城市的可持续发展，城市更新的制度创新必须释放并支持城市再发展的创新动能。

四、城市更新的制度创新需求

（一）应对存量优化的高度复杂性

随着城市发展从“增量扩张”向“存量优化”模式的转型，城市更新成为实现“存量优化”的必然选择。城市本是一个高度复杂的、动态的系统，城市更新需要面对历史叠加形成的建成环境，以及相关的权利归属、社会关系、文化内涵等错综复杂的综合现状问题，不仅是物质空间环境改造问题，更是权益重构、社会演进和文化续扬等历时性、同时性并置的问题集合。理想的城市更新目标应该是综合性的，但具体的实践中往往只能关注有限的重点问题，并尝试提出可实施的解决方案。由于存量建成环境的复杂性，任何专业学科、任何行动主体都难以从单一角度破解系统性的更新问题，应将多元的要素整体关联并综合协调。

城市更新中的城市问题往往表现为尖锐的矛盾冲突，如城市中心潜在的区位价值与衰败且拥挤的物质空间环境，历史地段深厚的文化底蕴与落后且老化的公共基础设施，地缘社区积淀的居住传统与离散且老龄的现实社会，以及商业化、绅士化进程引发的文化与社会异化的深切困扰，等等。越是在如此复杂的矛盾环境中，越需要一种可能、可以应对所有问题的操作指南，其中的价值排序、利益预期等关键性因素，均需要精明、弹性、包容的城市更新制度设计。

（二）维护建成环境的持续高品质

需要开展城市更新的地区往往是城市建成环境中物质空间品质偏低或老化衰败的区域，几乎所有城市更新实践都将提升改善城市环境品质作为重要工作目标和措施内容。新时期人民对美好生活的需求日益提升，高品质城市环境有了更多的内涵和更高的要求，既包括良好的建成质量、便捷的公共服务，也包括愉悦的视觉审美、丰富的社会交往、共同的地缘自豪等，更指向城市可持续文明所包含的健康、共享、韧性、包容等理念。如何持续地维护建成环境，而不是仅仅以摧枯拉朽的推倒重建来进行置换式改造，是城市更新制度需要回答的最基本问题。

我国的城市建成环境品质问题很大程度上是由于过往粗放式、低标准的城市建设积累形成的，有相当程度的历史遗留问题。但是，从深层次的制度视角来看，则是缺失维护、修缮等一系列责任和利益设定。尤其是住房制度改革而形成的物权私有化，使得基于共同所有或社区共有的建成区维护机制更加难以建立，城市环境高品质的保持并持续改善成为更大的挑战。建成环境的品质提升需要精细化的设计与建设管理，全过程、要素化、信息化、精细化的设计管理机制成为探索的趋势。在建设之后，没有持续有效地维护管养，再优质的城市建成环境本底都会加速老化与衰败。构建完善的城市建成环境常态化、日常化、精细化的维护制度，是城市更新制度的基本内涵。

（三）保障城市再开发的公共性

目前，不易阻挡的推倒重建方式存在深刻的经济动因，即通过更高容量的物质性置换覆盖既有产权利益并产生再开发收益。不可否认，通过推倒重建实现城市建成区土地区位收益的最大化，符合城市发展的经济增长目标，但存量再开发相对于增量新开发的关键区别就在于内部性社会成本和外部性公共效应更加显著。如何在巨大的经济增长诱惑压力下，更加精明地设定推倒重建利益重构过程中的公共性原则，是城市更新制度设计不可回避的议题。

内部性社会成本一般通过对既有产权的置换或权益转换来实现，制度设计的关键是赔偿或补偿标准及方式的设定。在强调公平原则的基础上，必须兼顾城市更新作为再开发项目的外部负效应，即增量开发的环境、交通、公共服务成本必然转嫁给相邻街区乃至城市整体，如果不对增量收益进行公共性还原，将会形成难以弥补的制度缺陷。此外，既有产权业主在更新改造后获得的收益，也是再开发权赋予的，如何构建公平的城市再开发权设定和公正的增量利益还原制度，是城市更新制度保障城市公共性的根本内涵。

（四）提高城市更新的善治性

城市更新致力于应对解决城市建成环境的综合性问题，通过规划、政策和行动，实现城市的维护、改善与发展，其本质上就是一种空间演进的实践活动。在空间演进目标下，需要理顺权利体系，尊重多元价值，建立协商机制，创新内容与实施模式。城市更新应该追求“善治”的目标，“善治”即以合法性、透明性、责任性、法治、回应、有效为标准和规范，缓和政府与公民之间的矛盾。

社会主义公有制基础上的城市更新应该具有更强的公共性内涵，在应对城市复杂问题实现综合目标的过程中，代表公共利益的政府在决策中的思想性、科学性、有效性尤为关键。面向市场化的城市更新，以责任建立、利益公平和多元包容为城市演进能力提升的要旨，强调政府负责、法治保障，倡导社会协同、公众参与，共同建立善治的运行机制。

当下的城市更新过程中，多元利益主体的参与度不足，政策法规不稳定导致利益预期不稳定，协商平台和社会自组织能力也偏弱。一些更新实施阶段的冲突现象反映出多元主体协商的失效，社会矛盾难以调和并在实施过程中激化、显化。因此，城市更新的善治性尤为重要，首先要善于保障多元主体的在场及其利益诉求的充分表达，其次要善于引导多元主体进行利益预期的差异性和交换性谈判，最后要善于寻找多元主体的共同交易区并促成共同认可的更新实施方案。在这个多元协调的演进过程中，预期利益与最终利益的偏差是核心，政府还需要叠加有关公共利益的评估，寻求最大公约数的过程本身就是城市更新演进能力的要义。整个过程中，维护公民合法权利，改善社会民生，化解社会矛盾，促进社会公平正义，更是城市更新制度的应有之义。“人民城市”是“以人民为中心”的城市发展观的制度建构，应将其贯穿中国特色城市发展的全过程。

第二节　城市更新实践的制度困境与出路

一、新中国城市扩张与更新的总体脉络

城市的发展是其不断地经历扩张与更新的过程。我国城市的扩张涉及旧城扩建、新区开发、新城建设等多种模式，城市更新则包括“拆除重建、功能改变、综合整治、存量再开发”等不同类型。

新中国城市扩张与更新的进程中，存在不同阶段的差异化特征。基于阳建强、孙施文等学者对新中国城市发展的若干主要方面的考察，本文将其总体脉络划分为三个特征阶段。

（一）计划体制控制下的城市扩建与旧城改造

新中国成立后，我国城市制度建立在“计划、规划”两分的基础上，逐步向苏联模式倾斜；城市发展的目标是在空间上实现国家经济计划所确定的建设任务。改革开放初期，国家在计划体制基础上展开渐进式改革，形成计划主导市场的“双轨制”局面；面对长期城市建设欠账所导致的住房短缺、交通拥挤与设施不足等问题，继续采用“建设规划”的基本范式来翻新老城、扩建新城。

直至 20 世纪 90 年代初期，我国城市发展始终受到计划体制的强烈影响，国家对于土地资源的配置处于决定性地位。城市发展以工业化的战略目标为主导，城市规划成为单向落实计划需求的技术工具，国家的“建设意志”取代“公共利益”成为城市发展的实际内涵。

（二）土地财政支撑下的新区开发与集中拆建

1981 年，深圳开始征收土地使用费；1987 年，深圳成功出让 3 宗国有土地的使用权。同期，我国先后完成“分税制、分权化、土地有偿使用、住房市场化”等一系列制度改革，全面转向社会主义市场经济体制。随着“央—地”关系的微妙改变，更多增长压力转移至地方，催生出“增长主义”的城市发展环境。基于对一级土地市场的垄断，城市政府通过土地抵押贷款和国有土地使用权出让等形式为发展融资，形成对土地财政的深度依赖。

在“唯 GDP”的绩效考核标准下，城市政府大量收储郊区农地和建成区内的低效土地，城市发展中出现大规模新区开发与集中拆建。单一增长目标导向下的发展，暴露出城市空间蔓延、城乡和区域发展差距加大、生态环境恶化等问题。

（三）政策创新引导下的理性建设与多元更新

2008 年全球金融危机爆发后，中央加强了再集权化的步伐，通过“上收总规审批权、强化规划督察、改革空间规划体系”等手段来遏制地方的扩张冲动。作为回应，东南沿海地区部分城市（如深圳、上海等）积极颁布试验性政策、研究编制非法定规划，拓展城市演进中的上下结合与多主体参与，以发挥存量更新对发展的驱动效应。

十八大以来，在中央政府对我国城市群结构体系的积极谋划下，以雄安为代表的新区建设进入理性时期。此外，以“综合整治、功能改变、存量再开发”为主要类型的多元更新实践快速推进，在集中拆建中难以实现的中小型地块更新得到较快发展。

二、总体脉络中的 3 条制度线索

城市制度包括土地、税收、法律和户籍等多个层面。其中，土地制度是对城市的扩张与更新产生最显著影响的因素之一。在我国城市从“计划体制”到“土地财政”再到“政策创新”的总体发展脉络中，“发展权、信用融资、开发外部性”构成 3 条土地制度线索，可从中一窥城市发展的深层逻辑（见图 2-1）。

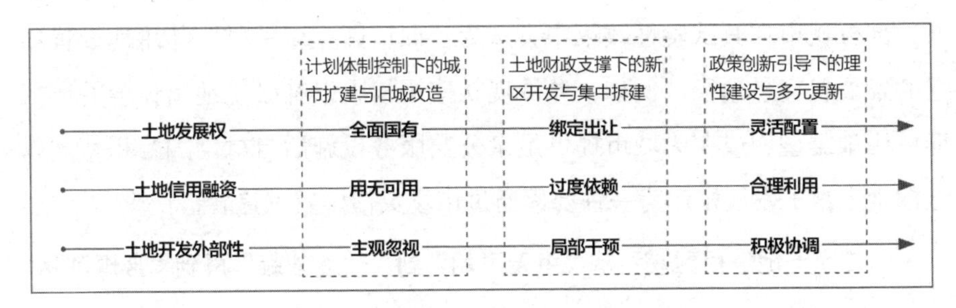

图 2-1　城市发展的制度线索示意图

（图片来源：李晋轩，曾鹏．新中国城市扩张与更新的制度逻辑解析）

（一）土地发展权：从“全面国有”到“绑定出让”再到“灵活配置”

作为构成土地产权束的重要权利之一，土地发展权是在建设中变更土地用途或提升开发强度的权利。土地发展权的有效交易与合理配置，有助于实现城市土地要素价值最大化利用。

（1）1956 年“三大改造”期间，城市土地开始实质性的全面国有化。其后，为快速弥补工业化的差距，土地作为重要的生产资料由国家统一分配。基于城市建设总局扩大而来的城市建设部统一管理全国城市工作，国有土地以行政划拨方式无期、无偿、无条件使用。由于忽略了市场机制在土地资源配置中的作用，城市扩张与更新中常出现违背土地市场规律的情况。

（2）1988 年，《中华人民共和国宪法修正案》和《中华人民共和国土地管理法修正案》先后确认“土地使用权可依法转让”。1990 年《中华人民共和国城市规划法》施行，确立“一书两证”的规划管理制度，控规的雏形开始出现，用地性质、开发强度等规划技术指标成为土地出让条件的一部分。在城市政府垄断一级土地市场的情况下，在非划拨土地的开发中发展权实质上与使用权严格绑定，规划外自下而上的城市发展需求受到抑制。

2009 年以来，随着城市政府对配置“二级土地发展权”诉求的不断提升，部分城市在其试验性政策中尝试为“旧厂区、城中村”等用地设置独立的发展权交易途径。例如，允许现状使用权人以补缴土地出让金的形式变更用地类型，或在为城市提供足量公共服务设施后自行增加容积率。以上探索丰富了发展权作为一种要素通过市场灵活配置的途径。

（二）土地信用融资：从“用无可用”到“过度依赖”再到“合理利用”

信用，是在一定时间内有能力偿还或获取一笔资金的预期。城市发展中的土地信用融资，是基于“土地发展的信用（显示于地价的房产升值预期）”、以一定抵押物（土地或房产）从金融机构处获取资金，再投资于城市并以产生的收益来偿还的过程。由此，城市政府得以花“明天的钱”来建设今日之城市，资本的形成方式摆脱了对过去积累的依赖。

（1）新中国成立初期我国处于孤立状态，外部援助极少、国内资本市场亦十分困顿。城市土地和住房由国家统一分配、不允许自由交易，因而其不具有资产属性，无法作为信用融资的抵押物。为在资金匮乏的条件下推进工业化，城市依赖从乡村社会中汲取积累来实现发展。

（2）20 世纪 80—90 年代，以 1982 年《宪法修正案》提出的“城市土地归国家所有”为基础，“垄断下的土地使用权出让”和“住宅商品化改革”分别为“城市政府”与“开发商”的土地（房地产）信用融资创造出可能（见图 2-2）。随着土地财政的运转，信用融资逐步摆脱“先整理、后出让”的初始模式，城市政府对银行借款的依赖度降低，而转为直接通过土地出让融资的模式。同期，为维持房地产价格预期，中央政府通过持续超发货币、追加基建预算来参与地方土地市场，推动我国城镇化率从 1992 年的 27.46% 快速增长至 2019 年的 60.60%。

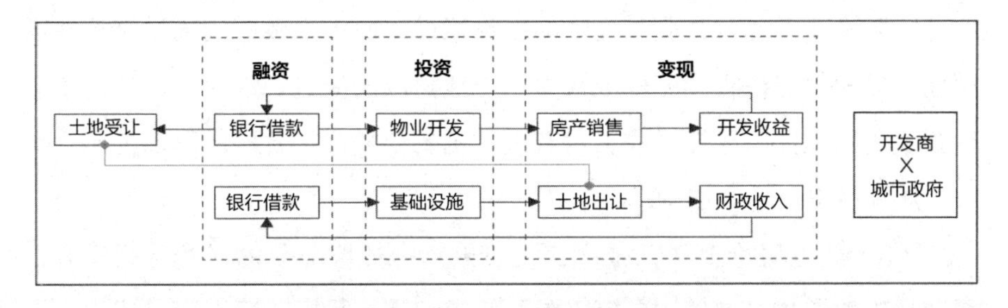

图 2-2　城市政府与开发商的土地（房地产）信用融资逻辑示意图

（图片来源：李晋轩，曾鹏．新中国城市扩张与更新的制度逻辑解析）

（3）面对“城市股票”泡沫破裂的潜在风险，一些城市开始探索利用土地信用融资的理性渠道，并着重在城市更新中推广多样化的辅助融资手段。例如，在赋予确有发展潜力的片区以信用融资的优先地位的同时，拉动多方主体自筹资金或以土地入股城市更新，逐步形成和社会资本共享城市发展的风险与收益的局面。

（三）土地开发外部性：从“主观忽视”到“局部干预”再到“积极协调”

外部性，指某个主体的行动和决策使另一主体受损或受益的情况。土地开发具有明显的外部性，外部性补偿中既应包括因开发的正外部性而获得的额外收入，也应包括因开发的负外部性而支出的额外成本。积极应对土地开发外部性，有助于优化土地要素配置、维护城市发展中的空间正义。

（1）住房公有制时期，城市住房因无法交易而不具有资产属性，间接导致土地开发的正、负外部性在快速工业化的发展目标下被有意忽略。城市社区与公共服务设施按“千人指标”确定，但其空间布局则注重形式化而忽略公平性。同时，城市中心区规划建设了大量“职住一体”的工业区，长期计划式发展导致的生活废物与“三废”污染成为导致城市环境问题的重要原因。

（2）商品化改革后，城市开发的正外部性得以体现于周边房产的升值之中。为回收开发带来的周边土地溢价，地方政府通过对一级土地市场的垄断来推动围绕公共服务提升的成片建设，而中央政府则通过调控建设用地总量和制定税收分账标准来参与土地财政的演进。这一阶段，对于土地开发负外部性的导控手段相对有限，主要依托规划阶段的事前控制，导致人居环境不公平的加剧。

（3）随着房价上涨，城市扩张与更新中征地环节的成本持续攀升，逐渐超出地方政府的信用融资极限。为拉动市场投资、降低交易成本、增进社会公平，城市政府逐步放弃对土地开发正外部性收益的垄断，并试验性地引入“以地入股、原地还迁”等渠道将土地溢价返还给多元参与主体。同期，土地开发负外部性的精细化演进基本成熟，如正确处理相邻关系的原则被写入《民法典》中。

（四）制度演进与城市发展紧密相关

综上可知，土地制度和我国城市扩张与更新的总体脉络之间存在紧密的联系，二者同步演进、相互促进。一方面，城市发展中时刻存在政府与市场、社会等多主体的密切互动，聚焦于特定目标的微观博弈事件最终累积为新的制度；另一方面，动态调整的制度时刻影响着城市的扩张与更新，在客观上构成城市迭代发展的动力之一。不同发展阶段的城市对于空间资源价值的理解和应用方式不尽相同，制度之间并无绝对的好坏优劣之分。与城市发展需求相符的制度能够减少交易成本、促成多方协同、实现精细化演进，而不适宜的制度则可能降低资源配置的效率，乃至产生实施中的“逆向”效应。

三、城市更新实践的制度困境

尽管计划式开发、土地出让和集中拆建仍将持续存在，但在大城市病凸显、土地资源稀缺的总体背景下，我国城市将逐步进入存量优先的内涵式发展阶段。在相似的发展轨迹中，西方国家先后经历从“理性规划”到“倡导式规划”再到“协作式规划”的范式转变，实现从“工具理性”向“有限理性”再向“交往理性”的认知发展，其进程被认为与持续的制度优化密切相关。

当前，我国中央与地方针对“发展权、信用融资、开发外部性”三方面制度颁布了一系列试验性政策，其中已体现出部分政策符合我国城市发展特征的有益转变。但总的来说，现行土地制度仍存在一定偏差，需要直面困境、合理应对。

（一）关于“灵活配置土地发展权”的困境：规划刚性阻碍发展权流转

长期以来，我国城市土地的发展权被部分隐藏在调整控规的行政权力之中。对于理性导向、设计导向的城市扩张而言，与土地出让绑定的发展权配置模式已经十分成熟。实际上，30 年前借鉴欧美区划法而形成的控规正是为了增量建设的开发审批而创制的。

但是，由于控规体系对规划刚性的过度强调，城市更新过程中的土地发展权配置面临困境。存量再开发本质上是产权交易的过程，规划刚性却导致土地发展权无法作为独立的发展要素来实现市场化配置。相关研究指出，产权交易是我国存量规划的核心、面向存量的规划编制应当围绕“如何清晰地划定产权”这一主题展开。由于忽略了城市更新对发展权重构的内在需求，土地增值的利益协调问题处于模糊地带。近年来，控规法定化的理念进一步锁定了城市建成区的土地发展权，因控规调整带来的额外交易成本削弱了多方主体参与城市更新的动机。

（二）关于“合理利用土地信用融资”的困境：信用融资过度聚焦房地产

当前，我国城市仍面临着持续扩张与更新的需求。土地信用融资作为现代城市发展中的重要资本触媒，依旧具有独特的利用价值，有助于规避发展失速、陷入“中等收入陷阱”等风险。

长期以来，我国城市对土地信用融资的利用过度聚焦于房地产领域的物质空间建设上，产生若干不利因素。例如，随着城市居民将房地产视作一种投资，持续上升的地价推动土地财政进入新的轮回，带来房价泡沫与房贷坏账等潜在的金融风险。同时，信用融资对于快速回笼资金的天然需求，导致大规模的拆除重建占据城市更新的主体，催生出开发强度过高、社会公正失位、邻避效应强化与历史文化损失等矛盾。更重要的是，城乡二元户籍制度下的大规模新区开发，导致“人的城镇化”与“地的城镇化”之间的割裂，外来劳动力的居住权仍缺乏保障。

（三）关于“积极协调土地开发外部性”的困境：正外部性的内化途径缺位

相比于增量扩张，城市更新会为城市带来更加明显的正、负外部性。传统的城市演进中，习惯于通过“用途管制、污染税征收、碳排放权交易”等方式对负外部性进行导控。而对于城市更新，通过“提升活力、创造就业、完善公共服务”等方式对周边建成区产生的辐射带动作用则被习惯性忽视且缺乏利益再平衡的有效手段。近年来，部分地方政策已在本质上涉及正外部性的内化机制问题，但其初衷更像是为了破解模糊地权等历史遗留问题的“补丁式”改良。截至目前，仅有上海、深圳等试点城市明确提及正外部性的内化机制。

正外部性内化途径的缺位，导致我国城市更新实践缺乏活力。城市政府针对建成区的公共服务设施投资较难取得回报，有时还会招致其他社区居民的反对；社会资本或权利人参与更新时，开发带来的外部性收益无法兑现，降低多元主体的行动意愿。

（四）城市更新模式的“房地产化”路径依赖

目前，城市更新模式仍囿于依靠实体空间增量开发实现经济增长目标的发展思路。尽管城市建设用地进入了“存量时代”，但是当前的城市更新实施普遍建立在大幅度提高土地开发建设强度的前提之上，实质上是存量既有建设用地上的“增量”再开发逻辑，实施形式是通过以城市更新项目为名的房地产开发获取增量空间资产进行出售或运营。基于“增量”的收益预期,“房地产化”的城市更新有着充分的市场动力和较高的可实施性,并能够满足城市的经济发展需求，因此成为当前城市更新的主要模式。

基于土地再开发的政府、既有业主、开发商形成的“新增长联盟”，成为推进“房地产化”城市更新进程的主导力量。比如在城中村更新中，政府、村民村集体、开发商三方形成权力、土地与资本共谋的“新增长联盟”。政府受城市经济增长和政绩评价驱动，提供开发赋权和政策平衡；开发商提供资本和实施保障，追求市场收益的最大化；村民提供土地，村集体代表并维护基层组织共同体的产权利益，获取物业的补偿及分享土地再开发的收益。与“增量时代”新区开发中由政府与开发商组成的“旧增长联盟”不同，这种“新增长联盟”增加了既有业主的利益主体，但延续了“房地产化”路径。由于“新增长联盟”有着极强的共同利益驱动，“房地产化”的城市更新模式得以快速推动，甚至倒逼政府放宽城市更新的制度约束，以降低联盟内部的“交易成本”，比如不断提高建设量的上限、降低公共产品的供给要求、承认历史违建的权利等。而超高密度的再开发行为导致环境、交通、公共服务等负外部性问题，并且难以在“新增长联盟”内部进行相应的评估。城市更新模式过度依赖“房地产化”路径，实质上是牺牲了城市的公共利益，造成城市整体的“不经济”。

除了在历史保护等强烈共识下能形成有影响力的“反增长联盟”外，大部分城市更新实践中“反增长联盟”的作用非常有限，很难影响“新增长联盟”主导的城市更新决策进程。“房地产化”更新模式广泛复制并形成路径依赖，其他模式如老旧社区、历史文化街区的“微改造”由于依赖有限的政府投入而难以大规模推广实施，而城中村综合整治则往往遭到村集体的反对抵制并要求全面改造等状况，反映出多元的更新模式处于被“房地产化”的单一模式“挤出”的困境。

（五）城市更新实施的系统性目标缺失

当前城市更新主要是回应城市空间、经济发展“不充分”的问题，如广东省“三旧”改造政策试点的初衷是寻找存量再开发建设用地资源且注重效率导向的“促进节约集约用地”。但在城市发展“不平衡”问题上，“房地产化”城市再开发仅关注局部增量型改造，未能有效地解决空间环境的不平衡、社会利益分配的不平衡等深层问题，甚至导致问题的加剧。城市更新缺失系统性目标，具体表现为更新实施的整体性和公平性都明显不足。

更新实施的整体性不足，根源在于“房地产化”城市更新的“项目逻辑”，即以实现项目收益的经济可行性为根本，以基于成本收益平衡而确定的地块为土地再开发的单元进行推动。“项目逻辑”存在明显的系统性缺陷，即使同一区域范围内各类型更新项目，都无法做到改造目标、规划指标、公共服务设施的系统整合，导致项目与项目、项目与建成环境之间产生负外部性的“合成谬误”。跨项目、跨地块难以进行统筹，比如面对旧村、旧城高密度低品质的城市建设历史欠账的问题，无法通过旧厂等低密度更新区域进行功能、容量的再平衡。项目经济自平衡的前提，也使原本低密度、可新增建设量多的局部地块在市场驱动下优先实施，导致周边高密度的待更新区域积重难返，后续实现密度疏解与整体片区的功能完善更加困难。

更新实施的公平性不足，核心在于为城市更新项目配置的增量开发权未能促进社会利益分配的再平衡，公共利益还原部分也有待评估。由于我国特殊的土地所有制制度，开发权的权利性质、分配机制仍然存有争议。在现行法律法规制度设计上，体现的是土地开发权归属国家所有，但在实践中，特别在城市更新中，充分市场化的再开发权成为利益相关者谈判的关键，所有矛盾的化解往往表现为参与主体利益叠加后的再开发权的争取。空间利益分配正当性的实现需要多元机制和连续过程，但是在“新增长联盟”的主导下，联盟外的利益主体难以充分表达权利诉求，参与更新决策的程度偏低。更新区域的划定及再开发权配给，主要实现了既有业主与开发商的利益诉求，既有租户或实际使用者、相邻主体，以及城市中相同性质的其他主体，被排除在增量利益分配之外，造成了正当性与公平性的欠缺。公共利益还原方面，大幅度提高开发强度除了体现“涨价归公”的税收还原之外，还应该评估消除负外部性的公共成本，否则城市更新的利益被少数人攫取，造成分配的严重不公平。

（六）城市更新管理的协同性难以建立

城市更新是在复杂建成环境的基础上进行再开发，需要应对大量不同的现实制约，需要相对新开发管理更高的协同性，包括政策供给与需求的协同、政府相关部门的协同等。

随着经济社会的快速发展变化，新的城市空间更新需求不断出现，城市更新管理也不得不在实践中不断摸索，先有实践需求再有管理应对，政策供给需要基于实践的经验反馈并进行修正，往往出现不匹配或滞后于需求的情况。这既表现在适用于新区建设管理的标准规范与历史建成环境的更新实施产生矛盾，部分合理的甚至是迫切的更新措施“无章可循”，也表现在频繁调整的城市更新政策容易引起相关主体利益预期的变化，增加管理执行的难度且降低制度约束的效率与权威。从依法行政角度来说，城市更新因上述情况而缺乏法规、规划的明确支撑，难以在现有制度框架下获得完善的开发建设赋权、行政许可和物业确权，政策供给与需求之间不易协同。

城市更新管理的不协同，还表现在政府相关职能部门之间缺乏内部的综合协调。城市更新管理工作涉及土地征收、整备和开发规划、建设，以及街道社区管理等事务，涉及国土、规划、住建、发改、文物等多部门，以及市、区两级政府，横向、纵向的更新管理协同困难容易导致更新决策与实施过程的反复。如目前广州市城市更新的管理采用两级两轮审批，存在重复审查审批、流程复杂烦琐的行政效率问题，项目过程中规划审查、控规调整和建设报批难以有效协同与获得许可，也造成了区政府与市直部门的决策矛盾问题。

（七）城市更新“人—财—物”三维度制度困境

当前，“人—财—物”三个维度城市更新的作用和目标越来越综合，不仅要落实城市物质环境的改善，同时还需承担着提高土地使用效率、优化城市演进水平、推动城市经济转型、完善城市空间布局等重担。

然而，受传统管理体系的制约，城市更新过程中土地使用权的转移与取得、利益主体的参与和协商、旧有建筑的功能改变或局部拆建、公益项目落地与公服设施增补、历史文化遗产保护等相关行动，在实践操作中常常面临着诸多制度障碍，导致时间与人力成本的高投入、增值收益分配的不合理，以及规范和审批无法通过等状况；而住房城乡建设、自然资源、发展改革、民政等不同主管部门之间联动管理的缺乏，也使城市更新项目不时陷于被动。

当前，各地城市更新制度建设的困境与挑战可以简要总结到“人—财—物”三个维度，并重点体现在以下方面。

一是多元主体参与及利益协调。就“人”的维度来说，一方面由于城市更新会涉及原有业主方、政府、开发商、社会组织等多元利益主体，在更新改造过程中如何通过广泛参与来平衡和体现不同利益相关者的诉求需要制度保障。尽管更加注重基层百姓和业主权益的参与式规划设计等正在各地逐步兴起，但公众参与制度建设当前依然薄弱。另一方面，城市更新在“提质增效”或“拆除重建”等过程中实现的增值收益，如何在不同利益相关方之中进行合理的分配也是制度设计的关键。只有建立合理的增值收益分配机制，才可能减少市场主导更新时的“挑肥拣瘦”、政府与市场或业主与市场等捆绑形成不合理的利益集团，以及政府投资缺失后续维护等现象的出现。

二是资金来源保障与有效利用。“财”的维度主要体现在更新资金的来源与使用上。城市更新中的一些实践由于土地或建设等的增值潜力而具备相对强的再次开发或利用动力，例如区位优越的中心区的一些拆旧建新、其他一些工改居或工改商项目等，政府、市场、社会各方对这些项目的出资或投入意愿大，资金来源通常能有较好的保障，其利益关键则在于前面提及的增值收益分配问题。但城市中还有很多以保障民生、改善人居环境为目标的非经营性、非收入型或公益性项目，例如当前广受关注的老旧小区改造、城市公共空间更新等，这些项目资金目前主要来源于政府部门，社会和市场的参与明显不足，导致财力保障上的不可持续与捉襟见肘。因此，针对不同类型的更新项目，需要通过积极有效的制度设计来合理调动政府、市场、社会三方的投入意愿，实现高效的资金使用。

三是物质环境更新改造的公共干预及管控。在“物”的维度上，政府如何实现对城市物质空间环境建设的合理干预和管控，也是城市更新制度建设的重中之重。这涉及不同管理部门之间的衔接与合作、城市更新改造项目的适用规范与建设标准、更新规划的编制要求与落地、项目审批的流程与规定，以及物质空间优化过程中对产权、功能、容量三个关键影响因素的管控规则设定等。产权、功能与容量的转移或调整往往直接决定了城市更新项目所产生的增值收益的大小，因此在实践中经常成为多方利益博弈的焦点。对此，政府需要在研究确定明确的对策与举措基础上，根据不同项目的特殊性，因地制宜地坚守管控底线并赋予项目合理的弹性处理空间。

四、城市更新实践制度困境的出路

（一）推广“城市更新单元”，丰富发展权配置手段

在台北、东京和深圳等高度城市化地区的更新演进中，常通过划定城市更新单元的方式来配置发展权。具体操作中，由城市政府优先确定若干重点发展片区作为引导，并提出土地、产权、规划和资金等多种盘活手段。土地权利人可在自愿基础上拉动社会资本共同编制更新单元规划，并提前明确利益分配计划以作为规划实施的审批条件；通过审批后的更新单元规

划可以替代原有控规（或区划），成为再开发的法定依据。城市更新单元制度强化了政府、市场、权利人等多方主体的深度参与，将城市更新中“策划—规划—利益分配—实施”等原本分散的步骤统筹到一个整体环节中，减小了规划刚性对城市更新的限制，形成统一承载使用权和发展权的平台（见图 2-3）。在规划编制的博弈中，往往以增加开放空间或公共服务设施作为提高容积率或土地转用的条件，体现出土地发展权在多方主体之间的流转和交易，形成更新演进中上下结合的有效界面。

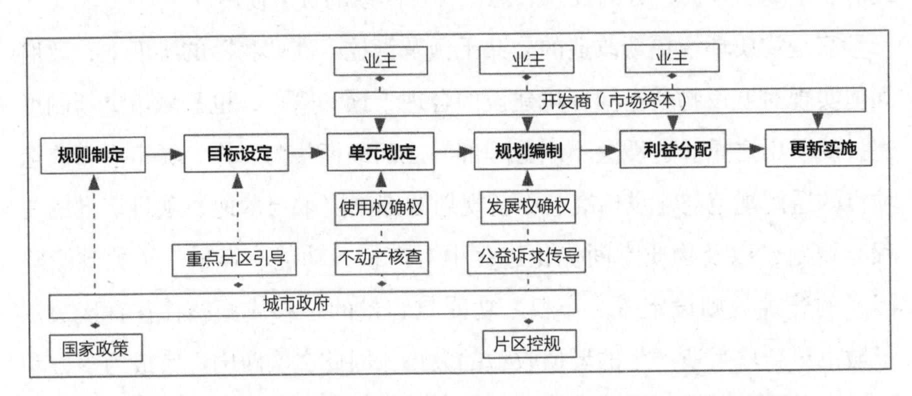

图 2-3　城市更新单元的“策划—规划—利益分配—实施”流程图
（图片来源：李晋轩，曾鹏．新中国城市扩张与更新的制度逻辑解析）

（二）提高“保障性住房”占比，推动人口城镇化进程

进入从高速发展转向高质量发展的新时期，物质空间建设带来的土地溢价相对下降。有必要改良当前的土地信用融资体系，从“投资房地产的一次性收益”转向“投资人才的持续性收益”，通过信用融资建设广覆盖的“保障性住房”，并设定“先租后售”规则来支撑“人的城镇化”。其中，关键环节在于针对城市产业发展的实际需求，为外来劳动力设置积分规则。在达到积分门槛前，劳动力可以长期租赁“保障性住房”，但此时对城市公共服务的使用受限；当劳动力通过向城市做出贡献而积累足够积分后，即可一次性地获赠“保障性住房”的使用权，从而实现个人价值的“期权

变现”。在“保障性住房”模式中，信用的来源依旧是对城市发展的信心所导致的土地升值，但这种信心不再由物质环境提升带来，而是由劳动力升级和产业优化带来；建成后的“保障性住房”又成为对未来劳动力的新一轮投资，形成良性循环（见图2-4）。

英国、新加坡等国的经验显示，使土地信用融资参与到城市竞争力提升的更多维度中，有助于推动空间、社会、经济的同步可持续发展。尤其当保障房建设与存量再开发结合时，“人的发展的信用”更深层次地与“城市发展的信用”融合，有助于减少城市更新后的“绅士化”现象。此外，建成的“保障性住房”在赠予劳动力前属于公共资产范畴，有助于降低城市政府的资产负债比、消解之前过度依赖土地财政带来的金融风险。

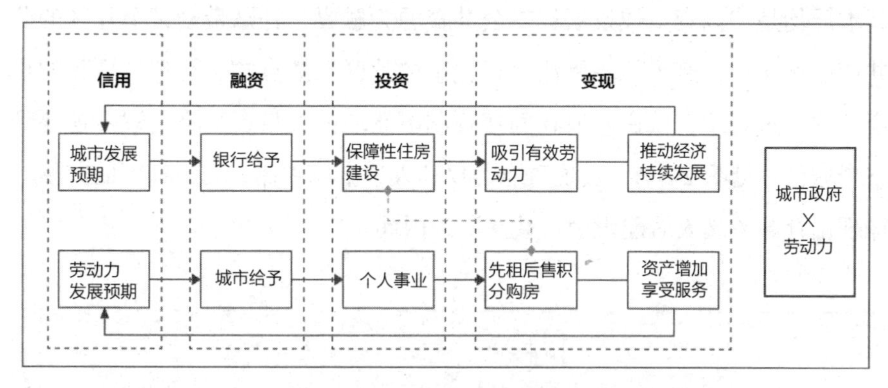

图2-4　城市发展与劳动力升级的交互示意图

（图片来源：李晋轩，曾鹏．新中国城市扩张与更新的制度逻辑解析）

（三）创新“间接税制”下的外部性内化途径

西方国家一般以征收财产税的方式回收土地开发的正外部性。但是，短期内我国税收制度仍将以间接税制为主，应结合“人民城市为人民”的理念做出合理创新。对于以公共投资为主的城市更新，可参考西方国家的商业改良区模式进行优化。对于亟须提升公共服务且社区居民意愿较强烈的片区，可结合城市更新单元的划定，设置若干“公共服务改良区”。在确定公共服务设施的规划、投资与利益补偿方案时，规定权利人需通过“一次性买断”或“5～10年的小额持续付费”来参与筹集更新所需的部分资金，政府在此基础上依据“民生困难程度”与“自付费比例”的双重指标，综合确定城市的更新实施顺序。对于市场资本与权利人主导的多元更新，则需要在合理确定基本容积的基础上，完善容积转移、奖励与交易机制。其中，“基本容积”由更新前的现状容积与城市密度分区共同确定；“转移与奖励容积”以“因落实公共利益建设而减少的开发量”为底数，并依据“对周边建成区产生的贡献量”而差异化确定乘数；“容积交易”则允许将“因用途管制的限制而无法实现”的部分发展权在市场内交易，以换取现金或入股其他开发项目。无论是改良区模式，还是容积转移与奖励模式，其本质均是“以资金或发展权等公共资源为触媒，补贴带动某个片区的公共产品优化”，赋予原本无法自行更新的片区以散点式、针灸式更新的机会。这一过程中，城市政府在间接税制下获取的大量资金将会逐步返还到整个城区（见图2-5），实现政府、权利人、市场主体、周边社区的共赢，体现出社会主义人居建设中“共在”的内涵。

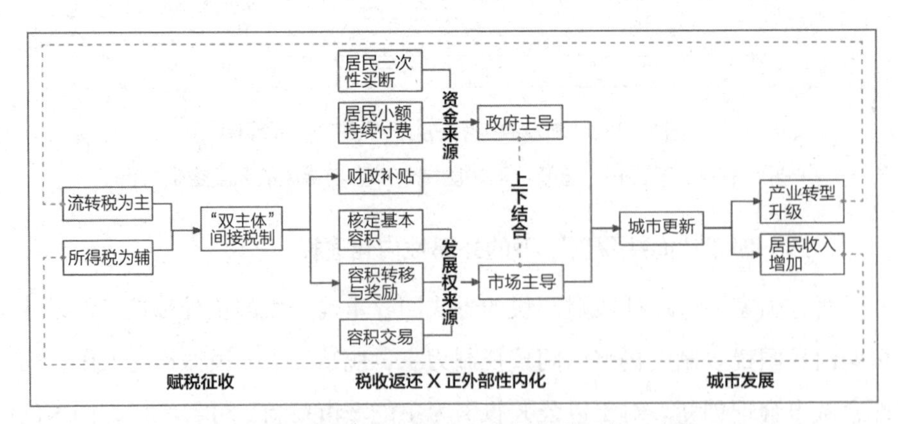

图2-5　间接税制下的正外部性内化逻辑示意图

（图片来源：李晋轩，曾鹏. 新中国城市扩张与更新的制度逻辑解析）

（四）制定更长远与更综合的更新演进目标

城市更新不仅仅是物质性的再开发，更重要的是要注重城市更新的综合性、系统性、整体性和关联性，应在综合考虑物质性、经济性和社会性要素的基础上，制定出目标明确、内容丰富并且面向更长远的城市更新战略。

在生态文明宏观背景以及“五位一体”发展、国家演进体系建设的总体框架下，城市更新更加注重城市内涵发展，更加强调以人为本，更加重视人居环境的改善和城市社会经济活力的提升。因此，城市更新制度体系构建的最终目标以人民对美好生活的向往为蓝图，守住城市发展的底线，将城市更新置于城市社会、经济、文化等整体关联加以综合协调，面向促进城市文明、推动社会和谐发展的更长远和更综合的新格局。具体而言，既是促进城市政治、经济、社会、文化、环境等多维要素目标的实现与耦合，注重人民生活质量的提高，重视人居环境的改善，加强城乡文化遗产的延续与传承，维护弱势群体的合法利益，提升城市公共服务水平，通过城市更新提升人民群众获得感、幸福感和安全感，充分体现城市更新制度及其体系的惠民性；与此同时，也更加强调积极推进土地、劳动力、资本、技术和数据五大要素市场制度建设，通过城市更新行动促进内需的扩大，形成新的经济增长点，以及通过产业转型升级、土地集约利用、城市整体机能和活力的提升，推动城市发展方式的根本转变。

（五）加强全面系统且协调的更新制度建设

借鉴发达国家的相关经验，宜在我国尽早构建贯穿“中央＋基层”的城市更新制度体系，具体涵盖“中央、省、市、县、社区”等完整的行政区域，内容可包括“法规、管理、计划、运作”四项子体系，即在国土空间规划体系框架下，制定主干法＋配套法的独立法规体系，在中央层面研究制定《城市更新法》作为主干法，市级管理部门出台《城市更新实施办法》；在中央设立独立的城市更新主管部门，加强部门的统筹与协调，省市、县区可分别设置城市更新管理部门，并重视基层社会组织的培育，吸收（非政府组织）NGO、（非营利组织）NPO、行业协会、半公共演进机构的广泛参与；制定全面系统和多层次的城市更新规划体系，在市、县层面构建“总体更新计划—更新单元计划—更新项目实施计划”的三级更新体系；鼓励社区自治主体和社会资本的广泛参与，划定城市更新重点区域和城市更新单元，积极推动市场参与，探索发挥金融工具的创新作用，并将更新重点放在社会凝聚导向的更新上。

需要特别强调的是，由于不同城市所处发展阶段和制度框架的差异性，所采取的更新制度不宜照搬照套，需要依据不同城市的实际情况，互相借鉴、交流和学习。此外，还须注意“自下而上”的微观制度整合，即鉴于我国“地方先行先试”的改革原则，须抓紧进行城市和区域层面的相关研究与实践，待时机成熟时基于地方的成功经验，尽快建立国家层面的、具有适用共性的城市更新制度体系，以通过微观制度的整合，形成宏观制度，并促成不同尺度制度的相互调试与渐进修正，从而最终构建起包含国家、区域、城市、社区等多层级全覆盖的，规划、行政、政策、法规体系全要素的，以及政府、市场、社会多主体协调的城市更新制度体系。

（六）体现市场规律和公共政策的综合属性

城市更新是一个非常复杂与多变的综合动态过程，市场因素起着越来越重要的作用，体现为产权单位之间、产权单位和政府之间的不断博弈，以及市场、开发商、产权人、公众、政府之间经济关系的不断协调的过程。在复杂多变的城市更新过程中，须充分掌握和尊重城市发展与市场运作的客观规律，积极推进市场制度建设，认识并处理好功能、空间与权属等重叠交织的社会与经济关系。同时，须在政府和市场之间建立一种基于共识、协作互信、持久的战略伙伴关系，通过政府的带动作用激发私有部门参与城市更新的信心和兴趣，在不影响市场秩序和公平竞争的原则下，可对市场提供一些政策优惠和奖励措施，包括财政补贴、税收优惠、简化行政审批手续、提供相关资讯等，使市场投资成为未来城市更新最主要的投资来源，并针对市场的不确定性预留必要的弹性空间。

十分重要的是，还须通过准入门槛的限制、不合法产权的处置、公共和基础设施用地贡献水平的要求、保障性住房配建比例要求，以及地价分类型、分级调节等规划管制、经济调控、土地处置和行政管理多种手段实施利益调控，既保障相关各方在改造中的基本权益，也可达到顺利引入营经主体实施整体开发的目的。总体而言，城市更新必须体现城市规划的公共政策属性，保证城市的公共利益，全面体现国家政策的要求，守住底线，避免和克服市场的某些弊病和负能量。

（七）建立有效的合作伙伴关系的演进机制

面对城市更新中的多元利益主体和不同利益诉求，为了更好地推进城市更新工作，须充分发挥政府、市场与社会的集体智慧，建立政府、市场、社会等多元主体参与的城市更新演进体系，加强公众引导和搭建多方协作的常态化沟通平台，明确不同主体的相应职责、权利和相互间的关系，政府应提供公共服务、制定规则、实施规则监督，以及引领、激励利益统筹协调的角色转变，进一步平衡与市场之间的伙伴关系，充分发挥市场在资源配置方面的高效作用。在“以人民为中心推进城市建设”的新时代背景下，要特别注重全民参与的、共建共享的城市更新管理模式，以及政府支持的“自上而下”和社会参与的“自下而上”相结合的更新演进合作伙伴机制的建立，政府须在各方参与方面发挥关键的组织和能力培养作用。

同时，须完善“社区自治”，倡导“参与式规划”，建立“社区规划师”制度，加强基层政府和社区人员的培训，并深入开展社会调查，了解城市更新涉及相关利益人的合理需求，进一步提升决策的前瞻性、科学性与公正性。

（八）应用数字化新技术辅助城市更新演进

我国新时期城市更新面临着多重矛盾和问题，而且各种矛盾和问题相互叠加、彼此激化，形成复杂的因果链，具有复杂性、矛盾性和艰巨性等突出特征。尤其是随着市场机制成为城市发展的基础性调节机制，由于劳动力市场结构、土地市场结构、产业结构、资本市场结构等一些推动城市发展的力量都带有很大的不确定性，因而城市更新带有极强的动态性，使更新决策中的现状信息收集、分析和整理工作变得相当复杂和烦琐，这些无疑对城市更新的建设规划和管理提出了新的挑战。

多年来城市建设规划和管理工作一直以传统地图的形式表达和使用，面临的最大难题是对现状信息的收集、分析、整理工作相当复杂和烦琐，特别是对多方案综合评价和论证、城市信息的快速更新和城市突发事件的快速处理等问题难以应付，往往主观随意性大，容易造成决策的失误。为适应我国现代城市发展的客观要求，在城市建设管理和规划中需寻求新技术、新方法的应用，使城市建设管理和规划走上自动化、定量化、科学化的轨道。

转型发展新阶段，城市更新须借助“大数据 + 信息分析 + 互联网”等新技术对更新改造实行全过程的常态化动态监管，在统计数据、地形图、遥感影像、相关规划等传统数据的基础上，借助智慧城市感知数据和来自公众参与平台与社交网络等新媒体的多源大数据采集，建立国土、规划、城乡建设、房屋地籍、建筑建造等“规划—建设—管理”全周期过程的各行政管理部门基础数据共享机制，更好地服务于城市更新的管理和社会演进，从而为更新决策提供数字依据，并进一步促进各主体间的互动和平衡各方的利益，以此增加城市更新的可持续动力，加强城市更新的系统化和精细化管理。

（九）面向高品质维护的补短

维护城市建成环境并使其保持高品质与活力，同时保证良好的公共服务，应成为我国城市更新必要的、基本的职责。建成环境因维护不佳或过度消耗而走向衰败，本质上是经济社会维度的制度缺失。从经济维度看，要么是缺乏相应的资金，要么是收益被抽离；从社会维度看，要么是缺乏相应的维护责任，要么是使用主体与建成环境无情感联系。于是，低品质的旧城区成为“城市病灶”并加速恶化，拆除重建式物质置换造成绅士化和社会断裂，而苟延残喘式物质衰败中贫困化和社会颓废的现象难以避免。失去自维护能力的建成环境衰败现象，从历史城区已经蔓延到 20 世纪 70—80 年代建设的居住区，甚至相当一部分仅 20 ～ 30 年楼龄的商品小区，加上低成本低建安标准的历史原因，中国城市建成环境总体上存在低品质问题，以及品质维护制度缺失的短板。

因此，城市更新制度构建需及时补齐短板并摆脱这一基本困境，建立面向高品质维护建成环境的制度体系，包括资金和责任两方面的基本制度创新。在资金方面，一是根据经济发展水平适当提高各类建筑的建造标准，倡导品质优先的建设理念；二是改革当前配比低、使用难的物业维修基金制度，确保相应维护标准的资金筹集和使用。在责任方面，一是政府应当承担保障公共服务和公共环境高品质的公共责任，并解决一部分历史遗留问题，如老旧公房修缮、加装电梯等品质提升问题；二是建立合理的物业收益与品质维护的权责匹配制度，以受益者合理负担的原则确定责任主体并建立长效机制。

城市更新需要创新多渠道拓展收益，包括公共财政的奖补、合宜的商业化运营、现代化活化改造等，将禁止推倒重建的历史城区、历史街区等区域建成遗产保护区，以“微改造”“微赋权”的方式推动历史建成环境品质的改善。如法国在文物建筑修缮税收减免基础上的“以奖促修”特殊制度，培育了传统建筑修缮的产业链，涵盖了评估、设计、维护、施工、材料提供等环节；意大利遗产“领养人”制度则是实现了维护资源社会化的制度创新，具有积极的借鉴价值。广州市恩宁路永庆坊“绣花式”微改造中，创新提出了类似“公房领养人”的制度，给予相关企业 15 年经营权。此外，广州市对具有历史文化保护价值的老旧小区提出了“正面清单”+“负面清单”，规范建筑功能与改造措施。从国内外先进经验可以看出，高品质维护建成环境的制度设计应建立责任与资金匹配的积极关系，培育社区自我维护、合宜运行和激发活力的责任和能力。

（十）面向可持续开发的善治

城市更新在实现建成环境高品质维护的基本目标之外，也应通过城市空间再开发促进经济发展，实现城市环境代际升级的拓展目标。城市的可持续发展要求公共利益应该前置于土地再开发的经济效益，其核心在于消除或补偿更新改造的负外部性，并注重在场多元主体的公平性。因此，更新的制度设计必须强调善治的价值观，以共享更高品质城市生活为目标，更加积极地将减低外部负效应和改善周边居民生活环境结合起来，并注重再开发机会和权益分配的社会公平性，从整体统筹的角度来维护城市公共利益。

首先，城市更新应从城市整体功能结构优化的角度出发，将再开发的存量土地整备与城市发展的综合目标关联并统筹，通过一定程度的职住平衡与强化配套来调节“房地产化”本身的固有缺陷。如设定功能混合的目标、配建更大范围所需的大容量公共服务设施；在轨道站点等公共可达性高的区位，优先实现保障性住房的政策性供给；等等。其次，应从区域层面来统筹城市更新管理单元的划定和规划内容的确定，避免形成过度加密的建成环境，在空间、功能适应性上为未来的发展留有弹性。如加强不同旧改更新项目之间、不同更新单元之间的指标转移、交换等合理化制度创新，必要的时候还应该进行更大范围的跨区协调统筹；更新区域可设定“预留地”“白地”，并且充分考虑分阶段、渐进式实施的需求。

在开发许可上，对老城区“微改造”的城市更新行为，相应地也应当有基于产权地块的“微开发权”概念。历史产权地块作为老城区历史文化价值的形态基因，一经征收即灭失并合并到公有储备土地中，即使保留私房产权性质，也难以获得积极的改造更新许可。从某种意义上说，设定微开发权是老城区空间形态历史文化传承的创新回归，使城市更新直接指向最终的产权业主或在地使用者，而不再经过房地产商的“转手”。广州市在历史建筑活化利用中提出可增加使用面积且无需补缴地价的措施，实际上也是在“微开发权”设定方面的一种创新。

城市更新的制度创新应该积极促成建成环境再开发从合理、合情走向合规、合法，探索再开发的权利设定与行政许可的创新，在物权确认、用途管制、审批许可等方面形成可供推广的制度改良，为城市包容性演进提供制度支撑，为不同的更新模式提供路径可能。

第三节　城市更新区规划制度建设

一、“城市更新区规划”的定义

通过研究发现，在各国各地区的规划体系中，的确存在一种专门的规划类型以处理城市更新地区的管治需求。本研究将其命名为“城市更新区规划”，其定义如下。

“城市更新区”（简称“更新区”），是为推行城市更新所应界定的权利范围，是受到赋权的更新地区的空间管制单位。而“城市更新区”是具有空间管制意义的规范性陈述，是“城市更新区规划”的编制和适用范围。由于其边界内外具有不同的规划干涉程度，需要审慎划定其边界（见图 2-6）。

“城市更新区规划”（简称“更新区规划”）是在特定地区内推行城市更新所采取的工具，是受到赋权的该地区内城市更新改造的管制依据。城市更新区规划是本研究提出的概念，是一种规划类型。美国的城市更新区规划、法国的协议开发区规划、日本的市街地再开发事业等都属于城市更新区规划。

下面将从共性与特性两方面,对城市更新区规划的性质进行具体的探讨。

城市更新区边界
城市更新区规划
城市更新区
城市更新地区 / “三旧”地区

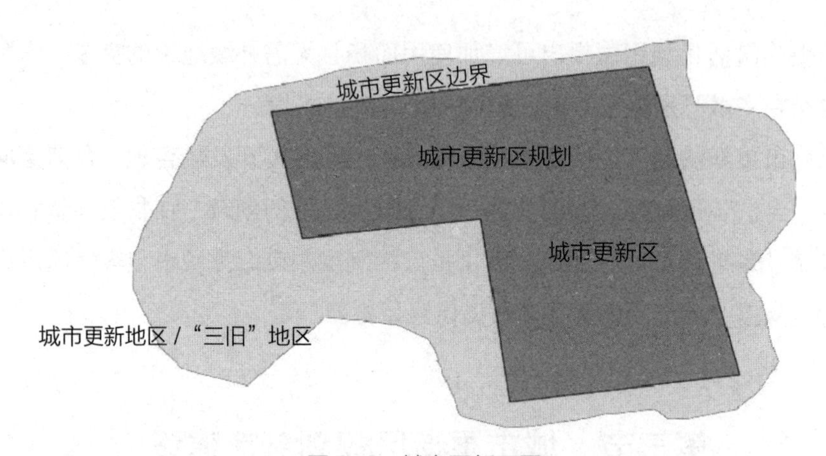

图 2-6 城市更新区图

（图片来源：周显坤．城市更新区规划制度之研究）

二、各地城市更新区规划的共性

城市更新区规划的共性
背景 快速城市化后期
目标 改善衰败、促进开发
对象 大规模再开发项目
手段 划定地区、提供激励、专门管理
职能 工具、平台、载体
定位 建设性职能，规范性效力
内容 传统内容、实施性内容、赋权证明 + 附加政策
流程 申报、编制、审批、实施 + 实施主体确认

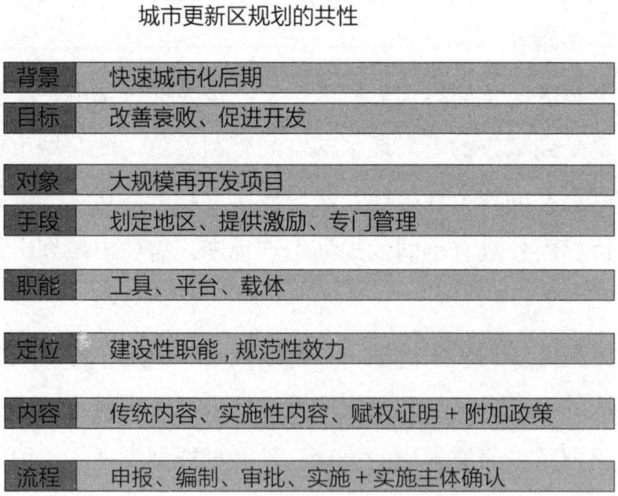

图 2-7 城市更新区规划的共性图

（图片来源：周显坤．城市更新区规划制度之研究）

初步构建评价各国各地区的制度实践的分析框架，提取出城市更新区规划的共性如图 2-7 所示，认为上述共性可以视为城市更新区规划这一规

划类型的基本特性。在进行该类型规划制度设计或改进时，可以以这些基本特性作为参考和出发点。

（一）背景：快速城市化阶段后期

各国各地区推出城市更新区规划制度的时间如下。

美国——1949 年《住房法》出台，启动了“市区重建计划”（Urban Renewal Program），在各地的执行中出现了“市区重建规划”（Urban Renewal Plan）。

法国——1957 年的法案修改确定了“城市更新区”（ZRU），1967 年法案提出“协议开发区”（ZAC）。

日本——1969 年《都市再开发法》提出“市街地再开发事业”，1988 年的法律修改提出“再开发地区计划”，2002 年《都市再生特别措施法》提出“都市再生紧急整备地域”和“都市再生特别地区”。

中国——2009 年广东省启动“三旧”改造行动；深圳市出台《深圳市城市更新办法》，提出“城市更新单元规划”；2015 年上海市颁布《上海市城市更新实施办法》。

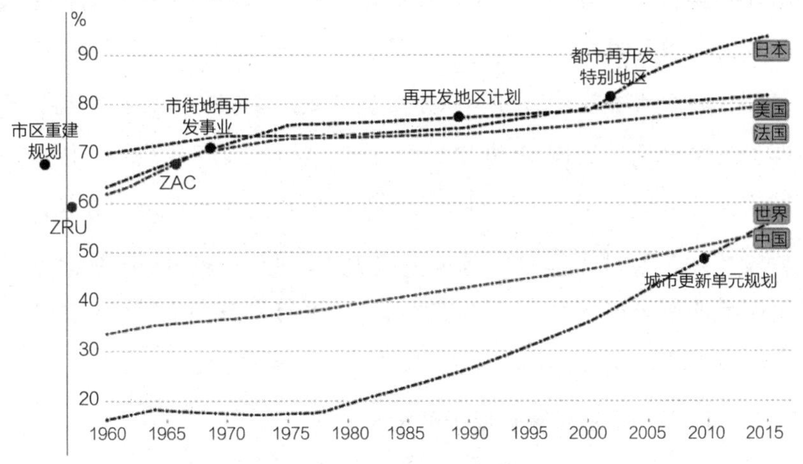

图 2-8　美国、法国、日本与中国的城市化率（1960—2015 年）

（图片来源：周显坤．城市更新区规划制度之研究）

将上述时间置于城市化进程当中（见图 2-8），可以发现一些规律：

第一，各发达国家提出城市更新区规划制度的时候都已经处于快速城市化阶段的后期，城市化率已经超过 60%。与之相比，中国的城镇化率在 2011 年越过 50%，已经踏入了城市化率的“下半场”，正处于快速城市化阶段的后期，此时部分发达地区的城市先行开展了城市更新区制度建设，这与其他国家的进程是相似的。

第二，由于二战，各国都有一个相似的城市发展进程，即战后重建。西方发达国家的战后重建是在原本就较高的城市化水平下进行的，直接带来了第一轮聚焦于住房建设的大规模城市更新，相应的规划也是在这样的背景下诞生。即使对没有太大直接创伤的美国而言，二战老兵的住房安置也是其市区重建计划的重要理由。相比之下，中国的战后重建是在低水平下进行的，属于新城建设，也就是“一五”“二五”带来的第一轮城市化进程。这使得中国的城市更新并不像各发达国家一样以大规模的战后重建为起点，而更多的是一种比较“自然”的过程。一方面，这可能使中国有机会更从容地开展城市更新，制定相关制度，避免一些匆匆上马的制度带来的潜在问题；另一方面，这可能使城市更新的迫切性、获得的社会关注与社会合力较为不明显。

第三，城市化率往往在推出城市更新计划后 10 到 20 年内不再增长，到达明显的平台期（美国 1970 年后，日本、法国 1975 年后）。因此，在整个城市化的大周期中，不妨将城市更新计划作为大规模城市建设的“最后的辉煌”，其后城市建设终究是要归于缓慢的。只有日本在 2000 年后出现了明显的城市化率提升，这可能与《都市再生特别措施法》提出的种种推进城市更新的举措有关，其中关联值得另外研究。

（二）目标：改善衰败、促进开发

各国各地区城市更新区规划的目标如下。

美国——“某些城镇地区陷入低标准、衰退或破败的状态……依据法规授权，地方政府得以通过其市区重建机构开展广泛的公共行动，以克服上述问题并创造适宜环境，吸引和支持私人开发，促进社区的健康成长。”

法国——“启动新的城市化，或强有力地重建未利用或废弃地区。”

日本——“城市是21世纪日本活力之源，为了应对近年来社会和经济情况的变化，如快速信息化、国际化、出生率下降和人口老龄化趋势，增加其吸引力和国际竞争力，这是城市再生的根本意义。”具体目标则包括“确保充满活力的城市活动，实现多样化和积极的交流和经济活动，形成抵抗灾害的城市结构，建设可持续社会，让每个市民都可以靠自己的能力实现可靠和舒适的城市生活。”

中国——以深圳市为例，“进一步完善城市功能，优化产业结构，改善人居环境，推进土地、能源、资源的节约集约利用，促进经济和社会可持续发展”（《深圳市城市更新办法》第一条）。

比较各国各地区出台城市更新区规划的目标，“改善衰败”往往成为城市更新区规划出台的口号，“促进开发”则是所有城市政府实际上的共同目标，并在此基础上追求经济增长、防灾、社区培养乃至提高城市竞争力等其他的综合性目标。

要进一步验证更新区规划的目标，则需要分析市场与政府的关系。

广义的城市更新是一种“自然”的过程，犹如“新陈代谢”一般伴随着城市发展的整个历史。任何一个历史久远的城市，必然是在原址上经历了一次又一次的重建、改造。即使是一个“无政府”的城市，例如由于地理环境而形成的商业市集，也自然会在经济规律作用下持续地发生更新改造行为。

这种经济规律可以被城市社会学的空间再生产理论、城市经济学的地租曲线移动等理论所解释。随着城市经济增长，中心区土地的潜在价值增加，当土地潜在价值减去当前使用价值的差额大于更新行为的成本时，更新行为会在产权主体的逐利冲动下自然发生（见图 2-9）。在城市规模达到一定程度后，外围扩张的边际收益越来越小，城市更新的效用可能比外围扩张更显著，这种情形不仅适用于东京、深圳等高度城市化的地区，还适用于纽约曼哈顿岛、厦门本岛等边界限制明显的地区。

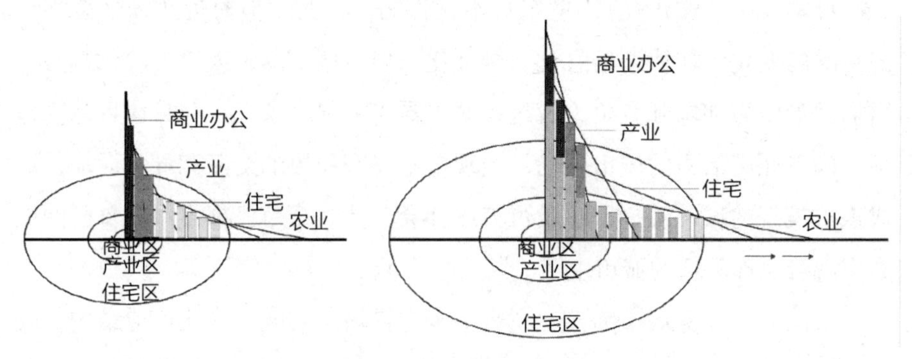

图 2-9 城市增长、地租曲线移动与城市更新

（图片来源：周显坤. 城市更新区规划制度之研究）

城市更新与城市经济的关系是辩证的，城市经济增长带来城市更新的动力，城市更新释放的土地带来的用途和投资会继续促进经济增长。但是城市经济增长仍然是更为本质的要素，因为城市经济增长必然带来城市更新的动力。反之，如果一个城市陷入了明显的经济衰退，即使政府或开发商继续推动城市更新，只要发展路径和生产率没有明显的变化，那么并不会带来新的城市发展机会，只会加速透支原有增长路径下的潜能，对一些衰败的工业城市开展的更新计划就是如此。这就像肌体与激素之间的关系，在成长期，健康的肌体能承受生长激素的力量，加快释放增长潜力；在衰老期，单纯的生长激素给肌体带来的只是生命力的透支和"回光返照"——在这个时期，激素不是不能使用，而是要配置更为丰富且有针对性。

尽管已经存在来自市场的"自然"的更新力量，而且政府干预更新的结果是如此复杂，各地城市对待更新的态度仍然是鼓励和促进。只是具体的角色和手段会根据实际情况发生变化：交给市场还是政府自己"下场”，采取的手段是全局还是局部、直接还是间接、单一还是综合等。

政府在城市更新中的职能变化与经济周期密切相关。城市化阶段是以数十年上百年计的大周期，经济周期的变化则是以十年计的较小周期，二者相互叠加，使得城市更新的相关制度法规建设也成为持续不断的进程：

在经济景气时，市场希望摆脱政府干预自由发展。政府也倾向于遵守“本分”，不干预市场，让市场自发地发生更新行为，例如日本的20世纪80—90年代初，中国的20世纪90年代。有些行动不得不加以必要管制，例如对过高容积率的再开发项目提出限制要求、对超额收益征税、对侵害原产权主体的行为进行保护等。同时，一些国有开发企业，例如法国的公共机构、日本的都市再开发机构，在经济景气期也会积极地参与再开发项目，这在一定程度上会影响政府的立场。

在经济不景气，甚至城市陷入衰退时，社会氛围希望政府刺激和干预市场。政府也倾向于主动采取行动促进城市更新。较初步的措施是运用宽松、引导的策略，如21世纪日本政府主动放开各类用地限制；进一步的措施是加以刺激，例如美国底特律等城市进行的公共设施投资和财税补贴；更进一步的措施是直接主导更新项目，例如德国鲁尔区的工业区改造、中国东北城市的大规模棚户区改造等。

战后重建可以被视为一种特殊时期，这时候经济景气且政府强力介入以城市更新为重点的城市建设当中。

城市更新区规划作为各类更新相关制度中的代表性制度，一般出台于政府推动城市更新的动机最强烈的时期，即经济不景气期和战后重建期，体现了最鲜明的鼓励和促进城市更新的态度。

各国各地区另一个值得注意的共性是，一般认为城市更新主要是一个地方政府负责的事务，但是，启动大规模城市更新的计划和法案——不管是美国20世纪50年代的“市区重建计划”，法国20世纪60年代的城市规划法典修改，还是日本20世纪60年代的《都市再开发法》和2002年的《都市再生特别措施法》，都是出自中央政府。以上述视角可以对这种“错位”的情形做出更好的解释：中央比地方对宏观整体经济形势更为敏感并且对此负责，大规模城市更新计划不仅仅是为了改善局部的民生情况，更是刺激经济的整体方案的一部分。

除了时间限制，政府干预城市更新还会受到的空间限制，在这里就不一一赘述了。

（三）对象：大规模再开发项目

“自然”的城市更新拥有众多的项目类型，并不是所有类型的更新项目都需要政府介入干预，更不是所有类型的更新项目都值得专门编制城市规划（或者说，值得用新的规划来解除既有规划的管制）。将需要用规划手段进行干预的更新项目识别出来，是城市更新区规划的一个重要任务，即明确制度的应用对象或管制对象。

虽然各国更新区规划的应用对象，在政策条文中并不相同，但是从项目结果却可以得出明显的共同点——各国更新区规划推进的都是较大规模的、拆除重建类的更新项目，或者简称为“大规模再开发项目”。

1. 关于“衰败地区”的分歧

各国各地城市更新区规划关于应用对象的要求如下。

美国——“市区重建规划”要求必须应用于“破败的开放地区”（blighted open area），或者“低标准、衰退或破败地区”（substandard，decadent or blighted open area）。其划定条件为：①这是一个主要为开放空间的区域；②出于自然条件限制、建筑老化、公共设施落后或产业经济发生重大变化等原因，对社区的安全、健康、道德、福利与稳定发展有害；③通过私营企业的普通开发来发展它，成本过于昂贵。

法国——“协议开发区”对更新项目本身没有性质上的要求。

日本——“都市再生紧急整备地域”“市街地再开发事业”对更新项

目本身没有性质上的要求。

中国——以深圳为例，“城市更新单元”的划定条件为“特定城市建成区”内具有“环境恶劣、安全隐患、设施不完善”等问题的“相对成片区域”。

通过比较发现，各国对更新区规划的管制对象的要求是不同的：美国、中国的要求较为详细，并且都要求出现衰败特征；而日本、法国的要求则没有性质上的要求。这来自赋权形式的不同。另外，通过定义内涵的方式限定更新项目在实践中的可行性不高，“衰败”“旧”等特性对更新项目来说，既不是充分条件，因为存在大量老旧且没有潜在经济利益的城市片区，并不会被划为旧区就得到更新；也不是必要条件，因为只要经济合算，较新的土地也可能成为待更新的对象。

2. 大规模

美国、法国的更新区规划名称中都包含“地区”（area），暗含制度应用对象为相对成片的、相对规模较大的区域。日本的制度名称从较大的“（都市再生紧急整备）地域”“（都市再生特别）地区”，到具体的“项目”（事业）各有分工。中国的“单元”一词则比较微妙，有很强的规模弹性，介于“地区”和“项目”之间。

从结果来看，法国的协议开发区平均规模约 10 公顷左右，日本的更新项目平均规模约 1 公顷左右，虽然相对中国项目的地块规模仅能算是中等规模，但是相对于法国、日本的平均地块规模来看，无疑都属于大规模项目（见图 2-10）。美国于“市区重建”计划期间完成的一批市中心改造，对于本城市而言更是少有的大规模项目。

3. 拆除重建

按改造程度，更新项目可以分为保留建筑类、局部改建类和拆除重建类。其中，各国的更新区规划主要应用于拆除重建类更新项目。虽然在划定的区域范围内也可能有保留建筑、局部改建的建筑物或设施，但无论是在美国的市区重建还是在日本的市街地再开发事业中，拆除重建是最主要的更新方式。

更新区规划之所以以大规模再开发项目为主要对象，可能是因为经济可行性、政府干预合法性与制度体系安排等。

大规模再开发项目具有更可观的经济前景。大规模再开发项目虽然成本更高，但是通过拆除重建可能创造更多的土地利用价值，并且有建设大型文化设施、巨构城市、标志性建筑物等具有显著正外部性的大型项目的可能性。这不仅增加了项目本身的经济收益，也帮助本地区实现刺激经济、提升城市综合竞争力的目标。

大规模再开发项目提供了政府干预城市更新的必要性。首先，大规模再开发项目通常处于复数、连片产权主体的情形，在土地整合过程中通常会出现“反公地悲剧”田，即由于所有者过多或少数个体轻易阻止整体造成的市场失灵现象（见图 2-11）。在以市场为基础的协作解决方式难以适用的情况下，政府加以干预也就有了理论上的合法性与合理性。其次，随着项目用地规模的扩大，通常涉及基础设施系统的调整，以及公共设施、公共开放空间的塑造，需要政府介入处理。再次，更新区规模达到一定程度将会对其他地区乃至全市产生影响，需要政府介入协调局部区域与其他地区关系，而相应的动迁、社会变化、社会影响等问题也需要政府协调。最后，启动规划程序本身需要一定的成本，若涉及政府动员则成本更高，如果不是大规模再开发项目则难以达到启动规划程序的门槛。

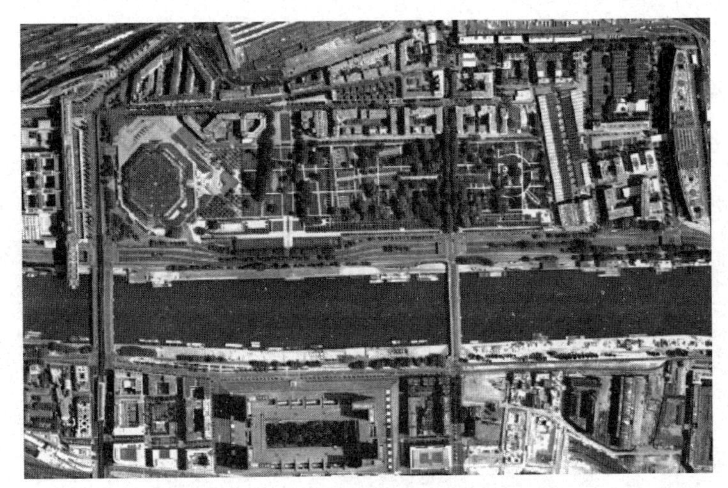

图 2-10　法国贝尔西协议开发区卫星图

（图片来源：周显坤．城市更新区规划制度之研究）

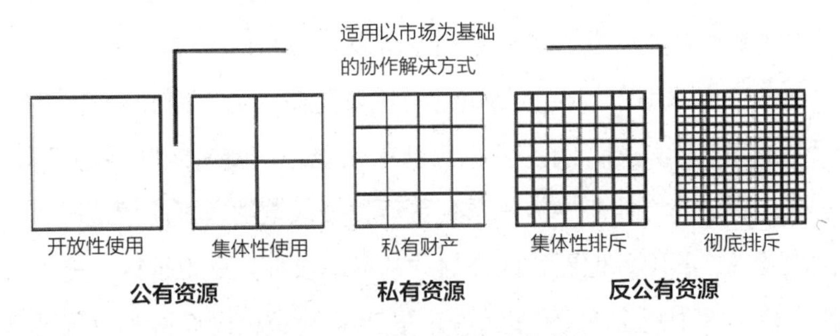

图 2-11　现有产权的完整范畴

（图片来源：周显坤．城市更新区规划制度之研究）

由于上述的原因，大规模再开发项目往往在各国的规划制度体系中都能得到重点、专门的处理，成为各国更新区规划的应用对象。但是同时，各国也有其他的规划手段专门处理小规模的更新项目，以及保留建筑类、局部改建类的更新项目，例如美国的“社区规划”、法国的“历史保护区保护与利用规划”（PSMV）、日本的“中心市街地活性化基本规划”等。或者并不用规划手段，将小规模的改造更新直接纳入一般化的建设项目规划管理之中，运用一些更温和的手段来推进更新。

（四）手段：划定地区、提供激励、专门管理

各国各地城市更新区规划促进更新项目的手段如下。

美国——划定为“市区重建区”，意味着联邦政府及州政府将提供财税补贴，并赋予了地方政府在该地区运用一系列制度工具的权力，包括土地征收、区划调整、公共住房建设及示范性项目等权力。

法国——划定为“协议开发区”，意味着放宽了既有规划对土地利用的限制，使土地利用的功能、强度、形态都可以协商调整；通过公共机构等方式吸引了资本进入土地开发；允许政府主导收购土地，鼓励了城市土地的并购和整理。

日本——划定为“都市再生紧急整备地区”意味着可以获得中央政府和地方政府的相应补助；划定为“都市再生特别地区”，意味着该地区豁免了既有规划的限制，获得了一系列城市规划上的特殊优待。

中国——以深圳市为例，划定为“城市更新单元”意味着允许该地区自主编制更新单元规划，有了依据更新单元规划调整法定图则的机会，并将宽松处理违建、产业激励等一系列更新相关政策纳入了应用范围。

比较发现，各国各地更新区规划的基本手段都是划定地区、提供激励，即在城市建成区中划定一个地区（城市更新区），放松既有的上位规划管制，编制专门服务该地区发展的局部地区详细规划（更新区规划），以此为依据执行较为宽松的规划管制。除了规划管理方面的优待以外，还可能从土地整理、税收减免、财政补贴、产业扶持等方面提供激励。具体的激励手段可以是非常复杂的，不过可以把城市更新中公共部门提供的激励活动分为三个类型：公共融资激励、规划建设激励和公共管理激励（见表2-1）。

表 2-1　政府对城市更新采取的激励方式表

类型	政府行为
公共融资激励	债务支持（如提供贷款担保、低息贷款、税收增额融资发行债券等）；国家和地方基金；直接补贴；税收激励政策（如税务豁免或削减、建立税收增额融资区）；利息补贴；股权融资（包括种子资本）低价土地出让；租赁；公共建筑融资（如停车场、工业园区、社区重构等）
规划建设激励	土地征用及土地整合政策（土地管理）；公共设施的改善；上空使用权；公共部门提供基础设施；修改建筑法规和容积率要求（容积率激励）
公共管理激励	建立开发部门和准公共机构（以便融资和提供专业技术员工）；规避招投标过程；尽量减少官僚作风；对发展更新项目的政治认同

"城市更新区"边界内外具有明显的管制方式区别，因而"城市更新区"在理论上是一种空间管制区。

在空间管制的设立中，有必要区分"两个过程"和"两种手段"。一是边界划定的过程；二是凭借划定的边界进行管理的过程。前者是通过边界的划定从而确定区域范围的过程，主要体现技术手段；后者是对边界划定的确认和监督，以及在区域内制定和执行相应管制措施的过程，主要体现管理手段。管理手段按照管制力的强弱分为直接管理手段和间接管理手段。通常是否在区域中的判定造成了管理权责乃至过程的差别的，应当认为是直接管理手段；是否在区域中的判定未造成管理权责乃至过程的差别的，应当认为是间接管理手段或技术手段（见表 2-2）。

表 2-2 技术程度和管制程度的划分表

作用类型	作用方式	举例	城市更新相关制度
技术手段	作为技术内容，不作为管理的直接依据，为形成管理手段提供参考	适建性评价、中心城增长边界研究	中国城市总规层面的“三旧”资源统筹研究等； 日本“都市再开发方针”
间接管理手段	是管理的依据，但不采取强制手段	城市规划的“四区划定”（除禁建区外）	美国“市区重建区”； 法国“地区规划中允许被划定为协议”； 日本“都市再生紧急整备地域”； 中国（以深圳为例）“城市更新重点地区”
直接管理手段	是管理的依据，采取强制手段	建设用地边界、禁建区	美国“市区重建区划”； 法国“协议开发区”； 日本“都市再生特别地区”； 中国（以深圳为例）“城市更新单元”

按照上述理论，日本“都市再开发方针”中的研究性内容、中国在城市总规层面的“三旧”资源统筹研究等属于技术手段；美国“市区重建区”、法国“地区规划中允许被划定为协议”、日本的“都市再生紧急整备地域”、中国（以深圳为例）的“城市更新重点地区”等都属于间接管理手段；美国“市区重建区划”、法国“协议开发区”、日本的“都市再生特别地区”、中国（以深圳为例）“城市更新单元”等都属于直接管理手段。

更新区边界内外的区域的管制要求、管理过程、管理依据，甚至管理权责都不相同。边界外规划指标要求较严格，规划管理过程为一般建设项目，规划管理依据为全覆盖的控制性层面的规划，管理权责为政府规划主管部门。边界内规划管制指标要求较宽松，规划管理过程为更新项目，规划管理依据为特定的更新区规划，管理权责可能由政府部门变为本更新区的管理委员会等地方性机构。

（五）职能：一个工具、一个平台、一个载体

城市更新区规划的职能在于“一个工具、一个平台、一个载体”，即进行城市更新项目管理的主要工具，政府与权利主体、开发商等各方进行博弈和合作的主要平台，以及政府实施公共政策的重要载体。

首先，更新区规划是进行城市更新项目管理的主要工具，具体有以下两种形式：一是由政府使用，以经过审批的规划文件作为政府进行规划管理、方案审查的依据，如美国的“市区重建规划”、法国的“协议开发区规划”；二是由实施主体使用，编制者即为项目建设者，规划文件本身就是一个得到许可的项目方案，管理更新项目本身的实施和建设进程，方案以此为实施依据，如日本的“市街地再开发事业”。中国深圳的“城市更新单元规划”二者兼具，在“管理文件”与“技术文件”的二元内容形式中，“管理文件”接近于前者，“技术文件”接近于后者。虽然理论上这两个管理过程并不一致，但是实践中却难以区分开来，特别是大规模再开发项目。城市更新区规划需要处理该片区在更新中面临的关键问题，包括现状分析、目标提出、空间设计、利益分配、方案实施等，基本上把城市更新项目的主要管理需求纳入更新区规划的内容框架中。正是通过更新区规划这一工具，大规模再开发项目才得以实施建设，将空间改造变为现实。

其次，更新区规划是多方合作的主要平台。一般研究中，政府、市场、业主，或者说公共部门、私人部门、社区作为参与城市更新的三方，在这些参与主体之间将产生非常复杂的合作与博弈关系。例如，有时政府与开发商先达成了合作，共同对业主施加压力；有时政府与业主先达成了合作，共同筛选合意的开发商；有时业主与开发商先达成了合作，共同谋求政府支持。因此，在这里提出的公共利益方代表、资金利益方代表和产权利益方代表为新的“三方”，实际的城市更新的参与主体构成更为多样，合作与博弈关系也更为复杂。各方利益协调、博弈的过程实质上就是更新区规划编制的过程，合作和博弈的结果最终都要通过规划成果方案来表达。各

地的更新区规划中，都将对多方合作的制度安排作为一大重点，如法国“协议开发区”采取的协议式赋权方式；日本的“都市再生特别地区”“市街地开发事业”由私人开发商及业主申请设立；中国深圳更新中关于确定实施主体的大量规定；等等。此外，在更新区规划的不同阶段，需要处理的利益协调关系不只是三方，还可能处理全民利益与政府利益、城市整体利益与地方局部利益、公共利益与私人利益等关系。更新区规划应当在编制流程中处理好各种利益关系，按照法国和日本的经验，将不同的利益关系分阶段分层次地处理可能是较好的方式。

无论如何，在一个良好运行的更新区规划制度里，规划成果的完成应当意味着各参与方对合作与博弈结果的共同确认。这个过程有两个方面的含义：一方面，各方（至少在形式上）达成了共同的目标和愿景；另一方面，规划成果在这个过程中获得了合法性。

最后，更新区规划是实施公共政策的载体。各个主体在城市更新中都有自身的诉求，例如开发商追求经济回报最大化，业主追求自身产权在更新前后得到延续等，作为公共利益方代表，政府的目标往往不止于更新项目本身，还要关注对城市整体的外部效用。特别是到了城市化后期阶段，城市政府的各项政策缺少直接有效的着力点，此时，更新项目就成为难得的“抓手”，发挥了“以点带面”的作用。因此，许多国家和地区都利用更新区规划承载各类公共政策。例如美国的住房建设、战后老兵安置政策，日本的经济刺激政策，深圳的产业政策、保障性住房政策等，都是借助于更新区规划得以实施。

（六）定位：建设性层次职能，规范性层次效力

1. 规划体系的三个层次

要研究城市更新区规划在城市规划技术体系中的定位，就要先说明一般城市规划技术体系的构成。依据谭纵波等基于对中国、日本、法国的分析，城市规划技术体系大致可以分为战略性规划、规范性规划和建设性规划三个层面（见图 2-12）。

战略性规划：包括中国的城市总体规划、日本的整备开发和保护的方针、法国的国土协调纲要（Schéma de cohérence territoriale），以及其他国家和地区的规划。例如英国的结构规划（structure plan）、美国的综合规划（comprehensive plan）、德国的土地利用规划（faelchennutzungs plan）、新加坡的概念规划（concept plan），以及香港的全港和次区域发展策略（development strategy）等。这个层面规划基本上具有共同愿景的职能。

规范性规划：包括中国的控制性详细规划、日本的区域规划、法国的地方城市规划（plan local d' urbanisme）、英国的地区规划（local plan），以及其他国家和地区规划。例如美国的区划条例（zoning regulation）、德国的建造规划（bebauungs plan）、新加坡的开发指导规划（development guide plan）和香港的分区计划大纲图（outline zoning plan）等。或称"羁束性规划"，这个层面的规划主要发挥空间管治依据的职能。

建设性规划：包括中国的修建性详细规划、日本的开发项目、法国的协议开发区详细规划（PAZ）与历史保护区保护利用规划（PSMV）等，这个层面的规划发挥建设实施指引的职能。中、日、法的规划实践表明，建设性规划是一种必要的、相对微观的规划类型，职能是对特定规划区内的建设项目及其周围环境进行设计及管理，面向的主要服务地区是城市核心区、新城区、历史文保区、景观区和城市更新区等。

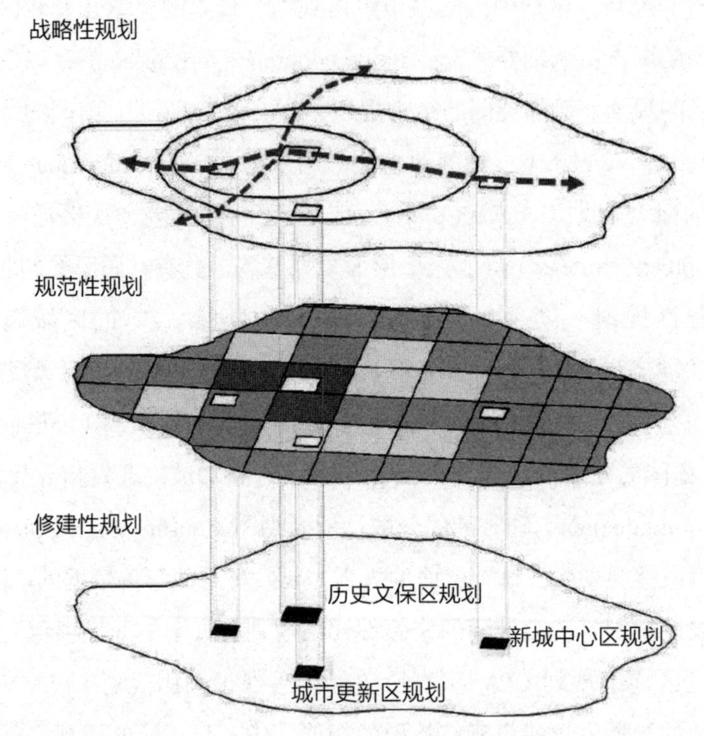

图 2-12 城市技术体系的三个层次（图片来源：谭纵波，刘健，万君哲，等．基于中日法比较的转型期城市规划体系变革研究）

2. 各国城市更新区相关规划在规划体系中的定位

各国城市更新区相关规划在规划体系中的定位，主要处于规范性与建设性层次之间（见图 2-13）。

美国的“市区重建规划”，以波士顿政府中心区更新规划为例，属于建设性规划。“社区规划”同属建设性规划，并且在许多时候也处理城市更新项目。“市区重建区划”是规范性层次“区划”的一个子类，帮助将市区重建规划的技术成果与既有规划协同。

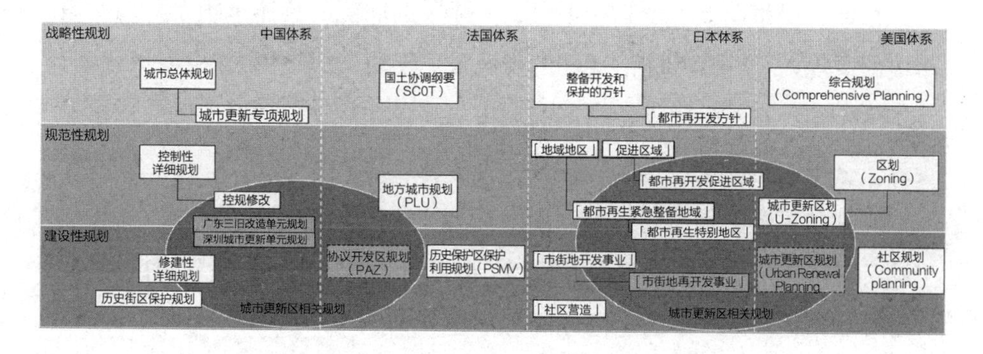

图 2-13　各国城市更新区相关规划在规划体系中的定位

（图片来源：周显坤．城市更新区规划制度之研究）

法国采用“协议开发区”与“历史保护区”两种不同的管制区处理再开发与历史文保地区等不同的项目类型，相应也有“协议开发区规划”和“历史保护区保护利用规划”两种不同的建设性规划类型。不过随着协议开发区规划的取消，相应的职能由一般规划文件（类似于中国的专项规划）与规范性层面的部分“地方城市规划”来承担。

日本的城市更新区相关规划包含多个规划类型。在规范性层面，都市再生紧急整备地域是地域地区的一个子类，并且衍生出都市再生特别地区。另外还有都市再开发促进区域为代表的各类意图区。在建设性层面，市街地再开发事业中区分了土地区划整理项目、新住宅城市开发项目、工业园区建设项目、城市再开发项目、新都市基础整备项目、住宅街区整备项目、防灾街区整备项目等不同的对象，它们都不同程度地与城市更新相关。其中，“市街地再开发事业”又是一个专门的建设性规划类型。

中国的城市更新区相关规划“正处于一种失位、落后、混乱的状态”。从全国的视角看，修详规、控规（修改）、一些非法定规划与其他管理制度都参与了城市更新地区的规划管理，甚至还要加上“片区层面的规划条件修改”。其中，局部地区的制度探索，如深圳的城市更新单元规划与广东“三旧”改造单元规划，较为完整地符合更新区规划的职能要求。

在此，仅将以上“工具、平台、载体”的职能的具体承担者称为“城市更新区规划”。它们包括：美国的市区重建规划，法国的协议开发区规划，日本的市街地再开发事业，中国的城市更新单元规划、“三旧”改造单元规划，德国的建设规划，新加坡的行动规划，等等。

其他与更新区相关的规划制度则称为“城市更新区相关规划”。包括上述的规范性层次的几种配合性规划，以及日本的都市再开发促进区域等。

3. 城市更新区规划的定位分析

通过比较各国城市更新区相关规划的定位分布，可以进一步探究城市更新区规划在规划体系中的定位问题——更新区规划在规划体系中的定位是较为特别的。

从目标、范围、职能、手段来看，仅仅应用于局部地区的更新区规划应处于建设性层次；不过，从效力的视角看，更新区规划通常能够直接成为建设行为的规划管理依据，这又与规范性规划的效力有所重合。

从各国情形来看，更新区规划分布在建设性与规范性层次之间。美国市区重建规划、日本市街地再开发事业、法国协议开发区规划是建设性层次的，分别有相应的规范性层次规划与其配套使用。同时它们在编制中受到与规范性规划相似的、较为严格的流程约束。德国的建设规划是规范性层次的，但是非常接近建设性层次。中国的“三旧”改造单元规划的成果是控规形式，处于规范性层次；城市更新单元规划也处于规范性规划层次，“在法律效力上，更新单元规划审批后，视为法定图则的组成部分，作为规划管理依据”，但这两个规划仍然存在定位模糊之处。它们的定位差别可以从制度设计上的组合、单一两种形式加以解释。

总的来说，更新区规划往往以建设性层次的职能，获得了规范性层次的效力。

第三章　空间演进规律及高质量发展

第一节　世界城市空间演进规律及其启示

随着全球化及跨国经济分工与合作日益推进，世界上开始出现并培育出具有全球性经济、政治、文化影响的第一流大城市，被称之为世界城市。约翰·弗里德曼（John Friedmann）认为，城市发生的所有空间结构，将决定于城市与世界经济相融合的形式与程度，以及新的空间劳动分工分配给城市的职能。

作为被公认的世界城市，伦敦、纽约、东京由快速增长阶段到走向世界城市这一特定阶段的空间形态演进历程，无疑会给当前中国的城市发展实践及迈向世界城市的目标以深刻启示。

一、世界城市空间形态演进历程

（一）伦敦：从不理想的“控制－疏散”空间战略到世界城市

伦敦为解决19世纪快速工业化和城市化过程中产生的住宅、交通、环境及区域不平衡、城乡矛盾等突出问题，用行政手段控制市区新建工业、围绕市区建绿带、外圈扩建城市，形成围绕中心城区的“环状路网＋绿带＋卫星城”典型模式。东京、莫斯科、北京等都曾采取了与之类似的城市空间发展模式。自20世纪80年代起，伦敦作为全球主要的金融、物流、信息中心和欧盟最大资本市场地位逐步确立。这既与其现代资本主义发祥地、商业中心和历史古都的地位一脉相承，也得益于伦敦以生产性服务业的高速发展保持了城市持续发展的活力。

1987年，伦敦生产性服务业比重首次超过制造业，确立了新的城市发展功能。大伦敦区除主要发展高端服务业之外，还留存了一些具有竞争力的制造业，并吸引国际机构进入。其生产性服务业具有明显等级体系和功能定位，空间分布呈现“多极化、等级化、功能化”特征：城市中心主要承担高级商业服务，国际化、信息化程度较高；内城区和郊外的新兴商务区则主要面向国内或当地制造业，同时接受来自城市中心区的高等级产业辐射，如后台数据处理中心等，彼此之间密切协作。

尽管如此，伦敦的发展未能彻底扭转其当初实施的不适合城市高速成长阶段的“单中心－同心圆”空间战略，虽然伦敦加大公共交通建设、推行交通拥堵收费制等显著缓解了市区交通拥堵问题，但“城市病”依然缠身。

（二）纽约：大都市区的管制、规划与分工合作孕育出世界城市

20 世纪 90 年代初，中心集聚为主的城市化使中心城市与郊区政府矛盾十分普遍，而走向一体化的全球经济迫切需要诸多功能性的城市网络去支配其空间经济运行和增长，美国首先产生了基于区域利益协调的大都市区管制模式。这一模式是社会各种力量之间的权力平衡，通过多种集团的对话、协调、合作以达到最大程度动员资源的统治方式，以补充市场经济和政府调控的不足。

为解决城市发展中的问题并走向可持续发展，从 1921 年到 1996 年纽约大都市区经历了以“再中心化”“铺开的城市”“3E（经济 Economy、公平 Equity、环境 Environment）先行”为主题的三次大都市区规划。

从疏散中心城区办公就业，到把纽约改造成为多中心的大城市，再到提高地区的生活质量，使大都市区逐步具有了着眼全球以及经济、社会与环境并重的发展理念。纽约从港口商业城市转变为工商并举城市，进一步发展成为以第三产业为主的世界金融中心，与该大都市区成熟的分工合作、有机整体的孕育密切关联。“波士华”大都市带中的每个主要城市都有自己特殊的职能，都有具有优势的产业部门；在发展中，彼此间又紧密联系，在共同市场的基础上各种生产要素在城市群中流动，促使人口和经济活动更大规模的集聚，形成大都市带巨大的整体效应。

（三）东京：政府作用下立足本土企业成长的国际化战略和多核多圈层空间形态

在空间受限、资源紧缺的条件下，东京经过50多年发展成为人口上千万、城市功能高度密集的世界金融中心、国际化大都市，其空间形态经历了由“一极集中”走向“多核多圈层”结构，成功实现了中心区集中容纳国际控制功能，副中心扩散次级功能，进而控制城市规模过度扩张，建设国际城市的设想。这与战后从对城市规模的关注转为对城市功能空间布局的关注，实施“多中心、分层次”的空间发展战略，以及政府与市场作用得以充分发挥密不可分。战后东京经历了一个由“一极集中”走向大都市圈的城市发展历程。目前，大东京都市区正在形成“中心—副中心—郊区卫星城—邻县中心”构成的多核多圈层空间形态，各级中心多为综合性的，但又各具特色，互为补充。

在东京成为国际城市以及空间形态形成过程中，政府行为成为本土企业快速成长和生产性服务业发展的外部动力。一方面，实施以本国企业和资本扩张为动力的国际化策略；另一方面，国家权力的集中带来相关服务产业，如金融保险、商业服务、教育咨询等的集聚。东京发挥自身人才和科研优势，重点发展知识密集型的“高精尖新”工业，使工业逐步向服务业延伸，实现产、学、研融合。此外，东京“多中心、分层次”的空间发展战略有力地支撑了生产性服务业的发展，老中心区与多个新中心区分层次并进，适应经济结构快速转变的需求，为生产性服务业提供了一个网络结构的发展空间。但在东京城市发展过程中，也始终存在着保持国际城市地位、控制功能过度集中，和城市规模膨胀这一两难问题。

二、世界城市空间演进规律对我国的重要启示

当今，处于积极成长中的特大城市北京，面临着严峻的城市问题，并且城市发展受到诸多条件的限制。借鉴国际典型大城市发展演变规律，符

合我国城市实际的发展模式必然是内生性、可持续性好、良性运转的模式，其内涵是：在传承特色、发挥自身优势基础上，注重区域合作、加强产业引导，通过更具包容性、民主性的城市政策，以及众多发展目标的优化，最终发展成为具有全球控制力的世界城市。本书以北京为例进行具体分析。

（一）强化腹地支撑与更大范围的空间联系

城市经济区是以在城市与其腹地之间经济联系的基础上形成的，城市发展应考虑城市区域的协调发展与支撑体系的层次性与空间扩散的规律性。走向一体化的全球经济，迫切需要诸多功能性的城市网络去支配其空间经济运行和增长，城市与腹地之间的经济联系是城市经济区形成的主要动力，这些联系包括外贸货运流、铁路客货运流、人口迁移流、空间信息流，而且空间信息联系正成为跨地域经济联系中的关键因素。同时，大城市作为区域性的政治、经济、文化中心，在周边建设发展卫星城和新区，通过产业链和产业转移带动周边城镇经济发展，持续推动着周边地区的城市化进程。在这一阶段，北京应使城市与区域之间保持相互联系、互动互利、共同发展的关系，并按照提供商品及服务的特征和等级不同，各个城市之间形成一种有序的层级关系，共同组成城市间稳定的分工合作关系，保持高度社会、经济、文化联系的城市体系。

从世界城市的空间流量角度看，城市之间的联系形成全球城市体系并导致等级次序和主导作用的产生，通过居于控制和领导地位的世界城市，把地区经济、国家经济和国际经济联系在一起。在全球城市体系中，其联系性的强弱程度决定了城市的地位和职能：联系性较弱的城市具有区域性的地位与职能；联系性较强的城市——世界城市，会形成全球性的地位与职能。

（二）科学规划和引导，营造产业聚集与创新的政策和制度环境

政府通过制定一系列政策或规章制度来引导或促进城市发展，制度或政策往往会对城市发展产生正向或反向的作用。日本东京实施的是以本国企业和资本扩张为动力的国际化策略，政府行为成为生产性服务业充分发展的外部动力，为东京国际化发展起到了正向作用。

国际经验表明，采取倾斜性投资政策，如降低工业土地成本、投资补贴、改善交通基础设施和降低税收等，会使生产与人口过度集中的问题进一步加重。而人为地去控制城市规模（比如设置绿带、人口限制）的做法，反而会滋生新的问题。

影响经济结构的最主要因素是产业结构，产业结构的变动（迁）是城市用地结构演变的主要原因和城市发展的真正动力。威廉·阿朗索（William Alonso）的城市土地竞标地租理论认为，城市中各种活动的区位决定于土地利用者所能支付地租的能力。因此，现代服务业集群主导着国际大都市中央商务区的发展，决定着城市经济的繁荣及其国际竞争力的高低。对于生产性服务业，追求创新是其持续发展的动力：一方面是产业集聚带来的产业创新和技术传播有助于行业创新；另一方面是行业规则的制度性变革和新技术的应用，如金融创新、信息技术创新、规则创新以及行业标准创新。

经济发展需要构建外在形态，形成有效载体，城市政府的作用就在于规划和引导产业集聚发展，为企业主体营造良好的环境。泰勃特（Tiebout）理论认为，生产要素在空间上是可以流动的，而企业家和公众会“以足投票”，向公共服务好的城市流动。就北京而言，政府与其试图明确“要发展什么”，不如营造制度和环境，让投资者自己来决定产业发展，因为市场机制下，地租地价支付能力决定产业选择，提供什么样的制度和环境，就会吸引什么素质的企业家及适合什么样的产业发展。与此同时，还要有严格的碳排放限制，以及对高耗水、高耗地、高耗能行业的限制。此外，政府必须加强与民间的合作，城市政府集中力量投入民营企业不做但为了提高城市竞争力又必须做的事情上。教育、安全、法制、环境建设等公共产品，就成为政府提高城市竞争力的内在要求和必需的手段，成为政府的自觉行为。

（三）有效利用城市土地，促进城市空间资源优化组合

城市土地利用的最终目的并非获得地租收益最大化，而是把土地作为承载要素，在城市地理空间上汇集最优规模的城市资源，实现聚集经济的最大化和总产出的最大化。城市土地利用最有效率的评价依据，应该是城市资源在城市地理空间内的布局是否实现组合的互补性最优和规模最佳，或者说聚集经济是否达到最大。因为城市空间中互补性与竞争性聚集同时存在，在市场机制不充分或信息不完全对称的情况下，城市政府就有必要通过规划或者引导的手段，调节互补性个体资源之间的比例，使之处于最佳的互补状态，同时抑制竞争性资源之间的过分集聚；同样，城市政府也可以通过引入公共资源（如城市基础设施、医疗、教育资源等）的手段，使个体资源与公共资源共同构成一个各种资源相互作用的城市空间组合环境，形成一个互补性最优的组合比例，使城市空间资源组合能够得到不断优化，进而使城市资源可聚集的密度和城市可聚集的规模扩大到最大。2009 年北京南城规划建设就是一个很好的实践。

（四）注重文化提聚潜能，发挥首都软资源优势

城市发展具有路径依赖，一个城市的历史文化、意识形态、管理制度对一个城市的发展有重要影响。全球化对城市的影响，会随着城市的基础而变化。所以，每个世界城市必然有其个性。如，伦敦和纽约在世界城市体系中的地位遥遥领先，所不同的是，古都伦敦的深厚历史、文化底蕴、宗教传统与独特的社会风貌丝毫不与其现代化和国际化相悖，还被公认为最适合居住的大城市。

文化具有展示功能、经济功能和提升凝聚功能。文化对城市发展的积极作用首先表现在独特文化氛围对人才的吸引，同时，文化产业也日益彰显文化的经济潜能，深厚的历史文化底蕴是现代服务业集群发展的内在诱导因素。当前经济高速发展时期，文化、文明的滞后，经济增长和社会文明失衡是值得关注的新问题。就北京而言，还存在城市发展与历史文化保护、传承和发扬的问题。

从世界城市发展来看，在环境、资源、区域经济等的约束下，保证城市可持续增长，需要在快速发展阶段积极寻求一条人口、经济、资源和生态环境相协调的发展道路。这一快速阶段往往是产生问题和解决问题的时机。欧美国家大体走了一个低密度、粗放的扩张型发展模式，而受限于空间资源的国家（如日本）则走了一个高密度、精明增长的路子。

经验研究表明：当产业结构处于高端水平，即产业结构相对“软化”时，其发展所需要的资源更多地依赖“软资源”，主要指社会资源和人文资源。从北京产业结构变动规律可以清楚地看到，第三产业成为今后北京发展的主导产业，消费和投资也集中在第三产业。这就意味着，北京城市发展正逐步完成由硬资源向软资源转变，未来北京的可持续发展和产业高级化进程，对经济、社会、环境的进步起到长期性、主导性作用的是具有比较优势的内生性软资源。

因此，首都特质资源、文化资源、科技资源、人才资源、信息资源、教育资源、金融资源共同构成首都城市可持续发展的关键资源。软资源成为城市发展的不竭动力还将取决于未来城市定位、体制改革、产业政策、社会政策和生态环境政策。

（五）制定更加包容、民主的政策，关注居民生活幸福，促进城市持续繁荣

弗里德曼将人口迁移目的地作为世界城市的指标之一。从世界城市的发展经验来看，对移民的接纳政策起到了积极的作用，如不同时期的移民、不同国籍的移民，为纽约城市发展提供了不同层次的劳动力资源，推动纽约工商业的迅速发展，也在很大程度上决定了纽约的经济结构及产业结构内部的巨大变化；伦敦对外国移民的接纳政策也为城市发展提供了充足的人才来源，并且促进了不同思想、文化间的相互碰撞，促进了城市的繁荣。

城市最重要的功能和目的是使人们生活更美好，在城市发展中提高自己、丰富自己，因而最优化的城市发展模式是关怀人、陶冶人。日本在对居民的一项调查中发现，高速的经济增长并没有带来市民生活质量的大幅度提高，居民主观幸福感下降。在经济全球化及信息化、人口老龄化等社会发展趋势影响下，东京首次提出了“建设生活型城市”的政策目标，其核心是就业与居住功能的平衡。

大城市的发展不断地积累着更大的通勤成本、更高的房价、不断加剧的噪声与环境污染等城市病，这些在北京城市发展中已经露出端倪，值得关注。我们应该在快速发展中及早解决这个问题，改善仅以 GDP 衡量城市发展的传统指标，关注居民生活的幸福指数。这是个机遇，如果这个时候不去解决，可能就失去了调整的机会。

第二节　高质量发展与城市创新空间演进

城市高质量发展与创新空间演进息息相关。随着我国经济增长驱动力由要素驱动、投资驱动转向创新驱动，创新空间已成为引领城市、区域、国家乃至全球创新发展的战略高地。以美国硅谷崛起为代表，多尺度多形态的创新空间在全世界范围内渐次兴起，知识经济与科技创新在后工业化城市发展中的作用日益凸显。2015 年，李克强总理在《政府工作报告》中，首次将“大众创业、万众创新”上升到国家经济发展新引擎的战略高度。2017 年，中共“十九大”报告提出加快建设创新型国家，并到 2035 年跻身创新型国家前列的重要目标。为顺应创新驱动空间高质量发展趋势，北京、上海、深圳等城市正在建设具有全球影响力的创新中心，杭州、武汉、成都等创新型城市也不断涌现。

然而，与其他创新型国家相比，我国创新发展仍处于“质与量”的失衡状态——创新体系开发水平和整体效率难以满足经济转型升级需要。城市内部中微观尺度的创新空间正是国家创新体系、区域创新体系，以及创新型城市建设的落实，因此，探究城市创新空间演进的逻辑与思路，对于我国建设“创新城市”“知识城市”具有重要的政策启示。

一、国内外城市创新空间演进趋势

（一）创新空间形态的定向扩展

城市发展阶段理论是城市空间研究领域的重要思想依据。创新空间作为信息化条件下城市空间的一种形态，虽然由难以预测的创新活动聚集而成，但同样遵循城市空间发展规律。作为创新型国家的典范之一，美国城市化进程是在“强市场、弱干预”发展模式下推进的，对其他国家的城市发展具有原型意义。

美国城市化发展在经历了中心城市集聚和郊区化扩散后，呈现出回归中心城市的新趋势，实现了城市地域空间组织的优化，具体可总结为三个阶段（见图 3-1）。同时结合美国都市区内部人口迁移规律，可将创新空间形态演进分为三代：第一代是专业化的产业园区模式，创新活动背后是技术进步、经济发展及文化变迁；第二代是 20 世纪 60—80 年代的科技园，该阶段城市郊区人口与中心城区人口的关系由接近转为超过，城市郊区出现诸多就业中心，局部非中心区域呈现出蔓延趋势，郊区化与技术进步共同促成了郊区各类科技园的出现；伴随旧城复兴计划的推进及知识经济的快速发展，第三代城市创新空间——创新城区兴起，中心城市人口增长率超过郊区，且高学历者和高收入者成为回城的主要人群。由此可见，创新空间演进与逆郊区化趋势相吻合，呈现出“由外围郊区到边缘区、主城片区再到中心城区”的空间特征。与空间发展的阶段性特征相统一，城市创新空间形态也具有多样性，布鲁金斯学会的研究报告将其归纳为三类：一是“锚”型。以剑桥肯戴尔广场、费城大学城为典型代表，这类空间主要是围绕创新主体形成的大规模混合功能开发区域，包括参与创新过程的创新驱动者和创新培育者。二是“城市更新”型。这类空间蕴涵深厚的历史文化积淀，或面临老工业区转型升级，通过与先进研发机构、支柱性企业合作，实现城市旧城复兴，典型代表主要有巴塞罗那普布诺等。三是“科技园区”型。这类空间通常分布于郊区，通过改善生活环境、推进功能融合等，实现集聚区企业创新空间拓展，如北卡罗来纳州的创新三角园区等。

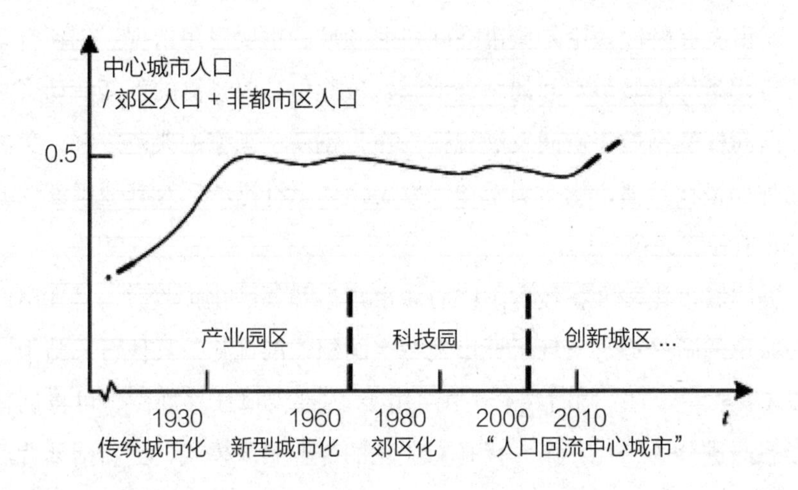

图 3-1 美国城市化进程中城市创新空间的演进特征（图片来源：作者整理绘制）

（二）创新组织模式的多维延伸

国外没有明确提出“城市高质量发展”的倡议，与之相近的是如何推进城市可持续发展，该思想为城市创新空间“双螺旋关系”向“创新生态系统”转变奠定基础。从“区域工作计划”“经济花园计划”等国际案例可知，在创新驱动过程中，创新主体并非单一，而是由地方政府、企业、高校、科研机构等多元主体构成。早期创新活动主要发生在产业层面，创新主体间需要通过界定各方的权责边界来实现知识共享。其后，在技术与经济发展推动下，“大学—产业”“大学—政府”“产业—政府”的“双螺旋关系”

模式逐步形成。伴随三螺旋模型概念的提出，“大学—产业—政府”新型产业组织出现，并通过三者“交叠”所产生的互相作用实现创新的螺旋式上升。

伴随城市可持续发展内涵的不断丰富，“四重螺旋”“五重螺旋”开始强调系统内部各要素间的生态互动、创新联结及知识转化，并在社会与自然协调发展视角下，分别将“公民社会”“自然”两类要素纳入不断自我完善、健康的创新生态系统，进而实现整个系统的协同升级，如旧金山湾区创新生态系统等。在现阶段人才驱动模式转换、产业升级动力转轨、空间更新需求转型趋势下，区域内各种创新主体与创新环境之间通过创新流的联结传导，形成共生竞合、动态演化的复杂创新生态系统，引起区域功能等级化和地域差异性显著。同时，创新要素流动加速了区域极化并促进区域和城市空间功能重构，有效推动了区域产业结构升级及竞争优势形成。

与美国不同，我国的快速城镇化进程与知识经济是同步的。在短时期内，产业园区、科技园区、创新城区三类创新空间均存在创新型城市创新空间的建设实践，由对物质空间的需求拓展发展为对社会文化空间的发掘，整体面临更新式或渐进式转型。综上，城市创新空间发展呈现新趋势：从地理郊区化的高技术密集区到回归中心城市的创新街区，从依托于产业集群的创新集聚到多类创新空间组织模式的涌现，其内在动因主要为科技产业变革、生活方式转向及城市更新诉求。

二、城市创新空间演进的内在逻辑

城市创新空间可视为一个科技、经济、社会结构独特的自组织创新体系，通过在城市生产体系中引入新要素或实现要素的新组合而推动城市高质量发展。因此，可遵循“构成要素—运行机理—价值取向”的主线，探寻城市创新空间演进的内在逻辑（见图 3-2）。

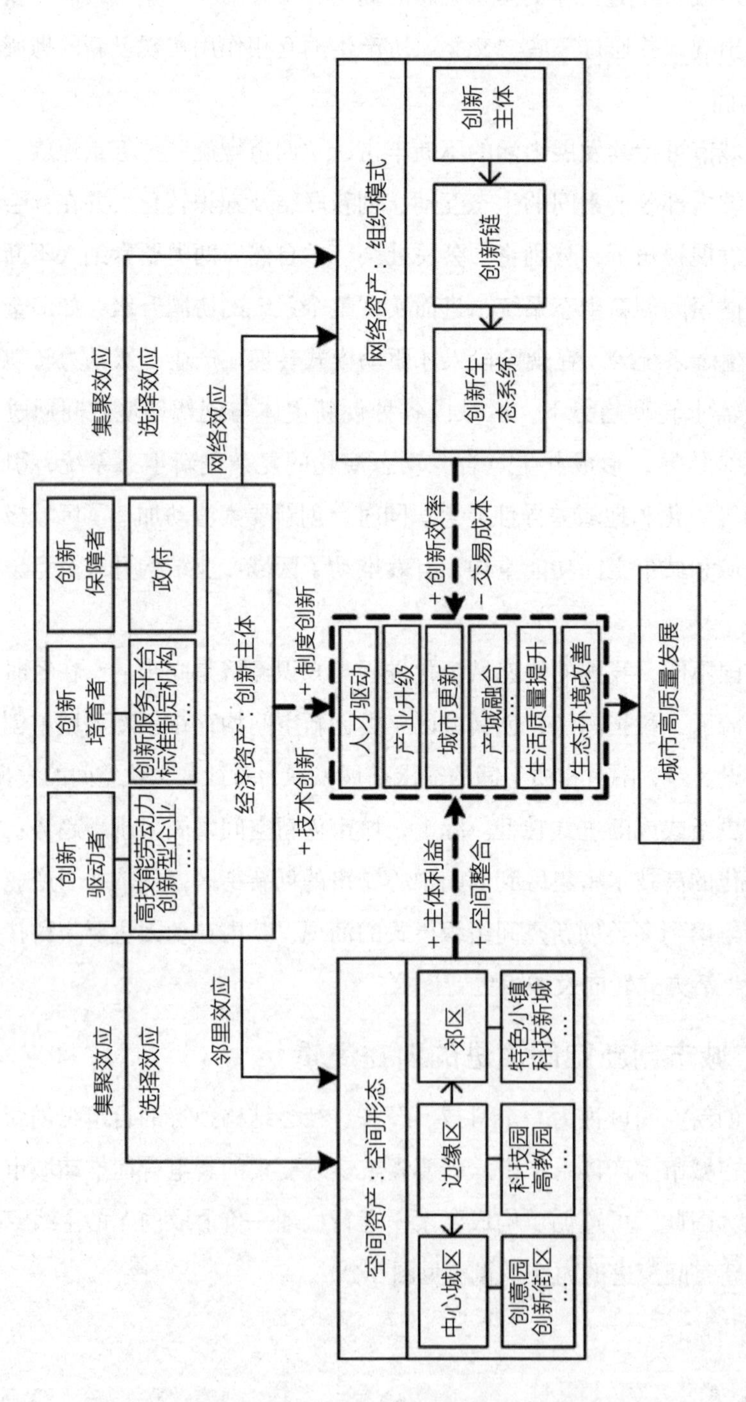

图 3-2 我国城市创新空间演进的内在逻辑（图片来源：作者整理绘制）

（一）构成要素：经济资产、空间资产、网络资产

基于功能分工及围绕交通枢纽形成的城市经济活动模式与传统城市空间组织不同，城市创新空间的形成与发展要从三种资产予以考察：经济资产（economic assets）、空间资产（physical assets）及网络资产（networking assets）。

首先，经济资产主要是指创新主体，其中创新驱动者（创新型企业、研发机构、高技能劳动力等）是创新活动产生源；创新空间培育者（金融等创新服务平台、技术标准制定机构、知识产权服务机构等）为创新活动高效交易与运行提供支撑；政府通过提供政策法规、管理体制等软件资源及交通、通信设施等硬件设施，解决创新集聚空间无序、创新协作割裂、成果转化制约等问题，优化创新的物理环境及制度环境，为创新空间培育提供保障。

其次，空间资产为不同类型创新空间提供物理空间，主要包括公共领域空间、私人领域空间、连接创新空间与其他空间的通道等，当不同创新主体植入后，相应形成科技园、创意园、高教园、创新街区及特色小镇等不同类型空间形态。

最后，网络资产是一种隐形的社会资源，以潜在网络效应作用于城市与区域创新活动的全过程。由于创新活动的复杂性，创新主体仅依赖自身的有限资源无法满足创新活动要求，因而，需形成闭合的创新价值链，积极地从外部获取创新资源，解决其在创新过程中遇到的人才、资金、信息等资源瓶颈，此时，网络资产是城市内部创新主体间形成的网络、信任和规范等。

（二）运行机理："集聚与选择""邻里与网络"的综合效应

其一，创新空间生产率优势主要来源于"集聚效应"和"选择效应"，因创新空间形态的不同，其微观作用机制也呈现出一定的差异性，但均能有效推动经济资产增加和创新。城市中心区生产率优势主要是高效率企业

的主动选址行为或低效率企业迫于竞争压力而退出所致；开发区生产率优势主要产生于企业和人口集聚带来的知识外溢和技术进步，同时，开发区政策有助于创建产业集群、增加区内就业、改善生态环境等，促使竞争加剧，形成优胜劣汰机制。

其二，非市场联系对创新主体行为的影响，主要包括由地理空间邻近而产生的“邻里效应”和因社会空间联系而生成的“网络效应”。从地理空间视角看，创新活动的地理空间比一般经济活动的地理衰减性更强，地理空间紧凑成为不同类型创新空间形成的重要因素之一，为整合和创新空间资产奠定基础；从网络组织视角看，在网络效应影响下，各创新主体与其他创新要素之间的正式与非正式合作更有利于知识和技术创新，促使创新链不断完善，推动创新生态系统构建，为巩固和完善网络资产提供保障。

其三，创新活动在“集聚与选择”“邻里与网络”的综合效应下，与城市其他活动发生互动，除推动产业升级、城市更新之外，更有力地促进城市生活质量提升与城市生态环境改善，实现创新空间与“生产—生活—生态”空间耦合。此外，推动经济资产、空间资产及网络资产“量与质”的提升，最终实现城市高质量发展。

（三）价值取向：城市高质量发展

其一，创新驱动的增长方式不只是解决效率问题，更重要的是依靠知识资本、人力资本和创新激励制度等实现要素的新组合。一方面，创新人才成为新经济形态中最具活力的生产要素，在城市内部集聚的同时，吸引高新技术企业等入驻，并通过技术创新缓解传统要素边际递减带来的负面效应，提高社会全要素生产率，进而加快产业转型升级；另一方面，政府对创新环境的营造推动科技成果转为现实生产力，以制度创新破除制度性障碍，进而推动科技创新，有效提升资源配置效率，为经济高质量发展提供保障。

其二，创新活动聚集产生的创新空间替代传统高价值区位，响应城市中心城区复兴与郊区兴起的空间策略，成为城市新的热点区域之一。一方面，创新空间培育作为中心城区城市更新的重要进路之一，将多元主体的利益诉求在同一空间上实现整合与分配，改变了传统科技园区空间相对隔离的发展格局，迈向城市功能综合开放的“城区”阶段；另一方面，在逆城镇化趋势与互联网应用的影响下，交通成本对劳动力和企业选址的约束力降低，城市边缘区域聚集效应增强，原有的城乡空间界限将趋于模糊，创新型特色小镇以高密度的交互空间为创新创业人才提供思想交流平台，有效增强了创新空间内部互动，成为驱动产城融合的重要抓手。

其三，与资本驱动阶段地租理论作为影响城市空间布局的主线不同，在创新驱动阶段，因创新主体沟通互动等所产生的低交易成本发挥更突出的作用。从城市内部创新网络看，创新主体间因知识溢出、专业化分工或经济交易产生联系，依托“关系型基础设施”减少交易成本，构建结构完整、功能完善的创新生态系统，并以新要素、新业态带动形成更为密集的“本地蜂鸣”。从城市外部创新网络看，顺应创新系统生态化及创新全球化趋势，城市创新空间需嵌入全球、国家、区域创新网络，寻求更高水平的开放，更低交易成本的合作，建立高质量发展的“全球通道”。

三、我国创新型城市创新空间建设实践

截至 2018 年，我国提出建设创新型城市构想的城市已有 200 余个，获批成为创新型城市试点的城市共有 78 个，而典型创新型城市创新空间建设案例具有示范意义。2006 年澳大利亚创新研究机构“2thinknow”开始构建包括文化资产、人力资本、市场网络及专利授予四个方面、由 162 项指标构成的综合性评价体系，评估全球城市创新能力，为创新型城市案例选取提供依据。此外，根据艾森合特（Eisenhardt）的观点，以案例研究方法构建结论，至少需选取 4 个案例以保证结论可信度。因此，关于我国创新型城市创新空间建设案例的具体遴选过程为：首先，基于 2019 年全球创新城市指数，选择位列前 300 的国内创新型城市；其次，考虑东中西

各部的区域异质性，综合参考“国家创新型城市创新能力指数（2019）”“中国城市科技创新发展指数（2019）” “中国城市创新竞争力（2018）”的城市排名与各区域城市占比，最终选出14个典型案例，其中东部地区6个（北京、上海、深圳、广州、天津、杭州），中部地区4个（武汉、郑州、合肥、长沙），西部地区4个（重庆、成都、西安、昆明），梳理并总结我国城市创新空间发展特征与现实挑战（见表3-1）。

表3-1 我国创新型城市创新空间演变特征比较表

区域	城市	组织模式	空间形态	空间结构
东部	北京	科创＋研发；依托高新技术创新	科技园、科学城、高教园、孵化器、特色小镇	以五环为边界的市中心集聚单核主导型，外围“农村包围城市”
	上海	科创＋文创＋研发；依托信息技术和互联网创新	科技园、科学城、产业社区、大学城、科研院所、众创空间	快速交通导向下的均质化扩散和多中心结构趋向
	深圳	硬件创新＋技术创新；依托高科技企业技术创新	科技园、创意园、孵化器、特色小镇	边缘K圈层外溢，外围呈现多中心结构
	广州	科创＋合作研发；依托产业集群和对外合作平台	高教园、大学城、科学城、软件园、特色小镇	中心极化和空间扩散趋势并存，呈现网络化结构
	天津	科创＋研发；依托智能制造产业集群	高新技术园、教育园、孵化器、特色小镇	城市创新空间发展主轴，滨海创新空间和城镇创新空间发展带
	杭州	科创＋文创；依托互联网模式创新	科技园、孵化器、创意园、特色小镇	中心城区向外围扩散，廊道集聚、边缘定向集聚
中部	武汉	科创＋研发；依托高新技术和现代制造业	工业园区、开发区、科研院所、科学城、众创空间	以高速外环为中心，沿交通干线；呈西北—东南向带状分布
	郑州	科创＋研发；依托高新技术和航空经济基地	产业园区、技术开发区、科技新城、大学城、众创空间	点状开发，轴向扩展
	合肥	科创＋研发；依托高新技术产业和合作平台	科学城、研究院所、高新区、众创空间	团块状、圈层式分布形态
	长沙	科创＋文创；依托先进制造业和文化传媒业	科技城、开发区、创意产业园区、众创空间	核心—外围结构，由点状转为点状与廊道集聚

续表

区域	城市	组织模式	空间形态	空间结构
西部	重庆	科创＋研发；依托高新技术和先进制造业	科学城、科研院所、高新研发园、高端制造园、产业园	沿交通轴，呈圈层状布局
	成都	科创＋文创；依托高新技术和数字信息产业	科学城、科技园、高新区、科研院所、生物城、特色小镇	中心城区、功能拓展区、城市重点发展新区三大圈层，走廊布局
	西安	科创＋研发；依托高新技术产业集群	高新技术区、工业园区、研究院所、科技街、众创空间	多中心、区域化趋势
	昆明	科创＋合作平台；依托高新技术和对外合作平台	高新区、产业园区、创业园区、孵化基地	单中心圈层拓展趋势

（一）发展特征：“三个并存”趋势

1.“科创＋研发”主导下的创新组织模式

多地依托先进制造业、战略性新兴产业、现代服务业等，建设世界级、国家级产业集群，形成以“科创＋研发”为主的组织模式更好聚合创新主体的资源和能力。在政府的科技政策支持下，北京、上海、广州、天津、深圳、合肥、昆明等城市依托高新技术企业技术与信息技术创新等，建设各地特色产业集群，同时注重创新人才引进，并与大学、科研机构以及对外交流平台合作，进而构建“企业＋高校＋机构”的产学研发展体系，如北京高精尖创新中心、广州大学城、杨浦知识创新区等。上海、杭州、长沙和成都等城市除“科创＋研发”创新主体组织模式外，文创活动的知识外溢也较为突出，通过加强数字信息、互联网等技术在文化产业领域的应用，有效促进产业创新，增强城市文化产业竞争力。

2.“增量＋存量”融合下的创新空间形态

北京、上海、深圳、广州等城市综合运用增量拓展和存量转型的方式，推动多类型创新空间向中心城区聚合与郊区拓展，并逐渐呈现出网络化空间结构。创新活动的空间分布遵循距离衰减定律，表现为科研院所、大学城等聚集在城市中心，创新街区、科技社区等以城市更新实现新旧动能转换。随着中心城区空间资源愈发紧张，创新活动向边缘区溢出的趋势凸显，逐步建立高教园、科学城、创新型特色小镇等创新基地，引领了郊区的科技创新发展，如上海张江高科技园区、重庆科学城等。除北京呈现创新资源中心化下的“农村包围城市”形态外，上海、深圳、广州等东部地区城市创新活动拓展态势明显，逐步向网络化创新空间结构演化。此外，天津、杭州、武汉和郑州等城市创新空间表现为轴带状、廊道式布局结构，合肥、重庆、成都和昆明创新活动则呈现圈层拓展特征。

3.“硬设施 + 软环境”并存的创新氛围

北京、上海、深圳、杭州等城市通过提供公共物品、建立网络联盟和创办交流平台等形式城市创新空间发展营造良好环境。在硬设施上，北京、上海、武汉、成都等城市以多层次、特色化的配套设施满足人群差异化空间需求，吸引了多样性创新人才入驻，为城市创新空间发展提供了创新源；在软环境中，北京、广州、深圳等城市在教育环境、金融环境、文化包容氛围等方面优势凸显，在吸引创意人才、引擎企业留驻的同时，也支持了创业和中小微企业创新活动，且鼓励多元主体合作，形成了良好的创新氛围，如上海通过建立“校区—园区—社区”联动模式实现创新型城市建设。此外，广州在“十一五”时期已意识到资源环境约束问题，在推进经济发展方式转变的同时也改善了创新环境。

（二）现实挑战：“三个错配”问题

1. 要素支撑与创新外溢不匹配

一方面，创新主体亟待破除经济资产中的技术支撑体系瓶颈。天津、杭州、武汉等东部城市的中心城区集聚了高等院校、科研院所等研发功能和信息服务功能，但支撑科技创新孵化、转化的职能较为短缺，难以满足城市创新外溢的需求，成为“产业旱地”。另一方面，创新主体亟须提高对网络资产的重视程度。科技园、科学城及大学城等承载着政府主导的国家级科研单位，而郑州、合肥、长沙、西安、昆明等中西部城市的科技创新多数自成系统，缺乏对周边地区的知识外溢和创新辐射，成为“技术孤岛”。如与我国东部沿海地区城市相比，昆明市尚未形成多元化的友城交流网络。

2. 创新空间与“三生空间”不融合

从生产空间看，科研用地等创新型用地主要布局在城市中心区和部分外围新建的大学城、科学城等地，而工业研发用地等主要分布在郊区产业园区内，这导致研发功能和应用功能出现了空间分离态势。从生活空间看，多地在远郊区以产城融合的方式打造科技新城、特色小镇，依靠快速轨道交通与主城区建立联系，忽略了城市生活服务配套，难以满足新时代创意人才对优质地方品质的需求。从生态空间看，良好的城市生态环境为创新环境营造提供基础，更有利于高新技术企业、高技能劳动力进行创新创意活动，但却是城市创新空间发展所忽略的要素之一，如阿里巴巴没有在北京、上海等第一位序的城市选址，而是选择了杭州。

3. 地方营造与创新需求不适应

从规划制定与实施看，创新用地在规模、布局等方面的规划与实施存在不匹配现象，大量存量资源尚未得到有效利用，且创新空间从增量向存量调整中缺乏政策依据，城乡规划的主观政策供给缺乏与客观创新需求的有效应对。从制度创新看，部分城市仅注重科技创新，忽略了推动科技成果转化为现实生产力的制度创新，如创新劳动产权权益维护、创新服务支持、创新全响应社会服务管理体系等，使得公共空间与分散节点难以满足创新主体的创新创业需求，导致城市整体创新创业氛围不足。如中原经济区（以郑州大都市区为核心）虽在城市创新的技术支撑方面与湖北、湖南等城市相近，但在创新环境营造方面却有较大差距。

四、我国城市创新空间发展思路

（一）驻留多元创新主体，强化存量创新空间赋能与提质

其一，在城市更新和老旧小区改造中，充分谋划和实施创新空间向中心城区回归，推动大学、政府、社区等多元主体共同参与，创造更具活力的中心区。

其二，加快城市边缘区的高新技术园区、教育园的城市功能提升，通过“三生空间”融合的构筑，营造优美、人性化的城市环境，提高创新人群对空间的归属感和认同感。

其三，积极推进创新型特色小镇规划建设，赋予其在土地、融资等方面先行先试权力，引导社会主体通过锚定或植入“高教资源”“引擎创新机构”等，在城市郊区培育更高能级的产业创新空间。

（二）构建创新生态系统，推进支持创新发展的制度变革

首先，有效整合城市产业集群、支柱机构、基础设施、社会服务及文化要素等，构建创新生态系统，推进城市创新规划建设与管理。其次，推进适应创新发展的现代产权保护制度、创新成果转化机制、金融服务体系、行政服务体系等制度体系的实践探索，营造并形成支持创新的制度环境。最后，加强非正式制度建设，积极探索地域文化、价值信念等与创新融合的发展进路，营造既鼓励创新，又包容失败的良好社会氛围。

（三）重视社会网络关系，助力全球—地方创新网络的嵌入

一是鼓励不同地域、不同层次的创新主体自发参与创新活动，挖掘创意人才社会网络关系，加强“邻近”区域间的信息交流，形成自上而下、自下而上或双向互动的协同创新关系。二是聚焦企业间社会关系的调整和优化，突破单纯依赖金融资源等的限制，建立规范、互信、互利的共同体，实现规模更灵活、成本更低的经济收益。三是关注城市在全球网络中的特色地位，以全球生产网络嵌入、合作共享机制构建等方式，引导城市在全

球网络中向更高价值区发展。

“硅谷”的垂范激发了地方政府打造创新空间的冲动，然而某些精心“规划”的创新空间的低效甚至失败案例时有上演，这就要求各地方政府实施差异化创新政策，实现创新空间发展的“地制宜”。因此，从城市宜居环境营造、人才培育与引进、社会网络关系建设等方面，建立创新发展规律和城市空间发展规律之间的逻辑“嫁接点”，助推我国创新型城市向全球创新中心迈进，增强全球竞争话语权。

第四章　国外城市更新与空间演进实践

第一节　英国城市更新与空间演进实践

一、城市更新的思想体系

1997—2010 年新工党政府在城市更新政策期的意义之大，就如同英国政治中 1979 年玛格丽特·撒切尔（Margaret Thatcher）的保守党政府上台那样，具有分水岭般的重大影响，但这在当时并没有马上体现出来。新工党上台之初，承诺会继续执行前任政府的支出计划，不会收缩新自由主义（neo-liberalism）的城市政策。虽然在侧重点上会做一些调整，但新政府会继续实施保守党制定的、诸如单一更新预算计划之类的主要城市政策，并促进而不是撤销前政府所制定的构建合作组织和引入竞争机制等原则。单一更新预算计划的第 4 次和第 5 次招标中，社区新政计划（new deal for communities）、就业、教育和卫生行动区计划（employment, education and health action zones），以及其他倡议都得到了继续执行。在以下三个领域，保守党的城市更新措施也都得到了继续施行：第一，新工党政府的城市政策依然采用社会病理学的方法；第二，政府依然继续对小区域进行政策干预；第三，新政府依然把物质变化和开发看作“解决问题的办法”。

从广义上讲，这一时期的措施可以分为两类，其中“城市复兴”（urban renaisance），政策的着力点是城市中心的物质和经济方面，并注重进行“街区更新”，也就是解决社区“温和”（softer）的问题和内城区的多重贫困问题，并应对周边社会住房问题。新工党城市政策的一个重要特点就是认识到城市政策中的经济和社会维度。

英国政府认为，城市多重贫困地区在很大程度上淹没在全国经济成功的表象之中，城市贫困地区的衰退是这些地区的自身原因造成的，而不应怪罪社会大环境。但是，其在街区更新政策上有创新之处，认为需要重点解决社会排斥问题，提升公民权利，促进民主更新，提高社区参与从而推动城市变化。

城市复兴措施背后的理念与经济竞争力，城市之间的竞争以及物质和地产驱动的城市更新紧密相关。城市复兴政策的主题一般包括：通过私人部门向地产开发领域投资来进行结构性重建；基于大型消费推进集建筑、零售、文化、休闲、娱乐、体育和夜生活于一身的旗舰型建筑开发项目来建设城市中心；政策驱动实现绅士化；在经济全球化过程中进行区域品牌重塑和营销，以及关注城市设计、建筑和规划。推行这些措施的目的是让这些项目的进展和开发能够取得效益并创造就业岗位，再通过“涓滴效应”让当地居民受益。与这些政策相关的现象包括后工业经济中服务业的兴起、“创意阶层”（creative class）和富裕学生数量的增加，以及在繁荣和萧条交替出现的投资周期中处于繁荣期。

二、城市复兴

（一）城市工作小组和城市白皮书

1998年，建筑师理查德·罗杰斯（Richard Rogers）被任命为城市工作小组负责人，该小组致力于研究城市地区衰退的原因，并就促进这些地区的可持续更新给出实用的建议。城市工作小组于1999年发布了一部很有影响的最终报告《走向城市复兴》（*Towards an Urban Renaissance*），该报告提出了100多条建议，并使得“城市复兴”这一术语被人们所熟知。该报告提倡优秀的设计、开发棕地及高密度建设。在借鉴了城市工作小组的很多建议之后，《城市白皮书》在时隔23年后再次出台，列出了实现城市复兴所要采取的策略。与城市白皮书伴随而来的是政府采取了10亿英镑的税收措施增加对城市地区的投资。

约翰·斯通（John Stone）和怀特·海德（White Hyde）通过回顾和对比1997年和2000年的城市白皮书来分析城市政策的延续和变化，并找出城市政策中的“新视角”和“旧障碍”。他们认识到城市问题特点的变化，以及这种变化所引起的相关政治反应是至关重要的。另外，发现那些可能再次导致城市贫困和社会不公平问题出现的、长期的结构性问题也同样重要，它们就代表着“旧障碍”。

虽然并非所有的城市政策都会考虑社会公平问题，但是诸如社区发展项目（community development projects）之类的早期政策倡议和新工党政府一些较新的政策，都关注社会公平问题或者受到这个问题的启发，这可以从社会阶层、贫穷、种族歧视和缺乏机会等条款表述中看出来。城市政策对最受边缘化的社会群体，也就是富裕阶层“之外的人”给予了持续的政治关怀。城市政策还重点考虑了地域正义（territorial justice）的问题，关注地域正义如何产生，以及如何通过国家和主要机构来解决区域不公正和不均衡发展的问题。重要的是，与健康和教育等很多主流支出领域不同，无论是按照静态的城市区域优先次序来安排资金的城市计划，还是在空间上对任何人都开放的单一更新预算计划，城市政策都有明确的空间考虑。城市政策一直在解决不均衡发展的问题，并重视社会正义和地域正义之间的关系。

在城市政策的持续性和变化这一问题上，由于两份城市白皮书出台的背景非常不同，它们之间最大的一个差异在于城市政策的提出方式。针对英国城市地区现状所做的调研报告，两部城市白皮书都做出了反应。1977年，城市白皮书对《内城区研究》这份报告做出了反应，该报告是根据伯明翰、兰贝斯和利物浦等地的调查写成的。2000年，政府回应了城市行动小组提供的报告，出台了旨在促进城市复兴的城市白皮书。1997年的《城市白皮书》主要以伯明翰、兰贝斯和利物浦，以及其他贫困、衰退的城市为基础来理解和解决城市问题。但是，在2000年的《城市白皮书》中，巴萨罗那代替了伯明翰，阿姆斯特丹代替了利物浦。

有观点认为，这种侧重点的变化使得城市政策中不再以“贫困”“依赖”和“衰退”等词汇描述城市，取而代之的是，政策中开始出现促进城市地区的经济活力和建设具有活力的文化社区等内容。这种用词上的变化使得城市从“绝望之谷”（spaces of despair）变成了“希望之地”（spaces of hope），这对城市政策的构思也产生了影响。很明显的一点是，在政策制定中，关于城市贫困的争论显著减少了，大家更多地开始讨论城市地区营销，对城市复兴计划也表现出“衷心拥护”。

在社会正义方面，有趣的是，两份《城市白皮书》在分析城市问题的原因和城市社会正义方面的观点都非常相似。它们都十分强调导致城市衰败的结构性经济原因，以及社会排斥、弱势群体和物质衰退方面的问题。虽然有这么多相似之处，二者在社会正义或不公平问题上还是有明显的差异。1977 年的城市白皮书就是为了解决社会弱势群体的问题，但是在 2000 年的城市白皮书中，对社会正义问题的关注已经被建筑审美和对规划设计的讨论所掩盖。这样看来，城市贫穷和弱势群体问题已经不再是城市政策关注的重点。

在地域正义方面，两份文件对空间问题有着非常不同的理解。1977 年的城市白皮书认为，地域正义问题主要存在于国际化大都市的内城区，而 2000 年的城市白皮书却对地域正义的空间含义表现出了更多的关注，随之出台的城市政策不断考虑位于农村的棕地，还从更宽泛的角度来考虑城市、城镇和郊区问题，这被称为“后内城都市政策”。这种空间关注点的变化使得对城市，尤其是内城的贫困和贫穷的演变过程的关注发生了转移。

总体而言，城市行动小组和之后的《城市白皮书》，都因过度重视损害经济和社会的更广泛因素而受到批评。理查德·罗杰斯哀叹道，政府在实施城市复兴上动作迟缓；一份独立的更新报告也提出了类似的批评，并不停地呼吁进行“更强的城市复兴”活动。《城市白皮书》中的全新内容并不多，但《城市白皮书》勾画出了一种城市生活方式，并构建了一个将其他倡议和计划融合在一起的框架。此外，城市行动小组和《城市白皮书》取得的最重要成果是，二者都清晰地将可持续性放在了城市政策的核心位置。

（二）城市状况

在城市复兴的议程中，新工党政府委托其他机构出具了很多报告来评估城市的状况，这些报告一般都以英格兰的城市为研究重点。最终报告名为《2006 年英格兰城市报告》，这是一份独立报告，全面审查了英格兰城市的表现，回顾了政府政策对城市的影响，分析了城市是如何发生变化的，评估了促进城市变化的驱动力，总结了应该吸取的教训，探索了国际背景下城市面临的机会和挑战，并评价了在政策影响下城市所取得的进步。

城市白皮书所涉及的主题和研究领域，包括人口统计、经济竞争力和绩效、宜居性、社会凝聚力和政府演进。副首相办公室认为，在创造城市可持续社区的重要性越来越被人们所认识的背景下，对城市状况进行评价是很有必要的，并且需要对重塑城市的过程和动力进行深入理解。

环境、运输和区域事务部及副首相办公室都认为整合政策、建立合作关系和发挥地方政府领导力是有效推进城市更新的基础。环境、运输和区域事务部还认为，政府需要重新考虑将城市政策与区域和次区域策略框架相结合的程度。城市行动小组和环境、运输和区域事务部指出城市政策的制定应该基于"城市—区域"所涵盖的地区。

整体来看，城市政策的缺点反映了一些更宽泛的问题，也就是城市政策间呈现碎片化、倡议行动过多、政策回应侧重短期效益，以及资源受到限制等。但是《2006 年英格兰城市报告》也指出，国家在认识城市促进经济竞争力方面的角色和重要性、理解区域政策的空间影响、中央与地方政府关系改善等方面已经取得了明显改善。

一份对比英国城市和欧洲城市竞争力的报告显示，英国的伯明翰、布里斯托尔、利兹、利物浦、曼彻斯特、纽卡斯尔、诺丁汉和谢菲尔德等“核心城市”经历一定时间的衰退之后已经开始复苏。但是，这些城市“在创新、劳动力质量、连通性、就业率、社会结构和对私人资本的吸引力上，仍然落后于欧洲其他同类型城市”。

（三）可持续社区规划

通过与英格兰合作组织和区域开发署等机构的合作，政府努力开发出更多的住宅和商业用地，通过提供资源刺激区域经济发展，创造就业机会，并为煤田地区提供战略定位和投资。英格兰合作组织为推进英国城市更新采取多个规划和倡议，也代表社区和当地政府部参与了 20 个计划和倡议。

在可持续社区规划中，副首相办公室确定了如下优先发展的区域：

（1）英格兰 20% 最贫困的地区；

（2）原煤开采区；

（3）东南增长区（米尔顿凯恩斯和中南部，伦敦—斯坦斯特德—剑桥—彼得伯勒走廊，泰晤士河口区和阿什福德）；

（4）北部增长走廊；

（5）棕地战略区；

（6）房地产市场更新探路者计划（housing market renewal pathfinder）所涉及的地区。

（四）英格兰合作组织

英格兰合作组织成立于 1993 年，是代表政府推进英格兰城市更新的全国性机构。1999 年，随着区域发展署的建立，英格兰合作组织走向没落。但是，认为英格兰组织已经消亡的看法还为时过早。2003 年之后，随着政府出台可持续社区计划，英格兰合作组织强势回归，扮演了更加重要的角色。英格兰合作组织侧重物质发展和更新，通过推行土地整理（land assembly）和强制购买的权力去收购那些荒弃的土地，使这些土地重新得以有效利用。英格兰合作组织要么自己开发土地，要么提供缺口资金让开发商进行开发。此外，它还代表城市更新公司董事会开展工作，这在接下来的部分会予以介绍。英格兰合作组织还提供城市更新方面的建议和咨询服务。英格兰合作组织后来集中力量开发自己的土地，在战略区域推进组合投资，创立各类开发合作组织，通过土地更新和开发来改善环境，并为公共资源寻找相匹配的新资源。英格兰合作组织在土地复垦、新房建设、就业空间和吸引私人投资方面都为自己确立了目标，朝目标推进的各项工作在 21 世纪 00 年代都呈现出稳步上升的趋势。从 2008 年起，英格兰合作组织和英格兰房屋公司合并，后者是全国经济适用住房管理机构，负责社会住房并为之提供资金。两个机构合并成家庭和社区署（Homes and Communities Agency），在建设可持续社区的工作中相互协助。

（五）英国煤田更新计划

自 20 世纪 80—90 年代煤矿关闭后，英国煤田社区经历了很多严重的社会问题和环境问题，这包括慢性病折磨、人员技能欠缺、教育效果不好、就业机会缺乏，以及交通条件不便等。针对煤矿关闭引起的问题，中央政府根据煤田行动小组报告提出的建议，推行了几个行动计划对这些问题进行回应，试图通过这些行动计划解决全国煤田社区普遍面临的问题，并提高这些地方人们的生活质量。根据当时的安排，这些计划在 21 世纪继续执行。1996 年出台了英国国家煤田计划（The national coalfields programme），该计划由英格兰合作组织和区域发展署执行，旨在修复英格兰总占地面积为 4 550 hm^2 的 107 个煤田地区，鼓励这些区域发展新产业、创造更多就业岗位。英格兰的煤田社区和传统煤田分布在东北部（17 个）、西北部（8 个）、约克郡（33 个）、西米德兰兹郡（6 个）、东密德兰（26 个）、东南部（4 个）和西南部（6 个）。国家煤田计划的目标包括把 4 000 hm^2 的土地重新投入使用，开发超过 200 万 m^2 的就业空间，创造超过 42 500 个新增工作和岗位并建造超过 13 100 套新房屋。最后，由煤田企业基金和煤田增长基金组成了煤田企业基金会，这是一家商业风险投资基金组织，旨在支持英格兰老煤田区的发展和创业。煤田企业基金会力争为这些地区吸引来超过2 000万英镑的新投资以刺激成立新公司,并帮助已经成立的公司拓展业务、促进工业多样化。

（六）城市更新公司

城市行动小组的报告对以前倡议和行动的经验教训进行了总结，并探索了在什么样的条件下，才可以在地方层面推行可持续城市更新。报告认为，有效的合作关系是关键。报告还建议建立一个机制，通过成立城市更新公司将主要利益相关人整合在一起，共同推进具体区域的城市更新工作。政府支持这个建议，并于 1999 年在利物浦、东曼彻斯特和谢菲尔德成立了三个实验性的城市更新公司。最终，在英格兰、威尔士和北爱尔兰总共成立了 27 个城市更新公司。但是，在 2010 年之前的几年里，有些公司被逐步取消；到了 2012 年，只剩下 4 家城市更新公司在英格兰运营，它们是格洛斯特遗产公司（Gloucester Heritage）、新东曼彻斯特公司（New East Manchester）、北部北安普敦郡开发公司（North Northanptonshire Development Company）和巴罗城市更新公司（Barrow Regeneration）（之前也被称为西湖复兴公司）。

此后，城市开发公司这一概念得到普及，后来又改称为经济发展公司，以突出对城市中心地区外的农村、港口和郊区等区域经济增长和更新的重视，并重点关注贫困区域。在对地方经济发展和更新进行回顾后，很多城市更新公司都更改为城市开发公司或经济发展公司。

城市更新公司、城市开发公司和经济发展公司都是私人资本驱动的机构，协调受社区和当地政府资助的衰败城市地区的发展，并对之进行投资。这些公司有时还与家庭和社区署及地方政府合作。与城市开发公司（UDC）不一样,这些公司会针对地方政府的失误开展工作。与城市开发公司（UDC）的相同之处是，它们的存续时间都在 10 ～ 15 年，都侧重战略性合作，并在公司愿景、领导力、动态变化模式和私人部门参与更新方面也有相似之处。但是，它们没有规划或者收购土地的权力，更多的时候，它们在市场调节失败的区域充当协调机构。城市更新公司的主要目标是为具体领域的更新制定一个总体计划，公共部门的合作者可以利用这个特点优先开发基础设施，这样会反过来吸引私人部门投资。它们的主要侧重点放到了物质更新和重新利用棕地上，而不是社区更新。

一个例子就是格洛斯特遗产公司。该公司于 2004 年成立，是目前仍在运营的 4 个公司中的一个。作为城市更新公司，格洛斯特遗产公司计划收购和开发 100 hm^2 的棕地，整修和重新使用 82 座历史建筑，开发 30 万平方英尺（约 2.8 hm^2）的零售空间，建造 3 000 ～ 3 500 所新住宅，在 10 年内吸引 10 亿英镑的私人投资，通过建造新铁路干线的车站和市内疏散道路来改善基础设施。其他的例子还包括城市更新公司在 21 世纪开展的一些活动：在利物浦市中心，在顾问的帮助下，政府出台了更新战略框架，强调让利益相关人参与其中；东曼彻斯特的工作重点是促进经济更新和房屋开发，这一目标中的部分目标是通过让城市更新公司在开发商和政府规划部门召开的预申请会议（pre-application meeting）上担当中间人角色来实现；谢菲尔德城市中心的城市更新公司促进高新技术产业的发展，让居民享用更好的公共环境，改善休闲、文化和零售设施。其余的城市更新公司、城市开发公司和经济发展公司都集中在北部老工业中心地带，说明这些地方依然面临着很多挑战，亟须国家的干预。

三、新工党政府时期苏格兰、威尔士和北爱尔兰的社区更新政策

新工党政府期间，诸如城市白皮书之类的许多城市政策及街区更新部（Neighbourhood Renewal Unit）出台的各种计划主要都在英格兰施行。苏格兰、威尔士和北爱尔兰在提升城市中心区经济竞争力和物质再开发的城市复兴政策上，也采用了与英格兰相似的办法，并在格拉斯哥、卡迪夫和贝尔法斯特等城市实行基于消费的开发。但是从 20 世纪 90 年代后期起，

在很多地区，执行社区更新相关公共政策的责任被转移给了苏格兰、威尔士和北爱尔兰的政府机构。这些地方逐渐采取了与新工党在英格兰所采取策略背道而驰的政策。不过，这些政策的主要关切都包含解决社会排斥、贫困社区和街区问题，以及复兴城市衰败地区等内容。苏格兰议会和威尔士国民议会所采用的策略与英格兰所采取的诸如社区新政和街区更新基金等政策基本相同。

在新工党执政期间，接过城市更新权力的苏格兰政府根据英格兰城市政策，推行一系列基于地区的城市更新和社区更新的措施。1997—2010年，苏格兰在执行街区更新计划方面有两个例子：一个是社会包容合作组织计划（social inclusion partnerships，1999—2006）；另一个是苏格兰公平基金计划（fairer scotland fund，2008—2011）。1998年，苏格兰政府宣布施行新的社会包容合作组织计划，通过合作组织提高社区的社会包容度，并防止社会排斥。苏格兰一共建立了48个社会包容合作组织，其中有21个位于原先的优先合作地区（priority partnership areas）和更新计划地区；有27个位于新地区，其中有13个是基于地区的，另外14个是主题性的，主题性主要侧重于年轻人。社会包容合作组织是一个由多机构组成的合作组织，由来自公共部门、私人部门和当地社区的代表组成。该组织的目标是通过协调活动来促进社会包容，防止社会排斥，创建创新型工作模式，并对本地重点地区内的项目进行资助。社会包容合作组织还通过适度的预算撬动来自其他资源渠道的资金。2004年，政府对1999年建立的27个“新”社会包容合作组织进行了评估。到了2005年，社会包容合作组织计划被并入社区规划合作组织计划（community planning partnerships）之中。苏格兰公平基金计划成立于2008年，它的成立取代了很多之前旨在解决苏格兰贫困问题的基金计划，包括当时的社区更新基金计划（community regeneration fund）、社区之音基金计划（community voices fund）、为家庭而工作基金计划（working for families）、增加劳动力基金计划（work force plus）、更多选择基金计划（more choices）、更多机会基金计划（more chances）、财务包容基金计划（financial inclsion），以及改善儿童服务基金计划（changing children's services fund）。2008/2009—2010/2011 年，促进苏格兰公平基金计划每年提供了 1.45 亿英镑的资金。

提高威尔士处于最弱势地位社区的居民生活条件，拓展他们的未来，为此，“社区优先”计划的具体目标包括促进社会公平正义，创建让人们感觉活得有尊严的公平环境，倡导尊重多样性、机会平等的文化，并让当地居民参与推进计划的过程。2001/2002—2004/2005 年，“社区优先”计划总共为 88 个最贫困的地区提供了 8 300 万英镑的资金。“社区优先”计划进行的是长期投资，最初针对的是威尔士的 142 个社区，这里面包括根据 2000 年威尔士复合贫困指数（WIMD）确定的 100 个最贫困选区、32 个贫困选区和 10 个利益共同体。2005 年的威尔士复合贫困指数发布以后，威尔士政府根据这一最新指数，按照最贫困地区 10% 的比例，又确定了 46 个最贫困地区，并邀请这些地区申请加入了“社区优先”计划。现在威尔士总共有 188 个“社区优先”计划组织，覆盖了威尔士超过 20% 的人口。该计划的总体支出相对适度，大约为 3 亿英镑。2009 年，该计划被延长 3 年，且更加关注解决儿童贫困、社区安全、健康和福利、教育、技能和培训、环境，以及增加就业、促进商业发展和增加收入方面的成效等问题。

北爱尔兰议会和政府将由威斯敏斯特议会转来的、相关的城市更新问题分给了下属很多区域的地方政府，这些问题包括区域发展和社会发展。社会发展部为城市更新总负责，并且像英国其他地区那样，北爱尔兰在贝尔法斯特和伦敦德里郡等贫困地区发起以街区更新和成立街区合作组织为主的活动。这再次反映出新工党政府自 20 世纪 90 年代末所推行政策的总体特点，而且这种政策和措施看起来大部分已经被推行到英国各个地区。这里面的一个主要项目就是北爱尔兰议会推出的应对新的社会需求计划，该计划通过把主要工作着力点和当时的各种项目资源集中到有最大社会需求的人群、群体和地区，以解决社会需求和社会排斥问题。在解决失业和提高就业，处理健康、住房和教育等其他政策领域不公平现象，以及促进社会包容这三个具有互补关系的问题的过程中，该计划得到了不断完善。这个没有独立预算的计划，运行于当时北爱尔兰所有部门的支出项目中。尽管如此，中央政府所有部门和机构在北爱尔兰总共支出了大约 60 亿英镑的资金用于该计划。

四、国家在城市更新中的角色转换

城市演进方面所发生的变化与国家权力重建这一更广泛的进程有关。一个独立的国家要有整套国家机构体系（立法、执法和司法部门等），这些机构在主权国家范围内为整个社会提供服务。总体来说，国家在经济和社会生活中的角色一直在发生变化，这种变化主要分为三个阶段，在每个阶段，政府制定公共政策都有其相应的作用和特点，比如政府的城市更新计划。

第一阶段可以被称为“有限国家”时期（the limited sate）。按照 21 世纪初的标准来衡量，英国政府在 19 世纪早期的职能非常有限，不提供健康服务，没有建立失业救济金制度，基本上也没有设立公办学校。家庭和社区都只能自谋生路，国家只有处在萌芽阶段的警察力量。政府对土地开发控制得很少，旨在更新城市地区的干预活动更是非常有限。国家没有国有化的工业，民主程度很低，只有拥有产权的男性具有选举权。

第二阶段从 19 世纪晚期到 20 世纪中期，特点是国家权力得到了很大扩展，其中城市化和城市生活引起的问题是导致国家权力发展的主因。城市得到迅猛发展，大多数人的生活条件却非常不好，疾病很容易传播，教堂等传统机构已经无法轻易解决社会问题。对于统治阶层来说，社会和经济问题已经到了无法仅仅通过市场力量和社会互助来解决的程度，很有必要采取一些公共干预措施。工业家和军事领导人也越来越清晰地认识到，受过教育和健康的劳动者不仅有助于提高生产率，还可以保障军队招到大量符合要求的士兵，而这恰恰是英国在全球扩张所需要的。工厂和城市街区的聚集也导致大众在工业和政治方面提出了更高的民主要求，要求政府改善公共服务。

导致国家权力扩张的另一重要原因是英国自20世纪20年代到30年代遭受了严重的经济萧条，出现了大量失业。颇具影响力的经济学家约翰·梅纳德·凯恩斯（John Maynard Keynes）提出了一个理论，认为政府如果能采取措施提高社会总需求，那么就可以避免经济萧条。凯恩斯指出，政府可以有意让公共支出超过税收收入。根据这一观点，政府之前一直积极努力保持“收支平衡”（balance the books）的做法看起来并不总是必要的。在一些特殊情况下，如果国家需要通过刺激经济走出经济低迷，那么支出大于收入的“赤字财政”（deficit financing）就是可取的。经历了很多年，第二次世界大战之后凯恩斯的观点才被大众所接受。凯恩斯的这些观点最终成为经济管理领域的“传统智慧”，也为国家权力扩张提供了智力支持。现在来看一下国家支出的总体规模，政府支出占国内生产总值（GDP）的比例在两次世界大战中达到了顶峰，1918年占46%，1942—1944年占了61%。虽然政府支出占国内生产总值的比例在20世纪50年代回落到了34%～38%，但是仍然比战前的25%左右要高得多。从20世纪40年代中期到60年代中期，政府在城市地区的支出侧重于对战后房屋和城市中心的重建，也就是我们现在所理解的“更新”的开始。

截至20世纪60年代，英国已经基本全面建立了福利制度，主要特点如下：

（1）国家提供广泛的公共服务，所有公民都可以根据自己需求而不是支付能力来享受服务。总体上来讲，福利服务的对象是“全部的”（对所有人开放），而不是“有选择性的”（主要针对穷人）。福利制度主要涉及五个主要领域：医疗保健、教育、收入支持和养老金、房屋及个人社会服务（包括社会工作者和年轻工作者）。

（2）这些公共服务的费用由普通税收承担，大部分项目“在提供服务时”是免费的，例如看医生或牙医免费。

（3）征税制度总体上采取渐进式模式（progressive pattern），而不是采用统一税制，主要特点是对富裕人士课以重税，而低收入和中等收入阶层则税负相对较轻。

（4）国家在经济管理中起主要作用，尤其担负保持低失业率的责任。国家在经济方面的职责还包括在天然气、电、煤矿、邮政、电信、铁路和供水等很多主要工业领域保持直接的国家所有制。此外，国家还要对私人公司的活动设立控制体系，例如在20世纪40年代设立了县乡规划控制制度。

从20世纪50年代到70年代，这种制度安排得到了所有主要政党的广泛支持。相应的，这一阶段有时也被称为“社会民主共识”（social democratic consensus）时期。但是公众对此也存有不一致的意见，例如应该在哪种行业实行国家所有制，以及是否应该对某些福利服务收费等问题上存有争议，但这仅限于对细节的讨论，并没有反对根本性的原则。到了20世纪70年代中期，福利制度继续扩张，政府的支出也几乎升至国内生产总值的50%。

在20世纪70年代末期，撒切尔的保守党政府上台，英国国家社会和经济活动步入了第三个阶段，二战后所达成的共识开始破裂。撒切尔政府从根本上反对凯恩斯社会民主共识所依赖的理论基础。在这一阶段，公共服务的规模开始缩减，服务目标也更具选择性；对工业活动的控制得以减弱；工业出现去国有化；税收重点从富裕阶层发生了转移；国家强调通过警察和法院加强社会控制；政府通过限制自己的经济管理作用以保持较低的通货膨胀。

1997—2010年，新工党政府保留了20世纪八九十年代保守党政策的很多特点。新工党政府继续保持低税率，主要工业领域也没有再次国有化，政府很愿意促进公共部门与私人部门的合作，学生资助金等一些福利得到了缩减。但是，相比前任保守党政府，新工党政策的侧重点在很多方面已经发生了变化。例如，为了解决儿童贫困的问题，新工党政府针对工薪家庭推出了税收抵免政策（tax credit）。政府也尝试通过"整合"（joined up）各种政策来解决社会弱势群体和社会排斥等根深蒂固的问题。从国家参与经济和社会活动，以及从分析城市更新政策的影响方面来看，新工党政府是延续了撒切尔政府时代的政策，还是开启了一个新的政策时期，各方对此看法不一。

但是，从历史的角度来看，最大规模、最快速度收缩国家权力的行动发生在保守党与自由民主党联合执政的联合政府时期。联合政府于 2010 年 5 月上台，执政后即关注公共财政状况，并在 2010 年 6 月紧急出台的预算中暗示要缩减开支。2010 年 10 月，联合政府在综合开支审查（comprehensive spending review）中明确提出了缩减公共财政的计划，此举措的根据和理由在于要保持财政的收支平衡。

在整个 20 世纪 80 年代和 20 世纪 90 年代早期，政府采取各种措施以降低公共支出占国内生产总值的比重，从 1981 年和 1982 年的 46% 降到了 1988 年的 38%。由于经济衰退，公共支出占国内生产总值的比重在 20 世纪 90 年代早期又略有上升，但是到了 1999 年再次降到了 37%。从 2005 年起，公共支出占国内生产总值的比重再次上升，并在 2008 年达到了 44%。随着 2008 年、2009 年经济衰退的到来，政府支出创下了和平时期的新高，在 2009/2010 年占到国内生产总值的 48%。与之形成对比的是，税收收入占国内生产总值的比重在 2009/2010 年却从 40% 降到了 37%。综合开支审查出台的目的在于降低政府支出与财政收入之间的不平衡程度，英国年度财政赤字规模达到了和平时期的最高值，占到国内生产总值的 11%；从 2001 年起，公共支出在国民经济中所占份额稳步增长，年度财政赤字因所占比例明显变大而成为一个突出问题。

通过密切观察政府的支出数据，会对城市更新带来很多启发。例如，中央政府在2010/2011的支出预计为6 970亿英镑，这比上一年度增加了11%，政府支出的重点领域是福利支付（有时被称为“社会保护”），这主要通过“转移支付”给家庭补助、残疾人补贴、失业补贴和养老金等项目。公共支出的第二大领域是健康，第三大领域是教育。

人们都很支持国家参与社会发展的行动，但是在国家应该参与什么活动，以及如何参与的问题上，民众的意见却大相径庭。例如，有些人认为国家在确保满足公众需求方面应该担负起主要责任；其他人则认为如果让个体对自己的命运负责，那么这个社会就会达到最佳状态。有些人觉得应该让富人承担主要税负；而其他人则认为把富人的钱分给穷人，在道德上站不住脚，甚至对社会是有害的。有些人觉得公共服务应该满足社会所有行业的需求；而其他人则认为公共服务只能满足那些自己无力满足自己需求的人。此类争议，不一而足。要想理解这些不同的观点，有一个办法是厘清不同城市政策阶段影响城市政策形成的“政治理念”（political philosophies），国家参与城市更新背后的政治理念包括保守主义、自由主义、社会主义和社会民主主义。

保守主义认为社会秩序，或者说社会总体稳定是政府工作的重中之重。这就是保守主义者为什么一直如此重视这一价值理念，并认为家庭、宗教、君主政体和警察机构都需要遵守这一原则的原因。对于保守主义者来说，国家的行为应该支持而非取消维持社会稳定的活动。保守主义还认为社会在本质上是分阶层的，民主在现代社会中有自己的位置，但并非至高无上。

在自由主义最初的经典模式里，主张个体的自由是最重要的原则性问题。因此，国家的主要角色在于保护个体自由。自由主义者认为国家行为不应过于侵入民众自由。比如，自由主义者一贯主张低税负，以及最小的管制和繁文缛节，这些在20世纪80年代的城市政策中都被作为策略性示例。自由主义者倾向于评判福利制度，因为他们认为这会造成过分的“依赖”。

社会主义者认为，像英国这样的资本主义社会迎合的是富人和权势阶层的利益，并非真正的服务大众。在他们看来，资本主义制度建立在剥削的基础之上，劳动大众创造了社会财富，但是劳动人民却无法全面享受自己创造的财富。社会主义者还因资本主义的不民主而对其持批判态度。例如，在关于投资或撤资这样的重大决策上，全由少数权势阶层决定，但是这样的决策会潜在地影响世界不同地方的广大群众，因此社会主义者一直主张对生产资料实行“公有制”。

最后，为了与自由主义的“经典”形式区分开来，社会民主主义被视为自由主义的“现代”形式。社会民主主义体现了混合经济的理念，在秉承自由主义观点的基础上，社会主义者认识到市场在促进创新、提高效率、提供多样选择方面的优势，因此希望私有经济兴盛。但是，他们认为市场无法有效地进行自我调节，因此国家的干预很有必要。社会民主主义者还认为社会弱势群体会对整个社会造成危害，但是这个问题通常不是穷人自身造成的，因此国家提供福利制度应成为先进社会的必备要素。社会民主主义者认为，为了更好地服务人民，应该动用国家权力让资本主义“人性化”。这通常被称为“社会市场经济”的观点。

非常有必要记住一点，政党并非总是按照自己名称所涵盖的政治理念行事。比如，玛格丽特·撒切尔时期的保守党所秉承的政治理念主要来自自由主义，而非保守主义。如今，自由民主党的政治观点更多的是基于社会民主主义而不是经典形式的自由主义。根据城市更新方法和理论基础，我们可以看出，这些理念对城市更新倡议和计划的实施影响深远。目前，围绕国家在社会和经济中所发挥的作用存有一些争议，这些争议涉及英国城市更新领域中很多维度，具体如下：

（1）公共部门和私人部门作用的对比；

（2）公共部门与志愿者和社区部门作用的对比；

（3）中央层面的国家机构与地方、区域，以及城市—区域层面国家机构作用的对比

（5）国家机构和超国家（supra-national）机构（如欧盟）作用的对比。

五、渐进式城市更新机制

——以英国城市更新项目（Re Imagination of Swansea High Street）为例

斯旺西（Swansea）是英国威尔士西南部的一个海滨城市，High Street 位于城市中心区的门户位置，南北连接市中心火车站和城市重要的历史景观节点——中世纪时期遗留下来的斯旺西古城堡。High Street 的发展主要经历了两个阶段：19 世纪工业革命时期斯旺西火车站建成，带动 High Street 发展成为城市最主要的商业中心；二战时期斯旺西因为其重要的港口地位被当作重点轰炸目标，市中心基本被夷为平地，战后市中心选址在 High Street 西侧方格路网上重新规划大型商业区，导致 High Street 上原有的临街商业迅速没落。High Street 是从火车站出来斯旺西给人的第一印象，也是游客前往海边的必经之路，但是走在 High Street 上完全感觉不到斯旺西作为一个海滨城市应该有的城市魅力：沿街建筑破败不堪，底层商铺大多空置或者经营不善，街道虽然尺度宜人却被机动车占据，缺少街道生活和城市活力。High Street 的更新改造目标定位为“一个区别于市中心商业区，让人第一印象感受到斯旺西海滨城市魅力的城市门户”。在此目标统领下，城市魅力的提升将具体通过以下几个分目标来实现：一个步行友好、引人驻足停留的活力街道；一个可以探访城市历史、捕捉城市印象的城市名片；一个鼓励人群混合、功能混合、艺术集聚的城市创意实践区。

Re Imagination of Swansea High Street 项目启动于 2012 年，目前仍在持续进行中，从已经完成的项目来看，High Street 的更新改造工作主要经历了三个阶段。

（1）第一阶段：小而精致的商铺。从 2012 年开始，首先针对 High Street 沿街的空置商铺，通过建筑改造和功能更新，从外部环境上最直观地改善 High Street 衰败的街道景象和惨淡的经营状况。这一阶段主要是在保留原有建筑结构的基础上，对建筑的沿街立面和室内空间进行修缮更新，成本投入比较低，实施周期比较短，一般控制在几个月内，多个项目可以平行进行，快速提升街道的整体空间品质。

以 Tickled Kids Salon 项目为例，规划将空置的底层门店改造成儿童理发店，专门为儿童提供发型设计和儿童美甲服务。透过橱窗可以看到专为儿童理发设计的卡通车座和充满童趣的室内设计，常常能够吸引路人驻足。室内提供游戏区和小动物观赏区作为儿童理发的等候空间，并面向社区提供可预约的儿童聚会场地，使这里成为社区儿童的交往空间。同时还为父母提供简单的儿童理发课程，使这里成为丰富家庭活动的亲子空间，实现了对小面积空间的多功能使用。同时进行的另一个项目 The Raspberry Cakery 将空置的商铺改造成精致的蛋糕店，店内有一个开放式厨房，制作各种杯子蛋糕、生日蛋糕和婚礼蛋糕，橱窗前摆放的制作精美的蛋糕总是能为街道带来欢乐的节庆气息。店内还成立了蛋糕学院，社区居民可以在这里学习制作不同主题的蛋糕；同样，也面向社区提供可预约的生日酒会场地，使这里成为维系社区邻里关系的交往空间。

经过逐步的更新改造，虽然现在 High Street 还称不上是一个非常具有吸引力的城市名片，但是相比于过去萧条的街道景象，城市的空间品质已经有了很大的提升。首先，在建筑立面的改造方面，现阶段完成的更新项目使得本来一片破败的城市街道开始有了吸引点，行人不再只是疾速穿过 High Street，到达或离开火车站，不时也会被沿街精致的店面所吸引，驻足停留在商铺橱窗前感受城市空间带来的惊喜。其次，在空间利用方面，商业功能与社区活动的融合丰富了城市空间使用的可能性和多样性，鼓励社区居民积极地参与到城市街道和商业空间的使用中，激发城市活力的同时，居民的生活品质也有所提升。

（2）第二阶段：基于历史保护的混合开发。从 2013 年开始，第二阶段主要针对 High Street 上遗存的重要历史景观节点，通过对历史建筑的保护修复和周边地块的混合开发，营造带有历史情怀、内涵丰富、视觉愉悦的城市地标。这一阶段主要是围绕历史建筑对周边地块进行整体开发，相比于第一阶段规划范围更大，规划内容更复杂，成本投入比较高，实施周期一般要持续一到两年。

Creative Cluster 是 High Street 上的一个重点改造项目，基地现状存在一处维多利亚时期留存下来的家具制造老场坊，有 100 多年的历史。如今这幢建筑已经荒废了将近 20 年，导致周边地区也比较衰败，政府担心这里会变成流浪者和犯罪者的聚集地，给社区带来安全和健康隐患，因此提出对这一地区进行规划整治。首先，对于老场坊的改造充分尊重了建筑原有的建筑结构和石材立面，对建筑屋顶、表皮以及内部空间进行了全面的修缮，建成后将用于商业和办公。其次，对于老场坊周边地块的开发，一期建设包括 76 户廉租公寓、停车场及相应的商业配套；二期主要吸引初创企业、创意公司、艺术家入驻，可以是一个小型的数字产品公司，也可以是个人的珠宝设计工作室，鼓励创意产业在这里集聚，使之成为年轻人快乐工作和居住的地方。空间利用上整个项目强调弹性开发，底层主要提供灵活的租赁空间，如果实际的经营过程中发现商业办公的功能并不适用，可以随时根据需要转变为其他功能。High Street 上另一个重点改造项目 Castle Quarter 主要以中世纪时期遗存下来的斯旺西古城堡为中心，对其邻近地块进行更新改造。斯旺西古城堡见证了城市几个世纪的历史变迁，是 High Street 也是整座城市的地标建筑，但是城堡周边的近期开发建设都显得与这处历史遗迹格格不入。此外，与地块南部相连的 Wind Street 是一条酒吧街，夜间是城市犯罪的高发地。在功能定位上，虽然这一地块并不是理想的居住选址，但是考虑到市中心缺少精致的居住空间，规划决定在这里开发一处高品质的商住混合项目，包括 26 套廉租公寓、4 套复式商品住房单元，以及底层的商业。为了起到隔离酒吧街夜间噪声的作用，建筑下面两层全部作商业功能，同时考虑到 Wind Street 上已经酒吧成患，所以在底商的业态选择上限制酒吧，鼓励餐厅和小商铺入驻，营造更好的居住氛围。在处理新开发建筑与城堡之间的关系时主要考虑的是边界的控制和视线的保护，相比于沿街界面更加重视面向城堡一侧的建筑界面，通过建筑高度的控制和多层退台的处理，在"新—旧"边界处营造丰富的交往空间和愉悦的视觉体验。根据斯旺西犯罪地图上的统计数据，High Street 的更新改造进入第二阶段后，周边地区的城市犯罪率有所降低，这与沿街建筑空置率下降、重点地区的项目启动不无关联。

（3）第三阶段：提升城市魅力的公共艺术。2014 年起，High Street 的更新改造进入新的阶段，鼓励当地艺术家积极参与到城市更新过程中，以一种更加富有想象力和更加大胆的方式改造城市空间。这一阶段主要着眼于斯旺西作为一个海滨城市的特征，以及如何在 High Street 上感知到这座海滨城市的魅力，目前这一阶段刚刚起步，以一些临时性项目为主，对城市魅力的营造方式进行探索性试验。

To the Sea 是一个关于城市旅行者的项目，当游客第一次来到斯旺西，走出火车站后要怎么前往海边、海边有多远、应该先往哪边走，艺术家用地面图案替代传统的引导标识，鼓励游客通过 High Street 前往他们的目的地。通过沿街一组图案的出现、消失、重现暗示游客到海边的距离变化。Urban Beach 是艺术家联合社区居民自组织完成的一个试验项目——如何用一种更简单的方式让每天生活和工作在 High Street 上的人也感受到身在海边的愉悦心情？艺术家将现状沿街的一块空地通过简单的改造模拟成一个迷你沙滩，场地位于建筑之间的避风向阳处，建筑侧面被涂鸦成蓝色的海底世界，用沙土、植物和回收轮胎营造出海滨沙滩的感觉。人们可以脱掉鞋子，拉过来一个躺椅，吃着午餐，完全忘记自己的办公室就在这条街上不远的地方。这里还设计有让小孩子安全玩耍的儿童沙滩和小树林，以及用充气装置模拟的海浪。夜间这片场地又变身成免费开放的室外电影院，观众可以自己选择电影，戴上耳机安静地欣赏一部夜场电影。通过设计这样一个充满创意的微缩世界，证实 High Street 不再是一个被遗忘的城市车站的出入口，而是一个可以让人乐在其中的目的地。

这一阶段更新改造的关注点从建筑转向外部环境的街道和广场空间，强调“人”“创意”“场所”三个要素对塑造城市魅力的重要性。艺术家创造的这些公共艺术更多的是丰富人的感官体验，给人带来精神上的愉悦和满足。通过人们对这些临时性项目的参与程度和反馈意见，有助于下一个阶段更好地探索斯旺西的城市更新路径，降低了城市更新改造的风险。

通过以上对英国城市更新项目过程中渐进式城市更新的更新内容和更新机制的解读和研究，反观国内城市更新的一般做法和最终的规划成果，较之还是存在很大差距，有很多值得学习的地方。

首先，英国渐进式城市更新是一种以小规模、渐进式推进为特征的空间形态整治方式，反对追求巨大、宏伟的巴洛克式的城市改造。随着更新工作的推进，城市更新目标也在逐步提升，以物质环境改善为最低目标，最终实现复兴衰落地区的经济，保护地方历史文化，增强社区凝聚力，营造城市魅力的长远目标。

其次，英国渐进式城市更新的立足点比较高，以服务公众需求和提升城市内涵为价值导向，经济利益始终让位于公众利益。自下而上，由城市空间的使用者——社区居民、商铺店主、观光游客、大学毕业生等决定，城市更新的内容是需要增加少量的居住，还是要整治某一处的商铺界面，还是要完善旅游线路的道路标识等。每一处更新规划都有理有据才能收到立竿见影的成效，反对盲目、泛滥的城市开发。

再次，英国渐进式城市更新追求小而精致的变化，主张“Multi-purpose Design”（多目标设计）和“Meanwhile Use”（多样化使用），即用中小规模的包容多种功能的逐步改造取代大规模的单一功能的迅速改造。同时，更新改造不再只停留在建筑层面，而是更多地转向空间的使用设计，包括建筑室内的空间、街道空间和开放的公共空间。渐进式城市更新不只要更新空间，更重要的是重建社区邻里关系和维系社会网络，城市空间的更新改造必须考虑社区参与的可能性。

最后，渐进式城市更新的工作机制是建立在多方合作的伙伴关系上，通过非营利组织、私人企业、当地政府、规划师、建筑师、社区居民、艺术家、学者等多方参与，将不同的文化价值、利益诉求、技术技艺，以及对于城市的更新想法联系在一起，对各方权利平衡，保证多维更新目标的可实现性。其中政府的职能被逐渐弱化，非营利组织成为最重要的规划主体，代替政府延伸政府职能，统筹协调多方的合作关系，推动城市更新工作渐进式展开

第二节　法国城市更新与空间演进实践

一、全球城市模型及其局限性

（一）全球城市的极化是经济变动的结果

近20年来，对大都市区最有影响力的研究作品当属丝奇雅·沙森（Saskia Sassen）的《全球城市》，其主要观点认为全球城市的两极化是经济发展的结果。根据沙森理论，随着全球范围新经济的全球化过程，出现两个现象。

（1）上层群体（受教育程度高）和下层群体（技术职称及收入较低的无产者）同时增加，挤压了中产阶级。

（2）这种对比强化了新经济获益者占据的空间与衰败贫困空间之间的差距。换句话说，在全球城市中，那些富裕街区变得更加富裕，而贫困

街区变得更加贫困，二者之间的差距不断扩大。

然而，全球城市的这种两极化或极化模型却无法很好地解释巴黎现象（其他法国大城市更是如此）。因此，这里将介绍法国社会学家的工作，特别是普雷特塞耶（Préteceille）关于巴黎大都市社会区隔演变的一篇文章。

（二）在极化与混合之间的巴黎大都市

为了研究巴黎都市区社会区隔的演变，普雷特塞耶利用居民社会职业类别和失业及不稳定就业数据，建立了一套关于巴黎街区的类型学。这套类型学区分了 18 种街区，并归纳为 3 种空间类型：上层社会空间、工人—平民空间、中产阶级空间（与前两种居民有一定混合）。

根据类型学，普雷特塞耶继续考察了巴黎不同社会阶层的空间分布，以及不同街区居民社会构成的变化。那么针对 1990—1999 年的这一分析研究的主要结论是什么?

实际上，上层社会的自我区隔与下层社会区隔加强的现象同时出现。这基本上证实了沙森关于极化的假设。但这种极化有很多层次。

首先，从事金融、跨国公司、高级服务业阶层的自我区隔并不是一个新现象。巴黎上层社会的自我区隔现象早已有之，全球化只是加强了这一趋势。从更大的视角看，2000 年巴黎地区高收入和工人群体的社会—空间阶层化现象与工业化时期并没有太大分别。换句话说，巴黎地区社会结构的现状不能仅仅理解为近年来经济结构演变（特别是全球化）的结果，它是城市经济与社会长期发展的结果，并通过物质空间表现出来。

其次，巴黎地区上层阶级与底层阶级差距的拉大也不能同富裕街区与贫困街区居民两极化趋势混为一谈，因为：

（1）如果我们承认上层社会与下层社会的区隔正在增强，我们必须意识到并不是所有上层社会成员都是如此，那些在公共部门的教师、科学工作者和文艺工作者就是例外。沙森模型中，公共部门职员是缺失的，福利国家的公共部门被默认为无法归类的阶层，而法国的情况并非如此。

（2）平民阶层的区隔是相对的，而他们居住空间的变化有多种模式。普雷特塞耶的研究精确地显示平民阶层并没有都住在平民社区（其中，44%平民与中产阶级混住，而12%住在高收入社区）。此外，他的研究还显示，有些平民街区更加贫困，但也有的平民街区更加混合，还有的正在经历“绅士化”，中产和高收入居民比例逐渐增大。

（3）沙森研究中最大的局限在于，普雷特塞耶展示出巴黎地区的中产阶级并没有萎缩，而是在壮大，混合街区（没有一个阶层占统治地位）没有消失，这类街区接纳了45%的巴黎市民。

这些结论（1990—1999年数据），同时被其他相关研究所证实（包括收入类型和近期2007年数据）。

全球城市的两极化模型显然不能解释巴黎都市区的社会—空间的演变，同样不能解释其他更少参与全球性经济活动的法国大都市情况（里昂、马赛、波尔多）。更准确地说，笔者将从3种社区类型，以及社会—空间的多元动态过程来解读法国大都市。

二、绅士化街区：自发过程与绅士化政策

（一）绅士化：中心城区演变的重要因素

根据露丝·格拉斯（Ruth Glass）1963年的定义，“绅士化”指中产和高收入家庭逐渐进入旧城中心平民社区的过程，这一过程中，他们一边改造破旧住房，一边替代原有的低收入居民，成为中心城区的主人。近年来，随着市中心的复兴和精英化、更新区域从中心向边缘外迁，以及新的社会阶层加入[例如服务业职员、参与国际化活动的阶层及全球化城市精英，以上群体都属于理查德·佛罗里达（Richard Florida）定义的创意阶层]，绅士化有了新的内涵。在今天的学术文献中，绅士化既包含了社会更新过程，也包括了以街区为尺度的物质空间变化，后者往往成为地方政府吸引创意阶层等城市精英的政策手段，特别在重建资本主义经济体系、加强内

城竞争力和发展地方经济的三重背景下，有时还需要借助新建筑来实现这种绅士化目标。

根据尼尔·史密斯(Neil Smith)对纽约的研究，大概为三次绅士化浪潮：分散式(20世纪50—70年代中期)、定居式(20世纪70年代末—80年代末)、普及式(20世纪90年代以后)，从此绅士化成为中心城区更新的主要方式。

就法国大城市的情况来看，很难说有绅士化现象的普及，但多种形式的绅士化对街区的演变产生了显著的影响。通过里昂的案例，可以发现这种绅士化是通过公共、私人和居民3种逻辑产生作用。

（二）里昂的绅士化和绅士化政策

拥有50万中心城区人口（170万大区人口）的里昂是法国第三大城市和第二大都市区（仅次于巴黎）。里昂的绅士化现象是从20世纪70年代Vieux-Lyon和Croix Rousse两个街区开始，起初是自发的，并没有一个明确的政策导向。这是两个位于市中心的历史街区，在战后逐渐成为低收入者聚居的平民社区。跟法国其他城市类似，这两个街区首先吸引了一些收入不高、但受教育程度较高的人群（如艺术家和学生），接着出现了一些有品位的酒吧和饭店，之后收入更高的中产阶级进入，并开始对破败的房屋进行修缮。逐渐地，这两个街区开始吸引更多的房地产投资者，他们开始对老旧房屋进行大规模的改造，吸引了更多的高收入者入住。这就是Croix Rousse街区的演变过程，它是目前里昂城区绅士化程度最高的街区，其中的“绅士家庭”已经出现了多代同居的状况。Croix Rousse街区在法国大城市中具有一定的代表性。在物质空间方面，这类街区往往有老建筑群、小街巷、步行道；在商业方面，街区有非常时尚的商业类型（“有机”商店、时尚酒吧和餐馆）和夜间服务设施；在人口构成方面，街区有一定数量的中产阶级和高收入阶层，他们愿意与普通居民甚至移民为邻。与其他同类街区一样，Croix Rousse街区属于混合街区，其中的居民来自不同的社会阶层，虽然从长时段看，中产阶级和高收入阶级逐渐替代原有普通居民家庭。然而在实践过程中，混合的社会效果其实非常有限，中产与高收入阶层与平民阶层之间的交流非常少。

最近几年，绅士化现象在里昂市的其他街区开始出现。比如 Vaise，这一街区长期以来都是小工业聚居区，其中有大量的闲置厂房正是中产和高收入阶层希望使用的阁楼空间（lofts）。这也是 Guillotiere 区的情况，它位于罗讷河的另一侧，长期以来都是移民聚居的地方。

最近在里昂又出现了另一类绅士化街区，其形成过程不是自发的，而是绅士化政策的产物。比如在罗讷河和索恩河两河交汇的地区，这一地区过去是工业用地，更新过程中，政府邀请知名建筑师以生态可持续发展的名义，建造了不少造型别致的建筑物。规划目标是将其打造成为未来可接纳 45 000 居民的新的市中心。目前已经入住的大多数居民是中产阶级中条件较好的家庭，有些甚至是高收入家庭。

Confluence 街区是受绅士化政策影响的典型案例，这一政策的目标是在城市竞争的背景下，吸引更多的高质量居民。像在其他法国大城市一样，这些绅士化政策不仅体现在高品质的住房建设，也包括公共空间的整理。近年来，里昂将罗讷河沿岸开放出来做散步道、游戏场和休闲场所就是在这样的背景下完成的。需要强调的是，自发式绅士化与绅士化政策相结合，绅士化的进程往往会加快。Guillotiere 街区是个很好例子，它自身因为人口多元化和异域风情吸引了不少中产阶级，同时由于靠近罗讷河，受更新政策影响，该地区的绅士化进程维持了较快的速度。

三、城市更新街区改造

第二类街区即城市更新街区改造，位于大城市边缘地区。

（一）“城市更新的国家计划”

街区改造是 2003 年开始的关于城市更新的“国家计划”中的一部分，这一计划针对 500 个问题街区进行住房空间改造，其目的主要有两个。

一是提供更多的住房类型。提供更多私人产权住宅（替换社会住房），以吸引更多的中产阶级，有助于社会混合的实现。

二是改变地区形象，围绕着新的城市规划计划重塑地方空间。

为了实现这两个目标，政府采取了如下的行动：①拆除了20世纪60年代建造的高层和多层社会住宅；②新建小体量住宅；③对破损住宅进行改造修复。

“国家计划”项目计划拆除住宅25万套，新建25万套，改造40万套，涉及居民超过400万人。截至2013年，该项目已经拆除住宅14.4万套，新建14万套，改造32万套。整个计划在全国范围内得到推广，全法国有20%社会住宅居民纳入计划。

这一城市更新政策有怎样的影响？法国大城市里的这些更新街区在社会和空间两方面的特征如何？为了回答这些问题，我选择里昂地区韦尼雪镇的Minguettes街区进行介绍。

（二）里昂韦尼雪镇Minguettes街区的城市更新

Minguettes街区是建于20世纪60年代的社会住宅区，有2万居民，在20世纪80—90年代曾经是法国著名的城市骚乱地区。2000年以来，地方政府对该地区实施了城市更新的行动，包括前述的混合社区和提升地区形象等手段。

然而，社会混合政策的目标没有完全实现。虽然完成了291套住宅的拆除和150套住宅的新建（占全街区10%住房），但这并没有改变该街区的社会结构，Minguettes仍然是一个低收入居民聚居的街区。事实上，更新过程中被动迁居民仍然选择在本街区（50%）和本镇（80%）定居，这也显示了居民的定居意识比较强。那些仍然选择本街区的家庭的就业/收入状况往往是不稳定的，选择本镇的家庭往往比较年轻，就业/收入状况有一定稳定性。此外，新建住宅并没有吸引太多街区以外的中产家庭（因为Minguettes街区长期以来大型社会住宅区的负面形象难以改变），新居民大多还是本地人，特别是就业/收入状况有一定稳定性的家庭。

对大型居住社区内部居民的居住流动做进一步分析，可以更加准确地区分3种类型的动迁：①就近搬迁，即原居民选择老房子附近定居；②改善型搬迁，即原居民选择社区新建住宅（居住条件获得改善）；③恶化型搬迁，即原居民选择社区条件更差的住宅（居住条件恶化）。当然，这三类方式对应不同类型的家庭，大部分条件艰难的家庭只能选择③，而选择②的家庭往往在就业和收入方面有一定的稳定性。

因此，这样的城市更新实际上加强了街区内部居民的差异化，强化了居民间的竞争：改善了部分家庭的居住条件，也降低了另外一些家庭的居住条件；形成了住房条件和居民构成的多样化，也造成了居民间的紧张关系。这种紧张关系体现在那些条件得到改善的家庭不再希望自己的孩子继续在当地学校读书，希望与其他街区居民有所区别。新建住房设定了新的生活模式（比如采用开放式的美式厨房）。这种更新造成了动迁居民"封闭世界"效应。

这并不是Minguettes街区独有的现象，在其他更新街区及欧洲其他大城市都有此类现象。

四、在绅士化与城市更新之间：我们不说的街区

在法国大城市中并不是只有绅士化和城市更新两种街区，除此之外，还可以区分出另一种街区，这种街区里有更多的社会再生产，而不是社会变革。这类我们不太关注的街区符合伊夫·格拉夫梅耶尔（Yves Grafmeyer）说的"没有质量的地区"："这类街区……没有明确边界，没有高强度的地方社会性活动，没有组织和共同身份，也没有动员居民的集体行动……它们没有中心，没有边缘，也没有明确的名字。"

它们没有被纳入政府的改造计划。在里昂，格拉夫梅耶尔研究的Brotteaux街区和Montchat街区就属于这类地区，它们"在里昂街区名单中并不占据很好的位置"。在这类街区中，稳定性是最大的特点，随着人口持续

增加，建筑也获得了持久性。居民们认为从他们进入这一街区到现在，街区并未发生很大的变化，“没有演化”“总是住着同样的居民”等。尽管实际上“是有一定变化的，但这种变化的程度和效果很难被居民感知”。

对街区及其社会、空间动态变化的分类仍然无法准确描述法国大城市现状与街区发展。与“全球城市”提出的两极化模型不同，法国大城市的空间与社会形态非常多样，需要通过多元化的动态分析手段，并结合公共逻辑（政策）和个体逻辑（居民行动）来认识。实际上，城市愈发成为体现多元化聚居方式、多元化生活方式及空间差异化的场所。城市在将差异化空间与复杂社会进行不稳定连接的同时，也在生产新的物质空间结构、制度结构和精神结构。这些结构一方面有助于空间与社会连接的稳定性，另一方面会形成新的变革。

五、法国的住宅建设和旧区翻新

法国是欧洲大陆上历史最悠久、影响力最大的国家之一。但是它的城市化水平并不是最高。根据世界银行的资料统计，2000 年法国的城市化水平为 73.5%，而这个数据在 1975 年时为 73.0%。可见，近二十年间，法国的城市化水平基本维持在 70% 左右。但是，在这个人口约 5 800 万的国度中，处处流淌着历史的痕迹。特别是作为世界历史文化名城的首都巴黎，有半数以上的重大欧洲历史事件都与其相联系。法国的城市优美古典、整洁大方，却又融合着浓郁的现代气息，堪称欧洲城市中的明珠。它的城市也经历了不断更新才取得了今天的成就。如今，我们回首这段历史，吸取其中的经验和教训，必将受到深刻的启迪。

法国的城市更新起始于 19 世纪 50 年代奥斯曼时期的巴黎改造。但由于法国的工业发展速度落后于英美，更大规模城市更新基本是从第二次世界大战之后开始的。由于历史的原因，法国没有成为第二次世界大战的主战场，因此它的城市相比较英国而言受到的损失较小。战后，法国用了将近 10 年的时间对城市进行了修复，对城市的一些住房进行了改造，虽然这是战后法国城市重建的一个组成部分，但是仍然可以看作法国城市更新的序曲。

战后，城市的发展应优先考虑两个方面：一方面是重建道路及交通基础设施；另一方面是重建住宅区。因为经历过战争，法国有近 1/5 的城市住宅不能使用，80% 的住房破旧，且基本都是超过 100 年的老建筑，同时由于大量农民失去土地后涌入城市，住房紧缺成为当时法国人民面临的重要问题。为了重建工作的顺利进行，法国将住宅建设纳入了整个重建体系之中，国家集中中央权力机构及中央在地方的权力代表机构实施了相应的经济计划和区域发展计划，建立了从中央到地方负责重建工作的各级机构。通过此种方式，国家直接控制了城市中的道路系统、住宅区开发、公共设施（学校、医院等）等方面建设。从 1945 年开始，法国先后对城市中的 100 万套部分毁坏的住宅进行了修缮。为了适应经济发展和城市建设用地的限制，建设了一些新型的高层建筑，并且设立了“国家住宅改善基金”。为了鼓励住宅的开发建设，法国于 1950 年专门设立国家城市发展基金；1951 年设立二类合法的开发机构，如公共工程机构和经济混合体公司；1953 年的《地产法》允许国家征用土地开发住宅及工业区。这些措施有力地促进了住宅的开发建设。地方政府的投资方向和预算由国家控制审批，城市政府可以委托国营和私营公司担负诸如垃圾收集、道路修养、交通、给排水等日常公共服务项目。经过近 10 年的努力，法国的城市得到了恢复。截至 1955 年，除修复了旧有住宅外，法国还新建了 21 万套新住宅，有效缓解了住宅紧缺的压力。经济生产能力也恢复到战前的水平，为法国城市日后的发展打下了基础。

从 1954 年起，法国已经完全从战争的阴影中走了出来，进入了工业化和城市化高速发展的时期，对城市进行全面的更新运动也在这一时期兴起。在这期间，法国的城市更新仍然倾向于住宅建设，特别是大型住宅区的改造和建设。除了大量的农村人口涌入城市外，来自东欧、北非、南亚等地区的大量移民也聚集于城市，这些新增的城市人口使原有的城市难以承受。大量的无家可归者游荡在大街小巷中，社会治安状况在这一时期变得严峻，并引发一些民众的自发请愿。特别是1954年，艾比·皮埃尔（Abby Pierre）领导的大规模公众请愿运动，迫使法国政府承诺建造新住宅容纳那些无家可归的个人和家庭。到了1960年，法国已经建设了34.6万套新住宅，使这一问题得到了缓解。但是住房建设的步伐并没有就此停止，到了1965年，新增住宅达到41.2万套，1970年，这一数字刷新为45.6万套。而随着城市现代化的不断发展，居民对居住条件要求也不断增高，因此从1970年开始，法国开始建设现代化的优质住宅，并以每年50万套的速度增长，到了1980年速度有所减缓，但是仍然有37.8万套交付使用。而从20世纪80年代开始，住宅方式也从先前的高层向功能多样、环境幽雅、安全可靠的低层独立式住宅转化。与其他国家不同的是，法国的住宅建设始终处于政府强有力的控制下，住宅建设发展迅速，基本上解决了城市住房问题，也满足了不同人群对住宅的需求。城市的面貌在这一过程中得到更新。

在整个建设过程中，法国政府始终在土地使用上给予优惠，因为法国的土地是私有的，要进行建设必须先征集土地。法国政府出台了详细的城市更新规划，将每一块建筑用地的用途都进行了明确的公示，并且由国家出资进行统一的收购，价格也是由国家统一制定。收购的土地首先用于住宅建设，国家每年拨出专项资金用于住宅建设。从1950—1990年，法国政府平均每年用于住宅建设的拨款不少于100亿法郎。与此同时，政府鼓励私人参与到住宅建设中来，对于进行房屋建设的企业和个人，土地都是以平价或者低价出售。建成后的住宅采取低息低租的方式向居民出售，一般购买政府所建房屋贷款的期限是50年，利息仅为1%～2%之间，保证了90%以上的中产阶级和平民都有能力获得自己需要的住宅。政府还为此建立了专门的半官方的管理机构，用来解决下层民众的住房问题，将相当于一个工人工资15%租金的“低租金住房”租给这些低收入群体。法国政府的这种低租金住房在整个欧洲都是首屈一指的。

但是在实际操作过程中，问题却不断出现。首先是政府采取的统一收购方式损害了一部分人的利益。因为价格都是政府强行控制的，而且采取强制征用手段，缺乏弹性，这使许多城市中拥有私有房产的群体特别是中下层群众的利益受到损失，大量的下层群众因此不得不搬迁出城市中心区，进入城市的边缘地区。其次政府建的住房带有明显的等级差别。条件好的优质住房集中在城市中心区，在城乡接合部是低廉的低租金住房，但是周边的配套基础设施极不完善。这就人为地通过经济杠杆将人群分离开来，形成贫民区和富人区。特别是曾经为法国复兴做出贡献的移民，因为经济的原因长期以来不得不生活在简陋的城市郊区，缺乏必要的教育、就业机会和现代的医疗条件、文化休闲条件，几代人都难以翻身。英国学者阿里·马达尼泼（Ali Madanipour）在 20 世纪 80 年代曾经就此写过一篇《社会排斥与空间》的文章，认为这种空间的分布会造成严重的社会排斥，而社会排斥又会体现在空间上，并加速这一进程。由此带来的文化、经济、空间上的一系列排斥，会引发大规模的社会危机。该文的发表虽然在当时的欧洲引起一些讨论，但是并没有引起足够的重视，这种社会排斥的后果终于在 2005 年的法国骚乱中得以体现。

六、法国城市的基础设施更新

在法国的城市更新中，除了重点进行旧区改建、住宅建设外，对城市的基础设施如道路、文化娱乐设施等公共工程也进行了建设。在法国首都巴黎，这一时期建立的著名的基础设施有蓬皮杜国家文化艺术中心、意大利广场大屏幕文化商业中心和承办过 1998 年世界杯决赛的法兰西体育场等。特别是在密特朗执政的 14 年里，这位纵横政坛几十年、对法国社会带来巨大变化的学者型总统，进行了被人们所称道的十大“总统工程”的建设。这些耗资巨大、蔚为壮观的大工程，极大地提升了城市的形象、丰富了城市的内涵，使法国城市以领先的姿态进入 21 世纪，而这些工程最主要的受益者——巴黎则以常青的“世界艺术之树”的姿态，屹立于世界城市之林，成为欧洲城市中最璀璨的一颗明珠。

不仅如此，法国还加强了城市的绿化建设，以美化城市。在里昂、马赛、波尔多、巴黎等重要城市里都新建了一批城市公园和绿化带，在绿化带里种植了大量的树木和花草，四季花团锦簇，使法国的城市充满了浓郁的田园气息，巴黎的“花都”之称就是在这一时期广为传播的。与此同时，为了配合分散大城市的人口、降低老城市的人口密度、缓解交通压力、分散城市功能，法国政府还在大城市周围建设了一些新城，如在巴黎附近建立了五个新城来缓解城市压力。在城市更新过程中，对商业区的开发和建设是每个国家都会遇到的问题。在这一时期，一批大型的百货公司、大众商店、超级市场、邮购商业、购物中心也在法国的城市中纷纷建设起来，如著名的“家乐福”（Car-refour）超级市场就于 1963 建立在巴黎郊区。这些商场商店、超级市场购物中心，有的建立在城市中心区，有的坐落于城市郊区，有的则位于卫星城内。它们与城市大街小巷中的各种专业商店一起，构成了一张巨大的商业服务网，繁荣了法国的城市。

七、更新中的历史文化保护问题

在法国城市的更新过程中，无可回避的问题是如何对待随处可见的历史文化遗存。这些历史文化遗存大多记载着法国的历史，少则一两百年，多则上千年。随着城市化的加速，城市现代化的进程，这些历史遗存与现代化的城市形象显得格格不入。特别是随着城市交通和商业的发展，这些历史遗存仿佛绊脚石一样妨碍着商业开发和道路建设。如何进行取舍，是一个亟需解决的问题。遗憾的是，在最初的城市建设中，由于对城市建设的高度热情，法国政府并没有对这些历史遗存投以足够的关注，许多历史遗存被湮没在道路的建设和商业区的开发中，甚至一些久负盛名的标志性历史遗迹也受到一定的影响。当人们在繁华的城市背后开始审视历史时，才发现已经损失很大。因为历史文化遗存是一个城市延续性的体现，一旦遭受破坏，那么对于整个城市的历史来说就是不可挽回的。人们逐渐意识到，在未来，更先进的现代化城市建设将取代今天的城市面貌，但是作为历史的遗存，却可以向后人展示着前人的文明，成为体现历史上一个个时代最鲜活的语言。“决不可让历史在当代人手中沦丧。”在意识到这点之后，法国人在城市更新中便开始注重对历史文化的保护和抢救。

突显现代气息，保留传统韵味，使城市体现历史的延续性成为法国城市更新中对待历史文化遗存的的一个原则。但是凡事往往容易走极端，一方面是对历史文化遗存的忽视造成损失；另一方面是过分注重保护文化遗存的原貌，忽视了合理的维修也容易对其造成损害，特别是由于保护文化遗存而停止城市的建设同样会影响城市的发展。因此，保护和利用文化遗存成为法国城市更新的新课题。在经历了一些挫折之后，法国政府对历史文化的保护和城市的更新终于得到了协调。一些本身就具有历史传统的城市，如尼姆、蒙特利埃、马赛等城市在这点上做得相对较好。

经过了近50年的历程，在20世纪末法国基本完成了对城市的全面更新，虽然这个过程不是一帆风顺，但是在经历了一系列挫折之后，法国的城市通过这场更新运动变得更加科学、更加合理。

第三节　美国城市更新与空间演进实践

一、城市更新运动的特点

由国会立法并在美国联邦和地方各级政府主导下进行的城市更新运动，是伴随着全球新技术革命和美国经济的潮起潮落，以及不同时期的社会矛盾和各阶层利益的变化而展开的，因此这项活动在20余年的发展过程中，始终受到美国经济及政治等各方面因素的影响，有其自身的特点。

第一，城市更新与产业结构调整是同步进行的。二战前后，以新技术革命为先导的产业革命在世界范围内开展，作为发达资本主义国家的美国在这方面一马当先，率先在传统产业相对集中的城市进行产业结构调整，而这一调整势必涉及产业的地域分布和人口地域构成的变化，结果是以传统产业为主的城市日益衰败，以服务业为主的新兴产业在城市中却逐渐繁荣起来，城市经济结构的这种调整作为市场经济的一种内驱力，推动了城市更新的大规模发展。同时，城市更新运动的展开又为新兴产业在城市中的迅速繁荣提供了有利的发展空间，因此，在美国当代城市的发展进程中，城市更新与产业结构调整客观上呈现出同步发展、相互促进的趋势。

第二，城市更新运动遍布全国但发展不均衡。美国的城市更新运动，最初发生在历史较悠久的东北部和中西部城市，而后发展到南部和西部，并最终覆盖全国大小城市，其中工程的 65%、全部资金的 40% 被分配到人口在 10 万以上的城市。在这一发展进程中，受区域经济发展不平衡的影响，不同地域和不同类型的城市其进度不同、规模不等，因而更新运动在全国的开展也呈现出不均衡发展的局面。具体情况：①东北部和中西部城市更新起步早、发展快、规模大，南部和西部城市起步晚、规模也相对较小。②位于沿海和沿湖的一些历史悠久、以制造业为主的城市与其他城市相比，其更新改造的需求更大、任务也更重，改造的周期也相对较长。③由国会立法，联邦、州及地方各城市联合出资进行的更新，其发展过程是逐级推进，由大城市扩及中小城市，从单项住房建设到综合街区开发。更新计划最初只在不到 1 英亩（约 4 046.8 m^2）的地域范围进行，到后来有很大扩展，部分甚至扩大到 2 500 英亩（约 1 011.7 万 m^2）；最初动迁只有几个人或几个企业，后来发展到上万居民甚至上百个企业；更新资金的使用也从初期约 5 万美元发展到后来 10 亿美元的投资。

第三，地方政府扮演了很重要的角色。更新运动的展开是自上而下进行的，先通过国会立法，制定全国统一的规划政策及标准，确定更新运动的重点及联邦拨款额度，而后由联邦统一指导和审核更新规划，并资助地方政府具体实施。然而，更新运动的具体实施则是由地方政府主导的，在实践中始终强调地方性，即充分考虑不同城市的更新需求，由地方政府提出和确定具体的更新项目。如1949年住房法第一款的基本原则便明确规定：城市更新是地方计划，要由地方规划、设计和组织实施。城市更新之所以能够在许多城市全面展开，主要在于充分地调动了地方政府的积极性。当然，联邦与地方之间的关系需要协调。在更新中，联邦计划的核心是住房，而许多地方政府在实施更新工程时却更关注商业开发和城市的税收，这样一来，联邦以清理贫民窟为主的更新计划到地方政府那里却经常被置换为城市经济振兴计划。

第四，更新运动有效地利用了私人资本。私人资本弥补了政府在实施更新工程建设上资金不足的问题，而且私人投资额远远大于政府拨款。据统计，截至1959年12月31日，306项工程中总开销36.87亿美元，其中地方是2.75亿美元，联邦是5.12亿美元，私人是29亿美元。又如20世纪50年代末芝加哥的海德·帕克—肯伍德更新工程，工程预算1.3亿美元，其中半数以上由私人投资。私人投资固然为更新运动的实施提供了资金保障，但由此一来，更新运动的发展便受到开发商和垄断资本利益的影响，这一影响常常干扰政府在更新中为低收入阶层所做的努力。

第五，更新过程充满矛盾，政策左右摇摆。美国是一个资本主义国家，其政府的更新政策一方面要照顾到垄断资本的利益，另一方面也不能不顾及城市居民中大多数的中低收入阶层的实际需求，而上述两个阶层的利益往往是相互矛盾的，这就使政府更新政策的发展演变也充满矛盾。这也是更新工程经常因社会阻力大而难以按计划实施的一个重要原因。由于更新运动的初衷是要改善城市低收入阶层的居住条件，解决城市衰败问题，最初的更新计划是要向低收入阶层的利益倾斜。而在实践中，更新运动在开发建设资金上很大程度地依赖于大企业垄断资本，所以，更新的结果必然要受垄断资本的左右。例如，更新计划之初是以住宅建设为主，但实际结果却是非住宅建设大于住宅建设，因为这样做有利于垄断资本的利益。根据对 77 个城市所进行的 115 项复兴计划工程土地使用情况调查表明，用于公共事业开发、商业和工业建设的土地面积占 64%，只有 36% 的土地用于住房建设。这使政府的最初愿望与更新实际结果之间相脱节，也使得政府不得不经常调整城市更新运动的重心，导致更新政策缺乏前后一致性，经常左右摇摆。又因更新资金主要来源于联邦和地方政府的拨款及私人投资，这些投资都不可避免地要受社会经济形势的影响，其中由于私人投资的比例大，其在经济危机中风险高，受到的冲击和影响也大，因此，每当社会经济形势发生周期性变化时，更新运动也随之呈现出由低潮到高潮或由高潮到低潮的周期性波动。

二、城市更新改造的成就和意义

从城市更新运动兴起的 1949 年到更新运动末期的 1972 年，美国总计有 1 100 座城市从事了 2 800 项更新工程，工程所涉及的联邦拨款达 100 亿美元，工程的城市用地达 20 万英亩（约 80 937.1 万 m^2），其中有 8 万英亩（约 32 374.9 万 m^2）是清理贫民窟所得。客观来看，这一美国历史上规模最为庞大的联邦政府更新计划确实取得了较大的经济效益和有限的社会效益，为美国经济的持续发展注入了活力，并对维护美国的社会稳定和对美国城市的地理分布及城市化进程产生了深远影响。其具体作用和意义表现在以下几个方面。

（1）更新运动在一定程度上拓展了城市的空间，部分缓解了由移民浪潮所造成的城市人口压力，如果没有城市的更新改造，美国城市移民如此之多、人口膨胀如此之快，其后果不堪设想。

更新运动在普遍意义上改善了城市居住环境，提高了居民的生活质量。美国主要大城市原有的废弃工业区、仓库用地和贫民窟等地块被清理出来用于住宅建设，如旧金山的金门、芝加哥的梅多斯湖、华盛顿特区的西南部等。在居住条件改善方面，无论是豪华的新住宅还是普通民房，大都安装了空调和暖气设备。据记载，到 1960 年，美国城市 88% ～ 92% 的住房都有自来水、抽水马桶、收音机等，平均每套住宅中的人数也从 1960 年 3.1 人下降到 1979 年的 2.4 人。而同一时期，每套住宅的居室平均数却从 4.9 间上升到 5.1 间，住宅的平均房龄从 28 年下降到 24.7 年，自有住宅的百分比也从 1960 年的 61.9% 上升到 1976 年的 65.4%。

总之，更新运动是美国政府综合运用法律行政手段和经济杠杆解决城市居民住房问题的结果，更新中低租住宅的建设和与此相关的福利措施，尽管没能从根本上解决城市低收入居民的住房问题，但毕竟使这一问题相对得到改善。

（2）更新运动促成了城市产业布局的调整，为城市新兴产业的飞速发展提供了良好的发展空间。特别是使内城原有的工商业中心的功能得以恢复并增强，从而使城市空间资源得到有效利用。大批写字楼而非工厂的建立，使一些传统产业日趋衰落的城市重新焕发了活力，服务业、金融贸易等第三产业在原有基础上得以扩大，依托城市科研院所并对资源依赖较少的高科技产业也在内城中得以发展，这些都有助于城市经济结构的调整和制止内城衰败。通过更新对城市重新规划，使城市空间扩大，区域分工更为鲜明，一些城市中住宅区、工业园区、文化教育园区和商业区规划更为合理，有利于城市产业的专业化和社会化、实现大城市的聚集效益，从而促进城市繁荣。

（3）更新运动改善了城市的道路交通和水、电气、停车场等基础设施，增加和完善了城市的各种服务功能。一处市区的全部重建一般包括道路、学校、医院和其他设施的增补，重建后的街区往往还会吸引来新的商店与娱乐场所，即通过重建带动整个街区的经济发展，“新政府办公楼，文化中心等相继建立，这些工程的竣工，既美化了城市，又完善了城市的服务功能”，使得城市更具魅力，由此而来的城市生活的方便性和舒适性，也使城市吸引来更多的居民，从而有助于城市规模扩大，特别是使城市的消费需求得以增长。总之，城市物质环境的改善，使城市在吸引投资、扩大消费等方面具备了更为有利的条件，从而增加了城市税收，减少了由衰败而造成的财政支出，使政府有更多的财力用于其他社会福利事业。

（4）房地产业的发展对扩大市场需求、促进美国经济的高速增长起着极为重要的作用，而更新改造为房地产业的飞速繁荣提供了契机，并由此带动门类繁多的相关产业的发展，这样一来也增加了城市就业。据1973年公布的统计资料表明，截至更新计划终止时，在1 000平方英里（约258.9 km^2）的城市土地上从事的更新运动，如按有关专家计算，将楼地面积若转换成工作空间，大约可以安置50万就业人员，而土地及其上建筑物的总价值较计划开始前增加了3.6倍，随着更新后城市地产价格的提高，城市的税收也相应增加。此外，更新运动也使这一时期美国在住房建筑方面取得了很大的成就，建筑技术水平有了极大的提高，建筑材料取得了惊人的发展，同时还锻炼及涌现出一批城市建筑规划专家和设计专家。

三、更新的问题与局限性

美国的城市更新运动尽管取得了很大的建设成就，促进了城市经济的发展，但其中存在的问题也很多，而且更新运动本身受社会制度的制约和垄断资本利益的影响，也带有很大的局限性。其问题主要有：

第一，城市更新的实际需求与为满足这一需求所实施的计划之间存在着相当大的距离。例如，城市更新迫切需要大规模地开发住宅建设，而实际上在各城市的更新计划和具体实施中，住宅建设却并非重点。此外，计划与资金之间又常常脱节，由于更新所需的财政支出较大，因而，立法所规定的联邦住房计划和拨款常常被削减，更新工程也经常因各种原因或下马或不能按期完成。以纽约曼哈顿的更新工程为例，每英亩（约44 515.4 m^2）

土地的再开发费用就是 110 万美元。因此，一位美国城市规划人员指出，1966 年用于为期 6 年的城市更新工程的 23 亿美元拨款，“仅能满足一个大贫民区一年的需要”。正因此，更新运动在对贫民窟改造和解决低收入居民的住房方面做得未能尽如人意。这项运动在城市里所涉及的面积仍很狭小。而且还主要集中在中心商业区及其周围。例如，更新中最积极活跃的纽约市，在 1949—1965 年也因资金有限，更新工程只占城市不足 1% 的面积。此外，更新所涉及的多是清理衰败的商业和工业建筑。在住宅方面拆迁大于建设。高租金公寓多于低租住房，例如，在波士顿的公有住房建设方面，拆的数量多于建的数量，在罗克斯伯里街区，拆除 2 570 套低收入住房，而相应地却只建设 1 550 套低收入住房；在查尔斯顿低收入区，清理了 6 000 多套低收入住房，但建设了同样多的市场价的出租公寓，这便使得城市贫民窟现象依然存在，低收入居民的住房问题无法从根本上得以解决。

第二，城市更新是一项综合性的社会系统工程，而在更新运动发展的大部分时间里，更新仅仅被视作单纯的物质环境的建设与开发，没有将种族隔离、社区关系、教育、卫生、文化和就业等诸多方面的建设综合考虑进去，虽然在更新后期也提出了城市的综合演进，但大都难以全面实行，且为时已晚。更新中的贫民窟改造便是一个明显的例子，在其中建设公有住房，仅仅只是在一个小范围中改善了居住条件，而对改善整个社区环境没有起到作用，也没有解决居住条件以外的各种社会问题。因此，在垃圾遍地、歹徒横行、学校质量低劣、医院肮脏、交通设施不便又缺乏职业训练机会的环境中建造的新住房，很快就会被物质贫乏和精神颓废的汪洋大海所吞噬。正因此，到了 70 年代，政府早期建成的公有住房常常被看作是“黑人住房”，并成为与种族冲突捆在一起的社会不安定因素。这一教训也说明要使穷人居住条件改善并与文明社会相融合必须对贫穷进行综合演进，不过这一点在美国的制度下又是很难做到的。因此，更新运动在解决诸如导致城市衰败的贫困现象和为低收入阶层提供就业培训，以及建立良好的社区关系等方面均很难有所作为。

第三，城市更新也带来了新的社会矛盾。政府的鼓励和怂恿使得包括种族隔离在内的居住分离现象，在更新过程中不仅没有消除反而更为严重。在更新运动大规模的清理拆迁中，由于对动迁居民（主要是黑人）的重新安置没有予以及时和合适的解决，结果使低收入阶层尤其是黑人的利益受到损害，动迁后大多数黑人因新住宅租金昂贵而被排除在外。据 1965 年美国民权委员会对 77 个城市的调查，在重新安置 4.3 万户家庭的 115 项复兴计划工程中，其中 3 万户为非白人家庭，这些非白人家庭只有一小部分在政府公共住房中重新定居，大部分迁入了早已拥挤不堪的其他黑人聚居区内。另据统计，1950—1960 年，芝加哥新建造的 28 万套住房，黑人所得不足 0.5%。黑人四处流散，被迫挤住条件更差的地区，他们常常住在被清理的土地周围，形成新的贫民窟，状如面包圈，而且使本来就过于拥挤的其他贫民窟地区更加拥挤。因此，一些批评家指责城市更新是真正的“黑人迁移”，是将贫民窟从城市的一处迁至另一处。

另外，贫民窟的拆除、新住宅的建造，瓦解了城市原有社区的稳定关系，特别是住宅向高层发展后，人际关系更趋于淡漠，而新的社区文化短时期内又无法建立，这样一来便使居民心理上出现文化断层，普遍缺乏归属感，也由此引发了诸多城市社会问题。更新使黑人的损失不仅在于上述方面，还体现在他们的商业活动上。在底特律，黑人所有企业的 57% 破产于城市更新，而白人企业却只有 35%。也正因此，许多城市的黑人骚乱几乎是伴随着更新不断发生，黑人聚居区的犯罪率居高不下，更新运动所要解决的消除贫民窟这一社会不稳定因素的预期目标在实践中并没能完成。

第四，在更新运动的计划与实施中，市民缺乏公平参与的机会。更新中美国政府始终强调市民对工程规划的参与，但实际的情形是中高收入居民因能从更新中获利而支持更新并经常被邀请参与计划制定。相反，贫民窟的居民由于多数反对丧失家园的更新，因而不被邀请也不愿意参与更新活动，这在客观上造成参与更新运动的市民主要是中高收入阶层。

第五，更新运动因种种困难而使工程计划拖期、进展缓慢。其主要原因：①更新工程效率低。联邦政府在更新中需要处理大量的政府文件，市政府和私人开发商也需要花费大量时间学习、了解和掌握这方面的知识和经验，并办理许多繁琐的审批手续。此外，一项计划的批准需要很长时间，负责该项工程的专家要深入到较小的、较古老的街区和中心城市、郊区进行详细调查、论证。在大城市里，一项主要的更新工程，从计划被批准到最后竣工一般都要10年左右的时间。再者，政府各部门、各机构之间缺乏协调，时有推诿现象发生，因此计划耽搁、工程延误常被视为“正常现象”。据统计，1949—1959年，只有390项计划被实施，其中有86项土地清理工程，竣工的只有25项。②征地难。首先，更新工程在拆除或重建之前，必须征收已规划街区所有户主的房产，而这常常招致房地产主和住户的反对；其次，当一处被收购的建筑属于多个业主时，收购整座建筑就很困难。虽然住房法中授权各级政府为公共目的可以使用征地权，但一些个别情况只有通过法院解决，而这是耗时费力的。③招商难。更新工程中的清理与开发需要由政府向社会招商，以吸引私人资本，但由于政府计划开发的地区与私人希望投资的地区经常不一致，加上贫民窟居民对所涉及街区更新工程的反对等因素，造成被征用的地区长期搁置。据统计，到1963年夏天，城市已获得用于更新的土地达21 970英亩（约8 890.9万 m^2），其中已开发及在开发中的有6 130英亩（约2 480.7万 m^2），开发商从已获得的土地上精选了近58%的土地，有的已交了抵押金，但因各种原因还是有很多开发商最后放弃购买土地。

第六，更新使得美国的大城市和超大城市数量日增，使人口高度集中在一定的区域内，结果是城市人口负担过重，城市需要为此大幅度地增加福利设施和工程设备的开支。另外，由于拆除的旧房屋多为二、三层楼，而新建的则多是高层住宅，因而人口密度不仅没有减少反而增大，这使城市居住环境的改善十分有限。大城市人口膨胀所带来的城市资源紧张、交通阻塞、建筑拥挤和地价过高等现像无疑使城市的生产活动成本增加。另外，开发过度、城市污水、废气、垃圾污染和资源浪费等因素也使得城市的生态环境脆弱，人地关系不协调，环保问题突出。

四、中心城市的经济与空间转型

20世纪尤其是二战以后美国中心城市的变化，最显著的表现就是从高速发展到萧条，然后部分城市走向复兴。从20世纪40年代开始，纽约、费城、巴尔的摩、圣路易斯等美国主要大城市都走上了经济萧条、人口减少的下坡路。到20世纪80年代，包括纽约在内的许多城市开始呈现复兴势头，以至于许多研究者惊呼“城市危机去哪儿了”。

东北部和中西部是美国制造业的心脏地带，这里的城市普遍遭遇了类似情形。作为制造业中心城市的纽约自然难逃一劫。20世纪三四十年代以后，制造业在纽约经济中的比重不断下滑，尽管战时刺激和战后初期的繁荣一度缓解了制造业的萎缩，但随着美国经济步入去工业化阶段，纽约制造业也难以一枝独秀。去工业化也是美国城市经济结构转型的过程，推动城市经济向后工业过渡——不仅是制造业让位于服务业，还包括传统工业让位于技术含量提升的高技术产业、制造业。其中，最为突出的表现是制造业和服务业的此消彼长，即在制造业离开城市的同时，金融、管理等服务业日益向中心城市集中。许多企业将其生产部门迁往郊区、西部和南部，甚至迁往发展中国家和地区，其管理和决策部门则向中心城市集聚。一方面，因为中心城市往往拥有发达的生产性服务业如银行、保险和咨询行业，可以便捷地获得相关服务，从而降低企业成本；另一方面，随着企业在全国设立分支机构，甚至扩张成为跨国企业，协调不同分支成为企业提高效率的重要手段，中心城市因为在基础设施等硬实力和公共服务、多元文化、感召力及对商业的认同感等软实力方面的优势，吸引了大企业落户；同时，尽管通信技术快速进步，但面对面交流的意义仍然不容忽视，频繁的人际交往能够促进信息分享、建立私人友谊，高层次的决策活动相当依赖于面对面的合作和交流。此外，企业向中心城市集聚，本身也会吸引更多的企业来到这里，共享基础设施。因此，对于企业而言，中心城市“始终是一个信息的集聚区，这些信息往往与企业管理部门具有潜在的相关性；这些信息的生产、储存和交流来自由不同组织构成的高密度的网络，企业与这一网络的联结决定了自身的发展趋势”。据统计，1950—1967 年，全美国前 11 座大城市中，制造业和商业就业的流失高达 40 万个岗位，但在金融、专业技术和公共服务领域新增就业岗位近 100 万个。另一项针对 1948—1972 年间北部 12 个大城市的调查也显示，在制造业、批发和零售业就业大幅下滑的同时，广义服务业新增约 3 0 万个就业岗位。

经济结构转型也推动了空间结构调整。美国去工业化的一大特点，是制造业离开城市后在郊区落户。据统计，1977—1982 年搬迁的制造业企业中，有 20% 在 50 英里以内重新落户。实际上，自 20 世纪 80 年代以来，美国主要工业区都坐落于郊区，尤其是高速公路附近。越来越多的郊区次中心开始出现，它们与中心城市在功能上有所不同：中心城市成为服务中心、信息中心和管理 指挥中心，郊区则是制造业和商业中心。因此，涵盖中心城市与郊区的大都市区取代城市，成为城市化空间结构的主要形式。纽约同样如此，尽管纽约市的制造业难以抑制地流失，但在纽约大都市区内，到 20 世纪 80 年代后期，已有 71% 的制造业位于郊区。同时，后工业经济对空间的需求与制造业不同，其产业关联度更强，一个相对完整的产业链在空间上不断拓展，加之决策、信息处理和面对面交往的需求，势必改变中心城市的空间布局。大企业倾向于现代主义风格的玻璃幕墙摩天大厦以展示实力和形象，变化的人口结构对城市空间也有新的诉求，工业时代产生的适应制造业的传统城市空间显然已无法满足新要求。

对于去工业化过程中城市经济结构与空间结构之间的矛盾，对市场高度敏感的企业最先感受到，因此最先寻求改造中心城市尤其是中心商务区。1940年，城市土地研究所联合多家银行、会计等金融企业对全美221个城市进行全面评估，研究企业和人口外迁的危害及应对策略，列出了建筑规划过时、土地价格偏高等中心城市的16项劣势。在堪萨斯城，中心商务区是城市和大都市区的核心。在双方合作下，堪萨斯市和密苏里州出版了许多小册子，宣传中心商务区萧条的不良影响，呼吁对贫民窟展开清理活动。由于中心城市地价高昂，企业纷纷呼吁联邦政府提供资助。全美房地产商联合会建议联邦政府用长期稳定的低息贷款为城市购买和清理贫民窟土地提供资助，然后根据城市的整体规划出售给私人开发商进行再开发。

城市空间结构的外部转型也就是大都市区依赖于区域范围内的政府间协调和联邦层面的政策引导，其内部转型即顺应后工业经济需求的新的空间组织形态则离不开传统空间结构的破除与改造。城市更新恰恰就是实施这一破除与改造的工具，通过清理贫民窟来创造新的城市空间，以满足新经济结构的需求。

第四节　德国城市更新与空间演进实践

一、历史发展

虽然柏林的发展总是以中断性而不是连续性为特征，冲突和割裂压倒了高雅和协调，但是掠过历史的长河，其发展过程依然清晰地显现出三个不同时期（见图4-1、图4-2）。最早有关柏林的文字记录出现在13世纪，“科恩”这个名字在1237年就有了记载，它的姐妹城“柏林”，出现在1244年。1307年，两个城邦合并称柏林。当时城内用墙隔开，道路如迷宫般曲折，成为中世纪具有强大权力和影响力的城市。15 世纪中叶，这个区域受到弗里德二世的统治。

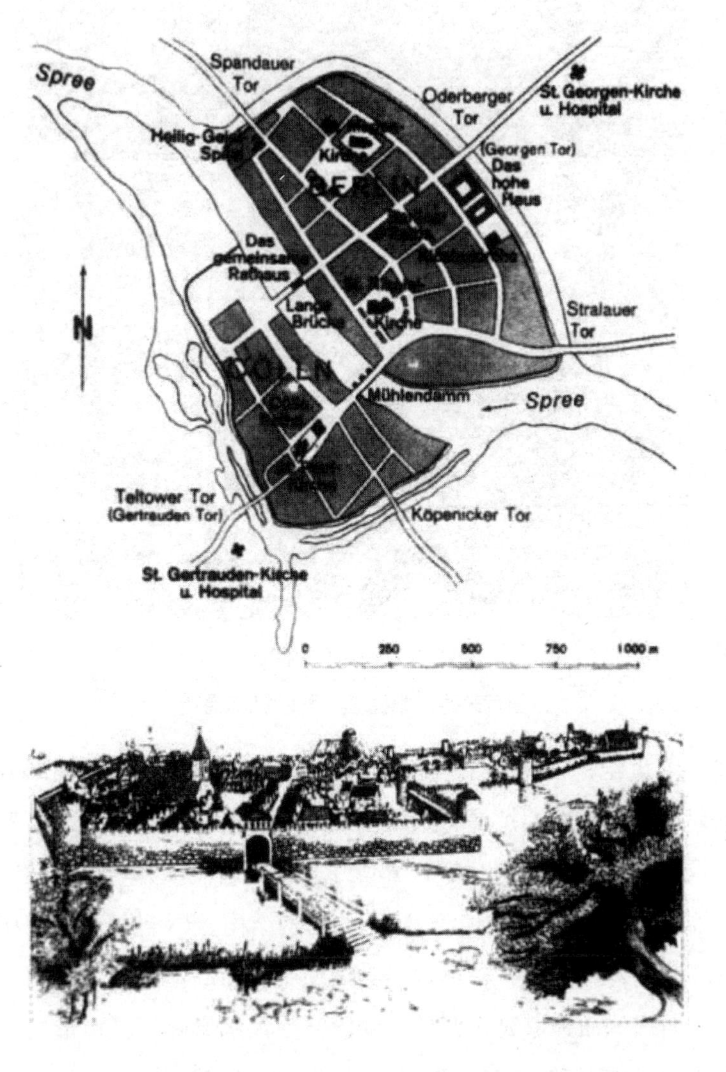

图 4-1 1400 年的柏林（图片来源：阳建强. 西欧城市更新）

图 4-2　1680 年的柏林
（图片来源：阳建强．西欧城市更新）

17、18 世纪，柏林引导具有中世纪风格的老城西部和西南部地区进行了一系列艰辛、理性的扩展（见图 4-3）. 这些成就得归功于统治者弗里德里希 · 威廉（Friedrich Wilhelm）建立了现代普鲁士城邦，以发达的通路为中心，围绕着城堡形成有中世纪特色的路网结构。18 世纪中期，在弗雷德里希城和菩提树下大街，柏林曾经尝试使施普雷岛上王宫周围的中世纪城市中心向西部均质地蔓延。此后，受巴洛克浪潮影响，城市形式与建筑风格逐渐出现了变形和转化。尽管如此，在 19 世纪的前 30 年里，普鲁士古典主义者又设法将他们独立的纪念碑式的建筑和浪漫主义的城市景观强加于已经存在的普鲁士首都。从那时到现在，这个地区一直明显存在着构成和解构的争夺。

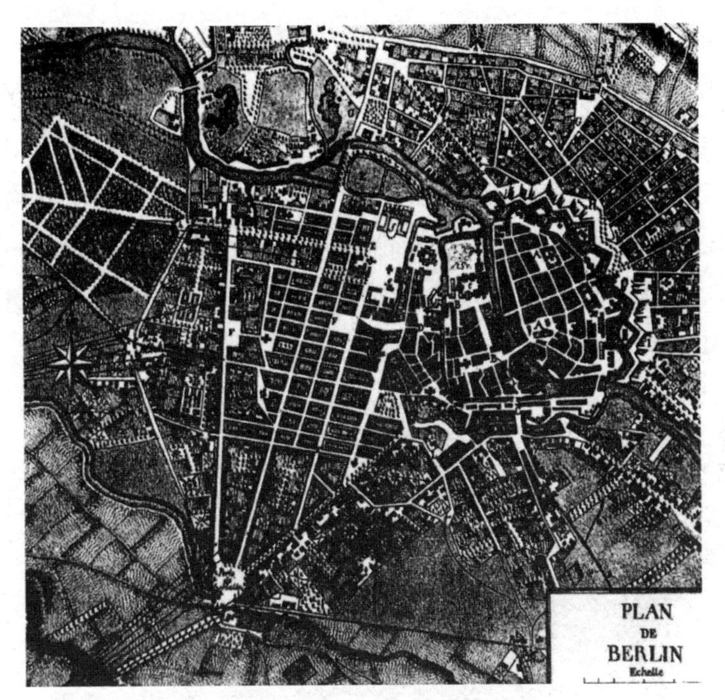

图 4-3　1709 年的柏林

（图片来源：阳建强. 西欧城市更新）

19 世纪，为了适应工业革命的需要，城市突破先前的围墙开始发展，这是一个在快速工业化的推动下发展起来的城市（见图 4-4、图 4-5）。铁路、电车，以及大量的底层阶级居住的贫民窟就是当时的城市景象，这样的状态一直持续到 1939 年。

在柏林老城的重要历史场所中，波茨坦广场和莱比锡广场是战前柏林最具历史和城市生活魅力的两个城市公共场所（见图 4-6）：东部保留 18 世纪严谨的风格，西部则呈现 19 世纪工业化的特色。莱比锡广场的建筑以传统的八角形建筑为主，包括政府办公楼、维尔森百货商店等。维尔森百货商店把它俗气的商业气息隐藏在中世纪的市政厅之后，这与波茨坦广场那些随意地聚在一起的咖啡馆、旅社、酒店和廉价商店形成了鲜明对比，后者往往更关注自己的情况而忽视了城市总体的秩序。

巴黎广场和亚历山大广场连线的中央偏东位置是战前城市的权力中心国王的城堡。它是恺撒的最后一个住处，大教堂和德国博物馆赋予了它神化的色彩和力量，是反映皇帝野心的暴力机构，也是人们在柏林寻求这个国家的历史时往往会忽略的地方。以上是柏林作为防守型中世纪城市规划的典型特征。尽管上升期的城市面临很多问题，但是城市依然在历史的基础上进行重建，这反映了过去的城市格局在发展中的重要作用，以及它们在城市更新过程中的一些深刻的影响。

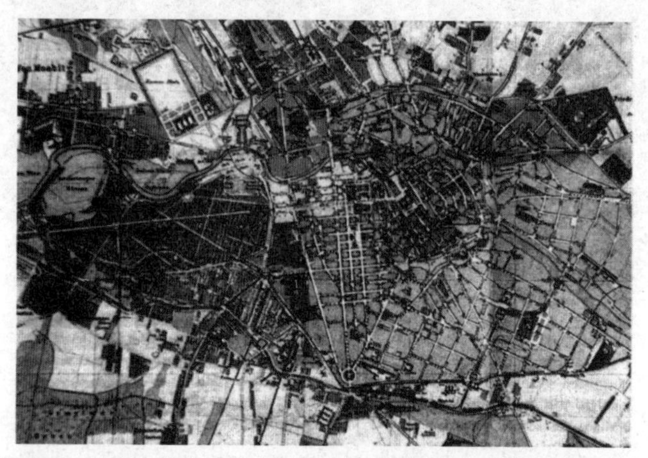

图 4-4　1860 年的柏林（图片来源：阳建强．西欧城市更新）

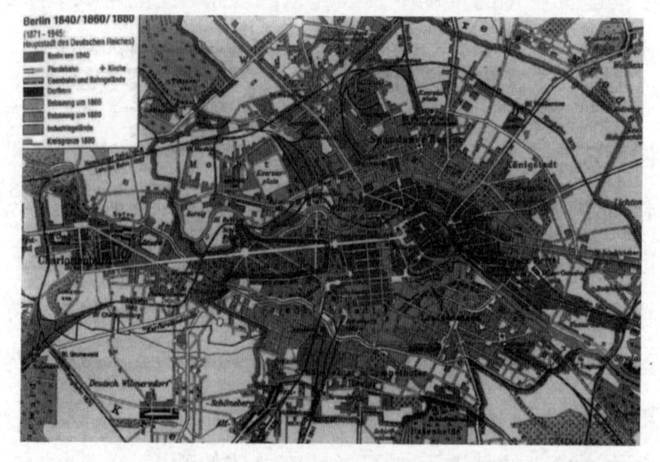

图 4-5　1880 年的柏林（图片来源：阳建强．西欧城市更新）

图 4-6　第二次世界大战前的波茨坦广场和莱比锡广场

（图片来源：阳建强．西欧城市更新）

二、东西柏林合并后的城市转型

（一）柏林：充满挑战的城市

1989 年柏林墙倒塌之时，分隔了 40 年的东西柏林突然合并，当这种长期以来的紧张情绪缓和以后，二者都愿意利用建筑的力量来维持城市的有机性与整体性。东西柏林重新融合成为新千年里最为进步的城市，并引发了所有美好的想象。

很多现存的问题都与城市规划有着或多或少的联系。诸如对从 1961 年到 1989 年居住在柏林的居民而言，这是两个不同的城市，有着两套不同的政治体系。在当时，人们所知的西柏林的中心事实上只是城市西郊的一个核心而已，真正的城市中心在东柏林。问题是这个中心现在已经消失，因为柏林已经合并成为德国的新首都，市民们不再能分清东、西柏林的差异。

柏林的住房问题十分突出并且十分严峻。战后的几十年，东柏林在现在这个合并城市的外围，如马尔察纳和黑勒斯村等地建立了大量的“新城镇”。这些新开发的房子虽然在西方人眼里只是低标准的住房，但是在东西柏林合并前它们曾经为数以千计的居民解决了住房问题。在今后的几年内还要在这里追加大量的投资，以防止这些地区变成贫民窟。

另外，一个更为深层次的问题是这个城市的社会问题。在东西柏林合并后的十余年内，整个柏林的城市中心就像一个建筑工地。在柏林墙拆除后的最初几个星期，整个城市都被一种失落的情绪所充溢。西柏林已经独立了很久，然而在柏林墙开放之后，一切都改变了，城市变得更嘈杂、更肮脏，它暴露出诸多的社会问题。像巴黎和伦敦这些著名的城市，都是几百年持续不断地发展才得以成就。对于新柏林的巨大挑战就是如何采取一些新的政策在短时间里达到相似的城市空间状况，以及又如何在新柏林获得更好的建筑和城市规划品质。

（二）柏林：迟到的首都

自从这个年轻的城市诞生以来，它的城市结构就存在本质缺陷。申克尔时代关于城市空间的问题（把城市比作“迷宫”）在第二次世界大战和随后的“重建”中变得更加明显，它们使城市的缺陷变得更为严重。

1989 年，柏林人终于觉醒。当柏林墙拆除的欢天喜地的气氛过去之后，它似乎已经无法运作了：没有新的处理方式，没有新的想法，没有优越的新政策，等等。未来仍在继续，勃兰登堡门看起来仍将关闭。波茨坦广场、亚历山大广场、弗雷德里希城等地都具有巨大的城市潜力，城市开始进入它的第二个创建期——个快速发展的时期。在这一历史时期，对于柏林来说，最为急需、重要的是如何把整个城市和建筑从这样的悲剧性结局中拯救出来，它需要的不是建造单调的建筑，而应该是发展一个崭新的并且有启发性的空间秩序。这种质量和秩序不仅仅影响这个地区的历史进程（它应该有自己的历史），而且将强化城市结构，并有益于整个城市的发展。大都市的一个特点是具有诸多的发展机遇和美好的前景。新的柏林必须重新找回大都市自身所应拥有的特质。

三、柏林墙拆除后的城市设计与建筑

柏林墙开放距今已经有三十余年，每一个到柏林的参观者都注意到，先前开展的许多城市设计、概念和计划已付诸实施，如今城市的整合已初见成效。柏林墙的拆除首先在东柏林触发了建筑投资的繁荣，人们从根本上开始重建这座城市，使之成为一个首府城市以及服务行业的中心。当时复杂的规划和建筑计划的重要内容主要包含以下几个方面。

（1）交通运输业和服务业的重建与更新（包括交通大动脉和市郊铁路、地下交通系统、道路和桥梁、电车轨道、下水道及电信工程）等。

（2）提供位于城市外围的新市郊的住宅与基础结构，同时进行现存市区的更新。

（3）办公商务楼的建设，特别是市中心、柏林米特区、蒂尔加滕和夏洛滕堡地区的办公商务楼建设。

（4）施普雷河湾和施普雷岛地区新国会和政府机构的规划等。

（一）外围居住区建设

1. 城市外围的新郊区

历史性城市中心的重建使每天进行的、更大量的住房供给的任务失色。这项任务大都集中在从前的东柏林，包括大部分旧住宅的更新和高层建筑。

另外，柏林还致力于实现合并后政府的住宅计划，该计划要求在未来 5 年内建设不少于 8 万套郊区住宅。

2. 国家政策

政府合并后，人们立刻在新成型的区域里，就城市的基本发展方向开始了一场激烈的辩论。这场争论逐渐发展形成新规划的轮廓，在 1994 年 6 月经国会批准成为合并后柏林的分区规划。尽管如此，规划中指定的用于居住和商业发展的地区却不可能闲置太长时间，这在政治和经济上都是不可行的。如果要实现住房供给的目标，人们必须快速决策。为了达到目的，1992 年 4 月参议院批准了 24 个主要居住开发区。

3. 先驱与模式

大约在 1989 年，人们开始争论怎样解决柏林巨大的住宅供给问题。在当时，一批建筑师库尔霍夫（Kollhoff）、梯默曼（Timmermann）、兰霍夫（Langhof）、诺特迈耶（Nottmeyer）和齐利奇（Zillich）在柏林老城和核心区北部郊区水城的施潘道湖岸拟定了一项城市开发计划，在这一计划中人们赋予这个郊区特殊的尺度和类型——这是一个对传统的规划设计规则的挑战。

（二）城市中心的重建

在开发城市外围住宅区的同时，柏林的心脏地区也开展了重建工作，如中心地区柏林米特区、蒂尔加滕和夏洛滕堡地区的重建工程。1994 年夏天，工程在城市第二重要的地区波茨坦展开，之后的开发要求在该地区的市政设施上投入更大量的资金。开发的中央位置位于城市的东西部之间，要求有更广泛的交通联系；为此，建设了一个新铁路客运站服务于波茨坦北部的新国会和政府机构。与此同时，在老市区东部边缘的亚历山大地区也开始了大规模的更新改造。

在所有工程中，柏林并不想遵照传统的方式，如巴黎的拉德芳斯、伦敦的金丝雀码头那样在老城之外建立一座新城。相反地，他们试图通过开发区结构的建设来表达柏林作为欧洲首府的定位。柏林建设从一系列模式中总结经验：早期现代主义、战后现代主义和后现代主义。无论是在资本主义的西部还是社会主义的东部，柏林都是一块提供试验的基地。在这里，战后的很多城市规划原则都应用过，如激进的功能分离主义、无视业主所有权、在众多交通方式中仅提倡汽车出行，但是这些原则都失败了。

最后在 1980 年代，柏林重新发掘了它令人印象深刻的一面——19 世纪末 20 世纪初居住建筑和工业建筑在规划和建筑上展示出来的良好品质。

总结过去几十年的经验，城市中心设计方案的重要原则如下。

（1）坚持“批判的重建”概念及“欧洲城市”模式，且将其作为规划的目标和先决条件。

（2）东部地区私有制的加强。

1. 城市规划目标

起初，在柏林市中心开始繁荣的前几年，政府方面需要面对大量的特殊问题。在许多地区，战前城市结构具有的高复杂性和高密度逐渐呈现出衰退的状态，导致了几百公顷的荒地。同时，东德政府的倒台也导致了大量政府建筑的荒废。西德、美国、英国、法国、瑞典、日本，以及其他地方的投资商、银行开发商都对这片城市中心的零散地区进行了重新定位。尽管如此，这个片区真正繁荣的序幕是 1990 年 7 月西柏林的市长沃尔特·莫伯（Walter Momper）通过的开发计划，计划主要针对波茨坦地区的重建。

在多萝西城和弗雷德里希城最基本的问题是：新的建设应该通过什么来与城市的历史片段相联系？或者更具体地说，如何与莱比锡大街和弗雷德里希大街车站周围的高楼大厦相联系？而提供的答案是十分明确的，人们希望通过“批判的重建”的方式完成城市设计。在总结了柏林城市多年建筑规划试验失败的教训后，人们普遍认为并不应该重新建设一个完全的新城，而应该回归到传统都市主义。人们希望东西柏林能够跨越柏林墙的界限共同发展，并且新的城市中心应该能反映出东西柏林共享的未来。

2. 批判的重建

在国际建筑展览会的支持下，批判的重建这个概念成为南弗雷德里希城复兴的基本原则。它作为一种基本模式，同样也为东柏林的建筑师所采纳。在拆除柏林墙后的一段时间里，人们将这个概念理解为东柏林仍归它从前的业主所拥有，并首次为私人地区巴黎广场、施皮特尔市场、弗雷德里希车站、梅林广场制定土地利用规划，然后推广至整个多萝西城和弗雷德里希城地区。这些新规划并不是简单地复制南弗雷德里希城重建前应用过的策略，因为各个地方展现出的城市历史风貌、土地利用结构和土地所有权是不一样的。此外，主要制定的土地利用也不再是曾经国际建筑展览会期间出现过的政府补贴住房，而是具备了典型的城市中心所应有的职能，比如办公楼、旅馆、百货公司、政府部门和大学校园等。

批判重建的目的不仅仅是重塑历史环境或是怀旧风景，而是要与当代的城市结构有所区分。土地利用规划允许建设各种各样的商业、管理、教育和社会机构，它们通常与周边的用地性质相混合。它提倡建立完整的城市街区，使历史与当代的建筑和经济生活相交融。批判重建的重要规则如下。

（1）必须遵守建筑红线，重建历史街区形式。

（2）最高屋檐高 22 m，最高屋脊高度 30 m。

（3）只有全部建筑面积的约 20% 为居住用地，才有可能取得建筑开工许可证。

（4）不预先规定建筑密度，而将其作为各种政策、土地利用规划和建筑规则作用下的结果。

（5）新建筑必须具有一个城市建筑的特性，它必须建立在一个地块上:最大的地块就是城市街区。

3. 重建的限制与成就

上述规则的实际应用虽然暴露了其局限性，但是在总体上取得了成功。

人们在改造历史建筑的平面图时常常会遇到困难，尤其当这些历史建筑毁于战后的城市和交通规划，而不是毁于战争之时。

在城市总体限制的前提下，在私人地块上建造建筑也是市中心发展的重点。在理论上，这项观点是无可争议的，因为它在总体上遵从了欧洲城市的模式。按照传统的说法，地块结构中一般包含了公共场所和私人建筑，在传承城市文脉的前提下各种地块共存。但是，这个传统被战后城市规划模式打破。如果回归传统，将城市细分为一块块个人用地的话，这将要求政府提供明确的政治和法律保障，这显然不能实现。其中唯一的可能性就是和地区内的客户和业主合作，发展一块独立的混合用地。

4. 欧洲城市模式

在重建多萝西城和弗雷德里希城的同时，它们的周边环境也在被重新规划，其中包含了很多开放空间和一些城市历史片断。它们包括如下内容。

（1）波茨坦广场，位于从前东西柏林接壤的地方。

（2）亚历山大广场，位于从前东柏林中心到郊区之间的过渡地区。

（3）施普雷岛，位于旧城的中心，其中柏林城堡的历史街区包含共和国宫（原为东柏林国会）。

（4）施普雷河湾区将会形成一个服务于联邦德国国会的新中心。

（5）在中央火车站旁的新城市广场。

对于一个城市来说，只有坚持它过去的传统，才有可能发展成为一个大都市。创造一种博物馆式的杰出城市并不是规划政策的目标，要想真正加强柏林的城市个性，必须坚持将建筑与城市相连、与城市历史文脉相连与建筑传统相连。

四、典型案例

随着柏林墙的拆除，人们逐渐痛苦地觉察到这种分裂深刻地毁坏了这座城市。在某种程度上，柏林墙只是城市分裂最微小的表面部分。更加深远的意义是人们意识到，它尽管是一个城市但却拥有两个实体，不仅在物质层面上，也反映在精神和心理方面。1989 年以后，柏林鼓励全世界建筑与城市规划界的精英们发挥其创造力来勾画它的未来，同时还开展了一系列不同规模以及体现不同价值的更新改造。

（一）波茨坦—莱比锡广场中心区的重建

波茨坦—莱比锡广场地区位于柏林的中心，第二次世界大战前，这一地区曾是柏林最富活力的商业区之一，是 1900 年代柏林的“第五大道”，拥有繁华的商业和繁忙的交通，有百货大楼和新中产阶级商务楼。波茨坦—莱比锡广场经过 200 多年的发展已经变成这个国家最具有识别性的商业街区。冷战期间，柏林被柏林墙分成了两部分——像一个虚无的绷带从德国国会大厦延伸到莱比锡八角形广场的中央部分——这一地区被划为禁区，其中心区随之衰落。

东西柏林统一后，柏林政府出于政治和商业方面考虑，决定重建这一中心区，因为波茨坦—莱比锡广场地区位于柏林的中心，正好处于东西柏林的分界线上，它的重建不仅对柏林城市的全面复兴意义重大，更重要的是它还从空间上代表了东西柏林和东西德的统一。此外，可将波茨坦—莱比锡广场地区重新建设成德国首都的商业中心，重新恢复德国在欧洲，乃至世界商业中的地位，并以此吸引众多的知名企业前来投资。起初，他们邀请了世界上的一些著名建筑师来研究与证明建设荒废的波茨坦广场的前景和需要。同时，柏林也吸引了一大批国际开发商，他们深刻意识到柏林从一个传统的城市转变成国际化经济和综合型城市所带来的巨大利益，其中波茨坦广场被认为是最适合投资的地方，企业和开发商竞相获得文化广场和莱比锡大街之间大面积土地的使用权，并雇佣理查德 · 罗格（Richard Rogge）为这一地区制定总体规划。他规划了放射状的秩序，在波茨坦广场的周围增加了一系列的高层建筑，他对空间景观以及白色的高层建筑进行了独到的调整。在这之后，这个城市为了重塑其国际形象和威望举办了国际性的重大竞赛，竞赛分两个阶段进行。

1. 第一阶段

第一阶段为概念性的总体规划，要求深化到建筑形体，整个规划设计为的是建立新的城市秩序和个性，这不仅能修复裂痕，还能解决城市长期分裂所带来的深刻的问题。战前，整个地区具有完整统一的城市肌理，城市中的建筑有机连续，城市空间限定清晰；而战后，出现了衰退和混乱。在东柏林，城市破烂不堪，留下了很多残余，西柏林则出现有意设计的秩序混乱的文化广场。竞赛提出了一个基本问题：什么样的秩序可以将这些相悖的现状结合与缝合起来？它要求与少数在破坏中幸存的建筑相适应，无论何处的历史街区的标志，在可能的情况下都要得到恢复。八角形的莱比锡广场将得到重建，并且将建造一条重要的公共散步道，它一直延伸到西南部的铁路线，这条铁路线曾经一直通到波茨坦站。

在当时的方案中，奥斯瓦尔德·马蒂亚斯·昂格尔斯（Oswald Mathias Ungers）建议在三个不同的空间秩序的交叉点组构新的城市结构——历史街区的规划将以密集的方格网状结构延伸下去，方格网定义了大部分的城市秩序，导致大范围的高层建筑以对角线方式排列。它对发展的现实和用途的多样化并没有太多关注。威尔·艾尔索普（Will Alsop）规划的一组高层建筑群突出于地平线和城市框架，确保了城市未来充满活力的改变，并显示在第三个千年结束之际建设新的商业城市的必要性，因此传统的建筑理论在这种情况下就显得不合适。排名第五的阿克瑟尔·舒特斯（Axel Schultes）认识到“接缝和裂痕”和“打破和连续”的重要性，将把波茨坦广场上主要的地铁站周围的两个广场结合起来，而莱比锡广场将成为它的前院，他自觉地应用新的计划来改变城市。诺曼·福斯特（Morman Foster）提出的方案允许公园延伸到蒂尔加滕，并且将分离的序列连接起来，在具有象征性的形式中，他将柏林墙标记了出来，方案并没有加入城市分裂的政治意义，而是用一个水道来分隔公园道路和建筑。另外两个由库尔霍夫和丹尼尔·里博斯金德（DanielLibeskind）提出的计划则是相对立的，它们争论着重建城市。丹尼尔·里博斯金德准备了一个建设工程来显示这个世纪的所有矛盾，并寻找补偿。库尔霍夫将城市重新集中到仿美国摩天楼聚集区，这一区域环绕波茨坦广场设置，另外，人造的柏林墙街区是以洛克菲勒中心为主体建造的——这是企业的象征，而不是不确定的投机活动。丹尼尔·里博斯金德说道："柏林本身是不可能在破坏历史的情况下改革的，或者说不可能在对过去武断的选择下进行错误的重建"，新的城市必须以镶嵌画般和梦幻般的形式出现。

最终的总体规划是以由慕尼黑建筑师希尔姆（Hilmer）和萨特勒（Sattler）提出的方案为基础，他们的方案秉承了柏林的传统空间特性，它的秩序并没有扰乱它在18世纪城市中扩大城市规模的方式，它主要以传统的"街道/街区/广场"构成的肌理与周边取得协调，采用50 mx50 m的标准尺度统一不同建筑类型的体量，强调建立一种统一的秩序，产生连续性的街道景观。此外，设计将城市结构的重点放在从波茨坦广场放射出去的大街上，南北向的莱比锡大街得到修复并保持传统林荫大道的形式，通过东西向的波茨坦大街将波茨坦广场与西面的文化广场有机地联系起来，并建议重建八角形的莱比锡广场，这一广场曾是柏林战前最重要的公共空间。

2. 第二阶段

希尔姆和萨特勒的规划方案为第二阶段的深化设计制定了总体框架。第二阶段的深化设计主要是对东南部地区的研究，许多国际建筑师提交了方案，由于这些方案是在总体规划的基础上进行的设计，最终的成果彼此之间几乎没有太大区别。矶崎新（Isozaki）的方案比较有代表性，他表现出一个有天赋的建筑师努力从历史文脉中寻找个性。库尔霍夫修改的方案较多地参考了希尔姆和萨特勒方案的优点，关注了城市的传统特性。最终胜出的方案出自热那亚建筑师伦佐·皮亚诺（Renzo Piano），这个方案超越其他所有方案的地方是，它谨慎地处理了新的波茨坦广场和文化广场复杂边界之间的连接关系。具体的建筑设计分别由理查德·罗杰斯（Richard

Rogers）、拉菲尔·莫内欧（Rafael Moneo）、汉斯·科尔霍夫（Hans Kollhoff）和阿拉塔·矶崎新（Arata Isozaki）完成。

今天，波茨坦—莱比锡广场中心区的重建工程已告成功，可以说它的规划与实施过程体现了现代与传统的交融与结合，更多地体现出对历史创伤的缝合，正是这一积极的行动全面带动了整个柏林的复兴。

（二）施普雷河岸地区的更新

1991 年 6 月 20 日，德国联邦议院决定迁移国会地址，政府的核心功能也从波恩转移到柏林。在 1992 年，邀请了一些建筑师进行国会大厦复原计划。同时，施普雷河岸概念设计国际竞赛也邀请了一些设计师。竞赛的主要宗旨强调方案设计应当与现存的城市结构相结合，建立新的轴线关系来加强联系。施普雷应当发展成公共使用的地方。联邦理事会应当坐落于国会大厦对面，新的联邦议院紧靠在它的北部。其他公共机构的位置——德国新闻部、德国社会议会和最重要的联邦领事馆——在新建筑的左边。

虽然 835 个方案来自 41 个不同的国家，许多方案的建筑语言表现出惊人的相似性，但法国和意大利提供的方案在设计风格上有明显区别。克莱因（Klein）和布鲁查（Breucha）的方案（第四名）在所有方案中是独特的，他们尝试将国会行政区作为希尔姆和萨特勒规划的延续。他们将城市秩序从停车场边缘的建筑群中脱离出来，也因为没有向国会提交足够的说明而受到批评。菲利普·梅勒 - 瑞贝（Philip Mellor-Ribet）和巴黎的孔斯坦兹·纽尔勃格（Konstanze Neuerburg）（第五名）为委员会展示了德国国会大厦周围建设大型广场的方案，将德国联邦议院和广场上的领事馆连接起来，但是使馆暴露在广场中央。三个结构主义工程名列前三名，例如方案将政府机构设计成高的柔韧的弓形结构建筑，它的多孔结构构成了边界。委员会认为这种工程过分依赖独特的建筑造型。

一些不被称赞的工程包括利昂·克里尔（Leon Krier）和罗布·克里尔（Rob Krier）的方案，运用不规则的城市街区和广场设计了一个类似 18

世纪城镇的空间。位于施普雷北部的建筑是对威尼斯的回忆，并且将河水引到国会大厦前面方形的湖里，在国会大厦周围有所有的重要的政府机构。建筑体量与城市相一致，而不管建筑的特性和建造时间。

高松伸也将河道从施普雷引导到国会大厦北部以形成一个湖泊，但是他将国会完全设置在一座摩天楼中，计划将地方文化和同时代的技术提升结合起来。它的正立面安装了大型的视频显示器，对技术的追求非常明显地显示了出来。

835份参赛方案中，阿克瑟尔·舒特斯的方案受到评委会大多数成员的认可并被选中。舒特斯规划方案中，有两点是贯彻其方案始终。第一，方案重点是一个轮廓性的规划建议、一个立体的空间布局，而不涉及建筑层面的空间细节问题。第二，希望拟建的政府中心与该地区城市规划能够很好地衔接。获胜方案与已有规划做了较好的衔接，并与新的政府办公区取得了很好的联系，同时，因其强烈的城市空间组织形式和恰当地表现了民主主义而受到评选委员会的一致认同。舒特斯试图创建一个连接联邦议院与旧城中心的新区，从弗里德希-威廉城和莫阿比特一直延伸到铁路与小河之间。舒特斯写道：规划中心区北岸是大块的开发区，伴随着河岸拥有广阔的风景。议会办公建筑密集地连接在一起形成了弗里德希-威廉城最具特色的地段，并且完善了河岸空间和景观。位于施普雷河岸中心的是联邦法庭，两边分别是各自独立的立法机关和行政机构：国民议会大厦、执政党政府办公楼，以及首相官邸和议会上院。

（三）亚历山大广场地区的改造

处理了东西部分裂边界最为明显的部分之后，城市规划师将注意力转移到亚历山大广场，它是前德意志民主共和国的中心。这里曾是中世纪城市的东大门，是城市东部地区的商业与交通中心，也曾是最惨烈的战争的发生地，发生过1847年的公社起义和1918—1919年的斯巴达起义。阿尔弗雷德·德布林（Alfred Doblin）的小说《柏林：亚历山大广场》描述了这个广场周围街区里发生的生存战斗。到 1960 年，这里变成了德意志民主共和国的广场，这个地方是政治和民族的有形表现，而在西柏林就没有相同价值的构筑物。

亚历山大广场的西边被通向亚历山大广场火车站的铁路所包围。在车站后面，东德的工程师建造了电视塔，作为城市中民主社会主义权威的标志，有意识地强行侵入西德的主要大道。广场本身由 19 世纪的社会主义建筑和功能所组成，它们在战争中曾被毁坏。东南角是教师之家和国会大厅，这里是卡尔·马克思林荫路的起点，最初是以斯大林命名的，这条林荫路距离亚历山大广场不远，是社会主义革命最显著的纪念物。

在许多方面，东德的社会主义革命者建造了有象征意义的公共场所。亚历山大广场是经过多年的斗争才建造起来的，它对社会主义的未来进行了适当的定义。亚历山大广场在第二次世界大战中几乎被夷为平地。1960 年代，东柏林将市中心从柏林分裂的边界移至此地开始政治性地改造重建。在当时政治和文化意识形态的影响下，改造重建并没有贯彻“历史主义”和“文脉主义”原则，而是提倡建筑设计要避免建筑师的主观性，或者是要避免过分强调类型间存在的不同点和潜在的不公平性，强调提供一种一致、统一的城市空间。建筑物从亚历山大广场东部一直延伸到卡尔·马克思林荫道尽端。

更新改造工作举行了两个阶段的竞赛。在第一阶段的 14 个方案里，选择了五个方案进行发展。马里奥·博塔（Mario Botta）在亚历山大广场东面设计了大量的塔楼群，破坏了这个地区现存的所有结构。巴塞罗那的 MBM 设计事务所也参与了设计。最为自信的建筑方案来自墨菲 / 扬（Murphy/Jahn），他们建议在亚历山大广场的 4 个角落建造塔楼，将它们设计成进入中心区的入口，在中心区域有圆锥形的塔楼。

在这些方案中存在着概念上的误区，除了建筑造型和风格，建筑师们似乎不能用其他元素来定义城市，他们似乎不能为城市形态的设计提出好的思路。最综合的方案来自丹尼尔·里博斯金德，在亚历山大广场，他认为应抵制抹去历史的做法，需要对历史作出回应，需要开放未来，应在有形的基础上描绘无形的东西。他清楚地了解需要尊重社会主义城市的建筑物。他提出的计划徘徊在怀旧历史和极权主义之间，在他的设计中，亚历山大广场并不围绕着中心，而是依赖于其历史来抵制随意强加于其上的规划概念。它要求通过补偿或推翻、巩固或弱化交通网络和街巷模式，建筑直接与现状相互作用。这个方案反对文脉主义和空想主义，取而代之的是对现状的转换和变形。为了反驳过去和未来相似的观点，变化和变形永远被用来作为创造不可预测的、灵活的和混合的建筑策略。丹尼尔·里博斯金德尝试寻找一种宽松、有弹力的结构，来创造可以包含过去的未来。

十分遗憾的是丹尼尔·里博斯金德以一票之差输给汉斯·科尔霍夫，后者认为只有最大限度地利用土地才能获得最高的利益，于是在亚历山大广场的北面规划设计了高层建筑群。此外，在汉斯·科尔霍夫的规划方案中将历史上具有练兵场、贸易市场迷人的广场空间，以及作为重要的交通枢纽站等多种功能的亚历山大广场更新改造建设为柏林的市民广场，即成为对行人完全开放的广场：咖啡馆和餐馆将面向人行道；自动扶梯可以直接通向装有娱乐设施的中庭空间；广场中心被标志性地安置一个巨大的玻璃透镜，用来将自然光线引入地铁交通空间。到了晚上，这个玻璃透镜将会变成一个发光的喷泉，与周围的广告霓虹灯相映成趣。而构成广场空间框架的建筑群给人明显的坚固感，用科尔霍夫的话说："运用石材作为立面材料表现了对自然材料的推崇，镜面玻璃或幕墙结构对外都将表现出一种抵触，因此设计中一直避免使用镜面反射玻璃和彩色玻璃。"建筑群遵守着明确的做法规范。两层朝向街道的底座上面是建筑的主体部分。在超过22 m高屋檐线的最顶层，有两个互成60° 角的塔楼，周边建筑的扩建同样考虑到了对历史街区风格的尊重。

第五节　日本城市更新与空间演进实践

一、东京是一座持续更新的城市

在欧洲，许多中世纪形成的城市结构和城市景观被很好地保留了下来，而亚洲城市的结构、天际线和城市景观却在不断发生变化。这种持续变化的特征在东京尤其突出，城市一直处于更新建设过程之中，面貌日新月异，持续焕发新的活力。

东京古称江户。日本战国时代晚期 1590 年，德川家康接受丰臣秀吉的任命，统治关东地区，江户由此成为关东地区的中心。当时的江户位于武藏野台地延伸至海边的位置，几乎没有可供建设的平整土地。为了以江户城为中心开展大规模城市建设，德川家康下令将部分台地削平，并用削下的土方将江户城外日比谷入江一带的洼地填平，变成可建设用地，形成今天的丸之内、日本桥及周边相连地区。1603 年，终结了战国时代并统一日本的德川家康将武士政权的中心“幕府”设在江户城，日本进入江户时代。江户城外逐步发展为两类不同等级和特征的城市区域——江户城周边及山手地区分布着武士宅邸和寺院；下町地区则是商人和手工业者聚集地，建筑物以联排平房为主——东京的城市结构由此开始成形。由于江户位于流经关东平原的荒川下游，面临天然良港东京湾，地理条件得天独厚，周边地区农业、渔业和水运发达，为城市扩张提供了充足的支撑条件，因此，其迅速发展为拥有百万人口的城市。

1868 年，日本明治时代开始，天皇从京都迁至东京，在江户城旧址建设了皇居，江户更名为东京，成为日本名副其实的首都和政治经济中心。东京由此进入真正意义的现代化发展进程，从一个挤满了狭窄街巷和木结构房屋的城市逐渐演变为繁华的国际大都市。

东京城市发展过程中，轨道交通的发展始终引领城市结构的更新。始建于 19 世纪 80 年代，1925 年形成环路，全长约 34.5 km 的山手线奠定了东京中心城区最基本的城市结构，影响深远。随着以山手线为核心的日本国有铁道（简称“日本国铁”，1987 年改革重组为今天的“日本铁道”）客运网络逐渐发展，由七家民营铁路公司基本在同一时期建设的轨道线路以山手线沿线枢纽站点为始发站延伸至郊外，促成郊区的快速城镇化，而山手线环绕的中心城区则被都电（地面有轨电车）网络覆盖。很显然，东京的城市发展与轨道交通网络和站点关系密切，轨道交通建设与城市开发项目相互依赖的特点十分明显。

相比之下，东京在城市道路网络建设方面的成绩并不突出。土地是个人私有财产的观念在日本根深蒂固，单纯从土地所有人手中收购土地用于道路建设的实施途径（日本“街路整备事业”规定的途径）在征地环节上需要花费大量时间，而且常常难以推进。因此，将实施规划道路与提升相关建设用地价值相结合的政策成为主导方向，主要体现为“土地区划整理事业”和“市街地再开发事业”两种实施模式，以此推进东京的规划道路网络逐步实施。即使如此，截至 2016 年底，东京城市规划道路的完成率也只达到 63%，预计还需数十年才能全部完成。

东京各个发展阶段都有一些重要建筑项目，这些重要建筑项目形成的“系列”也能反映出东京持续更新的特点。位于东京站前的丸之内大厦（1923 年竣工）和位于日本桥地区的三井总部大厦（1929 年竣工）都是日本近代建筑的代表作品，体现 20 世纪 20 年代日本建筑在样式和抗震结构方面的最高水准；20 世纪 30 年代，根据《政府建筑集中建设规划》，在霞关地区（位于皇居南面）建成一批中央政府部门办公楼建筑，其中最具代表性的是日本国会大厦（1936 年竣工）；20 世纪 50 年代，在东京中心城区的丸之内、大手町、八重洲、日本桥、京桥、新桥和虎之门等重点区域，通过民间力量开发逐渐形成商务办公聚集区；1968 年竣工的霞关大厦标志着东京进入超高层建筑开发时代；从1965年制定规划到1991年东京都政府迁入，新宿副都心区域从一片净水厂用地转变为超高层建筑街区；20世纪80年代起，在六本木、赤坂和大崎等地出现了大规模建筑综合体城市再开发项目；20世纪90年代以后，原日本国铁持有的车辆检修和货运车站等用地也进行了大规模再开发，形成品川和汐留等新的商务办公聚集地。这种大规模城市再开发趋势一直持续至今。

为了迎接2020年东京奥运会和面向更远的未来，东京将持续推进城市更新。东京中心城区的一些重要地段，包括丸之内、大手町、八重洲、日本桥和京桥等地，1945年以后建设的大量建筑都面临重建和改造需求，将涌现出一批新的超高层再开发项目，东京城市面貌将持续改变，城市能级也将不断提升。

二、东京城市更新的推进模式

（一）城市更新的利益相关方

东京的城市更新涉及三个主要的利益相关方：一是土地所有人和租地或租房等相关权利人，统称为土地权利人（包括持有土地所有权、租地建房权、租房权、抵押权等各种权利的所有相关人员）；二是政府；三是政府背景的住宅开发机构或民营资本开发商等项目实施主体。

东京大部分土地归个人和民间法人所有，土地所有人自用或出租获益的同时，必须承担与土地所有权相关的纳税（固定资产税和城市规划税等）和土地管理义务。东京土地价格高，纳税等与土地关联的费用也高，土地所有人通常会追求土地效益最大化。同时，东京土地细分的情况十分普遍，大部分土地所有人仅持有1栋独立住宅或1栋底层带商铺的商住合用住宅。虽然有人在东京中心城区以外或郊区持有大片耕地，但继承土地时要缴纳高额继承税，很多情况下只能出售部分土地用于缴税，这也促使土地逐渐被细分。由于城市轨道交通发达，商业设施几乎都集中在轨道交通站点周边，轨道交通站点周边的各类转手或再开发项目层出不穷，租用店铺的需求也一直十分旺盛，商业设施改造更新后许多之前的商户重新入驻经营的情况也很普遍。随着时间推移，租地和租房等权利关系越来越复杂，不仅土地所有人，各种情况的租客（租地或租房）也成为影响城市更新项目是否成立的相关权利人，这是东京城市再开发项目普遍面临的状况。将零碎化的土地集中起来，开展兼有城市道路等公共设施建设和房地产再开发项目的城市更新，需要面对一大批不同情况的土地权利人。土地所有人会强调“从祖上继承的土地不能在自己这一代轻易放手”，租地或租房的相关权利人则强调“在这块土地上苦心经营了 20 年之久，好不容易走上正轨，如果搬迁到其他地方还要从头开始”等各种诉求，与土地权利人达成一致意见的沟通和谈判必然是一个漫长和艰难的过程。

对于政府而言，完善城市基础设施和公共设施是政府推进城市更新最基本的要求，在此基础上通过再开发项目激发城市的经济活力，二者结合，可实现提升城市竞争力的目标。如果按照街路整备事业法规新建或扩建规划道路，在规划道路范围内的土地权利人除了领取补偿金搬迁之外没有别的选择。因为对土地权利人的生活和经营产生严重影响，尤其对医院、餐饮和商铺等更为不利，政府征收土地的谈判环节面临重重难题。在这种背景下产生了土地区划整理事业和市街地再开发事业等城市更新推进模式，并推出以容积率奖励为主的各种激励措施。

在土地细分程度很高的日本，大型城市再开发项目往往会有多位，甚至多达一两百位土地权利人参与，但大型再开发项目仅靠土地所有人的自有资金和技术力量很难实现，因此，寻求开发商参与项目成为通常的操作途径。从这个角度看，再开发项目不仅涉及土地权属的整合，也涉及建成物业权益的重新分配问题。

概括而言，政府推动的一个城市区域的更新必然包含城市公共性内容（包括公共空间和公共设施网络）提升和商业性质的再开发项目两方面内容，城市再开发项目的确立必须以三方（土地权利人、政府和项目实施主体）达成共识为前提。

（二）两种典型的城市更新推进模式：土地区划整理事业和市街地再开发事业

土地区划整理事业和市街地再开发事业都是针对一个城市区域的城市更新推进模式，都涉及三个主要的利益相关方，并使其对一个城市区域实现重大提升的意图达成一致，两种模式存在一些相似之处，但区别也十分明显。

土地区划整理事业针对明显存在各类问题，需要进行包括路网等公共设施和住宅、办公等建筑物综合改造更新的区域。由于历史原因，这些区域普遍街道狭窄曲折，土地划分零碎且形状不规整，很难利用的零碎化土地归属不同的土地所有人。土地区划整理事业的规划和实施模式是将整个更新区域重新规划路网并重新划分土地，按照新的规划全面重建，形成新的规整路网，并结合道路建设增加公园等公共设施。除了街道和公园等公共设施用地以外的土地被重新划分为比较规整的形式，由各个土地所有人各自建设。这种模式是将改造更新范围内所有地块合并后重新规划与彻底重建，但除了城市公共设施，各个土地所有人仍拥有重新划分后的私人土地。整个区域改造更新后，因为道路和公园等公共设施用地增加，各个土地所有人持有的土地面积会减少，但整体改造更新提升了整个区域的土地利用效率和经济价值，土地所有人重新持有的土地的市场价值并未减少，反而会因土地形状规则和容积率提升等因素而升值。此外，既有土地所有人减持的土地除了用于公共设施建设外，往往还会专门形成一部分所谓“保留地”，是可以转让给第三方（新的土地所有人）的土地，转让这部分土地的资金用于该区域更新所需的部分建设开支，尤其用于建设服务整个区域的公共设施。

市街地再开发事业是日本1969年首次颁布的《城市再开发法》中提

出的一种城市更新实施模式，针对城市中的老旧木结构建筑集中区域，整合被细分的土地，重新规划建设耐火等级较高、复合功能的公共建筑，并同步实施街道、公园和广场等城市公共设施，使整个区域的土地得以高效利用，实现城市功能和能级的大幅提升。这种城市更新推进模式早期主要用于建设城市防灾街区和轨道交通车站站前重点区域的开发。1986 年，利用这一模式再开发的 ARK Hills 竣工，产生了广泛影响，市街地再开发事业也由此开始在中心城区被广泛应用。

与土地区划整理事业相同，市街地再开发事业的实施基础是确保土地所有人在城市更新实施前后的资产实现等价交换，且都必须统一规划。不同之处在于，市街地再开发事业的实施是整体化建设，即城市更新范围内的城市公共设施和建筑物再开发同步建设，由一个项目实施主体自始至终推进建设实施。这种模式适用于附带商业设施的公共住宅、大型办公楼、商业设施、文化设施和酒店等综合体再开发项目。

市街地再开发事业原则上仅限在城市规划确定的市街地再开发促进区域、高度利用地区，或属于特定街区和城市更新紧急建设区域指定的区域才能实施。成为这类区域的条件包括：区域范围内的耐火建筑比例较低，土地利用情况明显不合理，提升土地利用效率有助于该区域整体更新等。根据政府对城市更新的规划要求、项目实施主体和土地所有人再开发完成后获得资产权益的形式等因素，市街地再开发事业分为两种类型——“第一种市街地再开发事业”和“第二种市街地再开发事业”。政府对第二种市街地再开发事业实施区域的城市防灾和公共交通等涉及城市基础设施水平的规划要求十分严格，因此第二种市街地再开发事业项目都是由政府部门或公共机构为土地再开发项目主体，再开发建成的物业优先出售给有购买意向的原土地所有人。第一种市街地再开发事业项目则主要由各个利益相关方共同组成的“再开发项目组合”（简称“再开发组合”）为项目主体，根据第一种市街地再开发事业的“权利更换”原则，再开发实施前，项目主体对土地所有人在再开发区域内持有的土地、建筑物和租赁情况进行资产评估，再开发项目竣工后，土地所有人将获得与评估价值等值的“楼板面积所有权”。如果再开发的建筑物是集合住宅，这个楼板面积所有权被称为“建筑物区分所有权”；如果再开发的建筑物是商业设施，则被称为商业出租楼面的“共同持有权益”。无论楼板面积所有权是区分所有还是共同持有，土地所有权都转变为共同持有。

在市街地再开发事业项目中，虽然因城市公共设施用地增加，开发建筑项目的用地会减少，但通过高度利用地区制度和特定街区制度等城市更新激励机制，建筑项目的容积率上限通常会大大提高，确保原土地所有人获得各自的楼板面积所有权后，仍有较多额外的楼板面积，被称为“保留楼板”，即剩余楼板面积。通常将这部分面积转让给第三方，获得部分再开发项目建设资金。

三、新宿副都心——形成、演进和今天的持续更新

1958 年，日本《首都圈开发计划》将新宿确立为副都心，至 1991 年东京都政府迁入，新宿发展成为超高层集聚、具有全球知名度的商务办公区。新宿副都心是日本战后规划建设的第一个超高层建筑集聚区，而且是以从无到有快速完成的方式建造，并非建成区域的改造更新。相比于此后其他亚洲重要城市陆续建设的类似区域，新宿副都心这一区域虽然范围不大，但开发强度和已有超高层建筑数量均处于领先位置（见图 4-7、图 4-8）。由于规划建设与全球日均客流量最高的轨道交通车站最大限度地结合，实现了商务办公、商业和市民活动等城市功能的高度融合。从 60 年的形成和演进过程看，新宿副都心在城市功能和质量方面呈现持续发展态势，提升区域竞争力的改善举措不断，既是一个配合日本经济发展而不断完善的商务功能区，也越来越多地体现出对城市生活场景和多元化需求的关注。

图 4-7 新宿副都心区域，此图范围约为 1.8 km × 1.7 km（图片来源：同济大学建筑与城市空间研究所，株式会社日本设计. 东京城市更新经验 城市再开发重大案例研究）

（一）新宿副都心的形成——应对日本经济高速增长需要而快速新建的重要区域

1.1958—1965 年的国家计划：从城郊净水厂到副都心

日本江户时代，在甲州街道和青梅街道的交会位置商铺和旅店就已云集，逐渐发展形成一个叫做新宿的区域。20 世纪 50 年代，随着民营铁路小田急线的开通，作为民营铁路线和轨道环线山手线交会的枢纽站，新宿站的重要性不断提升，车站周边出现许多大型百货公司，成为商业聚集的区域。但直到 1960 年，新宿站西侧区域仍是占地面积巨大的淀桥净水厂。

图 4-8　当代新宿副都心区域（图片来源：同济大学建筑与城市空间研究所，株式会社日本设计 . 东京城市更新经验 城市再开发重大案例研究）

在日本经济高速增长时期，大量企业将总部设在东京，因此办公楼需求旺盛，而如丸之内、大手町、新桥、虎之门等传统办公聚集区域已达饱和状态，分散功能成为当务之急。1958 年，日本制定了《首都圈开发计划》，将新宿、涩谷和池袋定为副都心。1960 年，东京都政府将淀桥净水厂迁移至其 20 km 以西的位置，并发布了以其原址为中心建设新宿副都心的计划。1965 年，新宿副都心规划方案出炉，规划范围约 56 公顷，含淀桥净水厂原用地 34 hm^2，规划包含的主要用地有：建筑用地 18.5 hm^2（约 33%），道路用地 25 hm^2（约 45%），站前广场用地 2.5 hm^2（约 4%），公园用地

9.7 hm^2（约 17%）。通常所说的新宿副都心指的就是这一规划覆盖的范围。当时规划就业人口 55 000 人，居住人口 5 900 人。

从 1958 年至今，新宿副都心经历了 60 年的发展历程。1991 年，东京都政府从有乐町搬迁至此，进一步奠定了新宿副都心成为国际级复合功能商务区的地位，并提升了知名度。当前，新宿副都心步行范围内所有车站每天上下车乘客人数达到 350 万，这也证明了新宿副都心在东京城市结构中的重要地位和作用。

2. 副都心规划布局——交通组织方式和超高层建筑用地模式

副都心规划方案在交通组织方式和用地模式两个方面采用了科学且前瞻的规划思路，半个多世纪后再度审视，仍然可以作为当代亚洲国家进行商务区规划的重要参考。交通组织方式有三个突出特点。首先，副都心范围偏于新宿站西侧，将区域今后的建设发展系于轨道交通站点是整个副都心规划的出发点，这明确了新宿副都心就业人员主要依靠公共交通通勤的基本思路。其次，对机动车交通和步行交通以同等重要程度对待，打造将二者立体清晰分流的规整道路网络，使机动车和步行交通以不同方式与新宿站（车站综合体）顺畅衔接、互不干扰。最后，原净水厂水池底板与新宿站地面层之间存在 7 m 高差，整个规划范围东高西低，规划方案因势利导，将这一遗留问题转变为交通组织和今后地块利用上的一个优势条件。规划方案综合原有水池分区和既有高差等因素设计了立体化的路网结构，使部分机动车道路在不同标高立体交叉，设置直通新宿西口地下广场的东西向道路（4 号街道），这条路以隧道方式连接车站西口和副都心核心区域，隧道内的中间部分为双向机动车道，两侧为人行通道，实现人车完全分流。这一立体化的路网结构不仅让从交通干道前往新宿西口地下广场的机动车减少了等候交通信号灯的时间，同时让大量通勤者通过地下步行通道，无须穿越人行横道线就可到达副都心大部分街区，避免了日晒雨淋之苦，也实现了地上和地下的分流，步行交通的效率大幅提升。

用地模式方面，规划路网分割形成的建设用地是以建设超高层大厦为前提的。1965 年提出新宿副都心规划方案时，日本首栋超高层建筑霞关大厦（高 147 m）正在建造。因解决了结构抗震问题，日本解除了建设超高层建筑的禁令，这是日本城市建设史上具有划时代意义的转折点。霞关大厦的建设用地东西向宽 100 m，南北向长 140 m，在当时无疑是超级地块。霞关大厦的用地模式影响了新宿副都心的规划方案。

3. 五家单位合作的开发机制——共同应对超高层建筑群的不利影响

新宿副都心开发之初，负责参与开发建设的有 3 家单位——新宿副都心建设公司、小田急电铁和东京都建设局，这时是以政府为主导力量。随后，通过土地招标环节，第一期超高层大厦的建设用地出让给 5 家民营企业——三井不动产、小田急电铁、住友不动产、第一生命保险和京王帝都电铁。这 5 家企业于 1968 年联合成立“新宿副都心开发协议会”，提出“打造充满生机与活力的宜人空间”的副都心开发理念，成为推进和协调副都心开发建设的主力。以民营企业为主体推进城市开发建设，而且是建设超高层大厦林立的 CBD，这在日本首开先河，具有划时代的意义。

为建设超高层建筑以及应对超高层建筑群可能带来的负面影响，5 家单位在规划建设过程中开展了密切合作，对超高层建筑群给周边城市环境带来的影响进行评估并制定应对措施，同时在建筑设计和基础设施等方面相互协作。当时的电视信号是由东京塔发送无线电波传输，大规模超高层建筑群将会影响无线电波的发射，新宿副都心开发协议会与邮政部、日本放送协会、东京都及相关地区管理部门进行协商，利用有线电视方式来解决问题。为了应对超高层建筑楼间风速问题，联合聘请研究机构研究区域内各个方位的风向、风速数据，从而分别采取措施，并针对日照问题，在规划设计控制中提出“天空率”的概念。此外，5 家单位还签订了建筑协定，其内容包括联手建设区域内的供冷供热设施和中水系统（再生水系统），实施人车分离，设置公共停车场，共同制定和遵守建筑设计主要控制指标

（如共同遵守建筑限高 250 m）等。

4. 各超高层建筑地块的公共开放空间设计导则

区域内每个超高层建设地块的开发都遵循特定街区相关制度，在建设项目基地内设置公共开放空间，并优化公共开放空间与主体建筑的结合关系，形成积极空间。这些开放空间经过规划管理部门审批，全天对市民开放，并且在场地内设有专用铭牌，标识出该公共开放空间的具体范围及相关信息。从规划建设之初就明确了公共开放空间设计导则，此举对所有超高层建筑底部的城市空间品质起到极大的积极影响，尽管各栋超高层建筑形式和风格各异，但都遵守公共开放空间设计导则，这也是新宿副都心今天仍能持续进行城市空间环境品质优化，提升人文品质的重要基础。超高层建筑底层正面设置气派的广场入口和门厅并配上车道的做法几乎看不到，与步行者出入口相比，小汽车流线并不显眼，乘车前往各个大厦的出入口反而是次要出入口。

按照导则规定，各个地块内的公共开放空间在距离原水池底板基面以上 1.5 ～ 2.0 m 标高处平齐，通过步行通道衔接，利用既有高差丰富各个超高层地块内的室外空间层次和景观特征，这在新宿三井大厦等项目中都有很好的体现。

5.25 年 22 栋超高层建筑

从 1971 年第一栋竣工的京王广场酒店到 1995 年竣工的新宿爱之岛大厦，几乎年均一栋超高层建筑的速度建成了今天的新宿副都心。这些超高层建筑绝大多数体现了日本高层建筑的设计特点：形式简洁，注重实用，施工品质高，有宜人的建筑室外场地，建筑底部和地下一层设有服务于办公人员的多种功能，并与机动车和步行网络合理有效衔接。同时由于整个区域的步行网络十分发达，步行优先和室外环境品质高的特征也十分突出。区域内第一批超高层建筑的代表作品是新宿三井大厦，建筑物地下 3 层，地上 55 层，用地面积 14 449 m^2，标准层面积约 2 700 m^2，总建筑面积

179 671 m^2。新宿三井大厦于 1974 年竣工，2000 年进行了电梯等设备的大规模更新。在建筑形态、场地环境设计、流线组织、内部办公空间和公共部位等方面，这座建筑体现了日本传统建筑美学与现代主义风格的融合，其庄重优雅的气质给人深刻印象。20 世纪 90 年代，东京的超高层建筑大多数都集中在新宿副都心，这里的超高层建筑风格影响了 21 世纪以后日本新建成的超高层建筑。

（二）东京都政府迁入，副都心区域进一步演进

1. 东京都政府迁入带来的积极影响

1991 年，东京都政府从有乐町迁至新宿副都心。政府大楼的建筑由赢得设计竞赛的丹下健三事务所担纲设计。新建成的东京都政府大楼占据副都心核心区域的三个街坊，并设置了较大范围的市民广场以增强各个部分之间的联系。东京都政府的迁入进一步加强了副都心的功能复合程度和重要程度，对企业的吸引力也进一步提升，标志着新宿副都心成为具有世界级知名度的重要区域。政府大楼建设对该区域产生了显著的积极影响，轨道交通、地下步行通道网络、公共设施、公园、街道绿化景观和市民活动场所等方面都有显著提升。

东京都政府大楼设计突出了市民化的城市广场，改变了以往该区域完全是商务办公和商务旅馆的城市氛围，城市广场区域内的办公楼底层和室外公共空间逐步增加服务市民的功能，营造亲民的日常生活氛围。当前，新宿副都心内商务办公楼底层室内外公共空间和咖啡店等商业设施的人气已经远远超过东京都政府大楼地块，很多普通市民在这里过周末，使得这个高强度开发的商务区具有了城市生活场所的特征。

由于东京都政府搬迁至新宿副都心，带动该地区整体的办公需求增大，新宿副都心的访问人数也明显增加。在东京都政府搬迁之前，以新宿三井大厦为首的周边办公楼群在一定程度上已经带动了地区的繁华，东京都政府的迁入使该地区更加繁荣。

东京都政府迁入后，整个新宿副都心在轨道交通站点和相应的步行连通系统建设上有显著提升。1996 年，地铁丸之内线在新宿站与中野坂上站之间增设了西新宿站，直通刚刚竣工的新宿爱之岛大厦；1997 年，都营地铁大江户线开通，都厅前站投入使用，直通东京都政府第一政府大楼和第二政府大楼；2011 年，地下通道“时代大道”延伸段开通，整个区域地下步行网络趋于完整——西新宿站与都厅前站实现地下连通，同时通道沿线的建筑也在地下通道设置了出入口，地下步行路网进一步将新宿站东西两侧连接，成为连接数个地铁站和郊外轨道交通车站（包括地铁丸之内线、地铁大江户线、京王新线、小田急线和 JR 各线路车站）的通道。随着交通便捷程度的大幅度提升，新宿副都心的影响力超过原来规划的 56 hm^2 范围，向周边地区延展。

2. 城市再开发项目模式提升——新宿爱之岛大厦

东京都政府大楼建成标志着副都心核心区域（原净水厂的规整井字格范围）土地开发完成，而周边规划的再开发地块内既有中小型建筑林立，土地权利人众多，在这些地块里将细分的土地产权集中起来开发建设超高层建筑的难度很大。因此，东京都政府大楼之后的开发项目模式与以往不同，必须与土地权利人达成协议，从与土地权利人能达成一致意见的地块开始，逐步实施。而且由于产权的原因，新建成的项目在总平面布局和外观上也与以往项目不同。在此背景下实现的代表案例是 1995 年竣工的新宿爱之岛大厦。

新宿爱之岛大厦采用了 1 栋超高层大厦与 6 栋中、高层建筑组合的平面布局形式。超高层大厦位于基地中央偏西位置，其余 6 栋建筑围绕超高层大厦布置，7 栋建筑体量各不相同，形态也各异。这种布局形式与新宿副都心核心区域以往的开发项目存在很大差异，形成这种布局的原因是该项目用地涉及众多土地权利人，且开发前的既有物业性质多样，包括独立住宅、集合住宅、商铺和带商铺的住宅等，还有一所职业技术学校。多栋建筑组合的布局形式能最大限度满足不同权利人的各类需求，确保各有合适的功能空间和流线。由于土地权利人的多样性，新宿爱之岛大厦在功能复合方面更加丰富，除办公、住宅外，沿街面和围绕室外广场的底层界面都设置了大众化的商铺，富有城市氛围和人气。项目在建筑形态和室外场地设计中通过融入圆形要素实现多栋建筑之间、建筑与室外场地之间的相对统一，如基地西南角的圆形建筑、下沉广场的圆形空间和建筑顶部的半圆形屋顶等。此外，室外场地设计将水体、绿化、雕塑、标识和照明等元素结合，顺应场地不规则的特点，打造出时尚并充满活力的城市公共空间。

四、当前的持续更新和今后发展问题

（一）民间组织主导——高度建成区域实现持续提升的运行机制

随着经济形势变化，以及东京其他商务办公区的崛起或进一步更新，为了提升本区域的竞争优势和吸引力，新宿副都心也面临持续提升的压力。集合了新宿副都心各方面力量的民间组织——“新宿副都心地区环境改善委员会”致力于解决以往城市开发过程中遗留的问题，并充分调动该区域企业、团体和市民力量对整体环境进行持续的小微举措的提升工作，以保持和增强该区域的竞争力。同时，该民间组织在推进政府与民间力量合作方面发挥了不可替代的作用：2011 年，组织本地主要企业集体参与“亚洲总部特区指定地区协议会”；与新宿区政府联合举办“西新宿（新宿副都心）恳谈会”，并于 2014 年制定《西新宿（新宿副都心）地区城市建设指导方针》；2014 年，通过了国家特别战略区会议成员选拔；2015 年，根据《城市更新特别措施法》被指定为城市振兴促进法人，并注册为城市建设团体，推进区域内公共开放空间的综合利用。在区域民间组织的推动下，以副都心城市环境改善为目标的小微举措不断出现，包括步行路径改善、主要道路交叉口环形组合信号标志设立、举办周末市民活动等。早期竣工的大厦也在进行局部更新改善，如新宿野村大厦对其下沉式花园进行了扩大改造；

新宿三井大厦于 2015 年在屋顶增设了减震装置，2017 年对一层公共大厅进行了更新改造,增加了租户和访客可免费使用的休息室以及会议接待空间。

（二）针对遗留问题的规划考虑

由实力较强的民营企业牵头进行新宿副都心的开发建设，其规划方案具有前瞻性，建设投入力度大，建成后运行状态很好，但仍存在遗留问题，今后发展中希望在以下五方面进行改善。

（1）每个街坊的公共开放空间独立存在，相互之间缺乏连通，因此整个区域缺乏城市街道氛围，与同样是商务办公区的丸之内相比，这个弱点十分明显。最初的副都心规划中，各个地块内的公共开放空间相互连通，由于之后在高架路下方设置了公共停车场，造成各个公共开放空间的孤立。

（2）当初将各个地块内公共开放空间标高设在高于原水池底板 1.5 m ～ 2.0 m 位置（比相邻的人行道高 1.5 m ～ 2.0 m），利用这一中间层，打造出丰富的室外空间层次和景观特征。但在注重无障碍设计的今天，如何处理这个高差成为一个新问题。

（3）连接新宿站和副都心区域的主要步行路线（4 号街道）很大一部分是地下道路，作为进入一个区域的门户性道路，这条路缺乏魅力。虽然已经采取了很多改善举措，如增加露天部分空间、压缩机动车道路宽度、在车行道路和人行道路之间设置隔墙、增设移动步道等，但仍没有根本性地解决问题。

（4）各栋超高层建筑内的就业人数均在 1 万人以上，发生地震等灾害时的主动应对措施仍不完善，需要进一步加强。

（5）巨大的轨道交通枢纽站将城市空间分割为连通不畅的两部分区域，这是东京面临的一个大课题，新宿站也不例外，今后要通过设置东西自由通道、调整地下地上连通路径的标高等举措加强新宿站两侧的连通。

第五章　我国城市更新与空间演进实践

第一节　深圳城市更新演进与空间演进响应

经过改革开放40余年的实践，深圳创造了“世界发展史上的奇迹”。国内生产总值的大规模增长与生活水平的大幅度提升源于深圳在经济体制改革、对外开放、科技创新等方面持续推进制度创新，从而使得城市具备了足够的快速发展动能和势能。在城市规划建设与管理领域，为应对不同发展阶段的问题和挑战，深圳持续、积极开展城市规划与演进转型，尤其在面对既有建成区的城市更新与演进方面形成了一套独有的制度、政策与规划技术创新机制，引导了规划范式的变革。随着我国经济已由高速增长阶段转向高质量发展阶段，以及城市高质量发展日益成为城市演进体系与演进能力现代化建设的核心目标，存量规划背景下的城市更新日渐强调演进思维，但现有学术文献对于更新和演进的内在关联机制仍然缺乏历史、系统的认识。事实上，在多元利益、多样需求的城市社会格局下，只有将城市更新这一复杂的社会经济和空间活动内化到演进机制中，才能进一步厘清当前我国城市存量空间的改造和提升面临的诸多矛盾和痛点。深圳作为当代中国城市规划建设的试验场，在城市更新演进方面开展了持续探索，可为当前时点上的理论总结与实践展望提供具有丰富实证支撑的样本。

一、深圳城市更新对城市发展诉求及其演进结构的阶段响应

（一）特区起步阶段（1995年以前）：政府主导的高效空间供给

“时间就是金钱，效率就是生命”，在时不我待、以发展速度为先的经济特区起步阶段，无论是理论界还是实践一线，在新生的商品社会中“创业”是核心精神，特区发展和建设充满了放开手脚、大干快上的氛围。随

着外向型经济的兴起，特区内外的“三来一补”产业和商贸服务产业快速生长，吸引了大量内地剩余劳动力。城市建设从零起步，开展“三通一平”，为建厂建房提供熟地。同时，因财政条件有限，亟需经由快速城市开发过程进行融资用于基础设施建设。

在这个时期，主要的制度设计与政策供给都为开发建设项目的迅速落地服务、为快速城市建设服务。1987 年，深圳借鉴香港做法，敲下新中国土地拍卖“第一槌”，拓宽并化解城市开发建设的资金来源瓶颈，土地有偿使用的制度探索后续得到及时的立法确认。1992 年，深圳市人民政府发布实施《关于深圳经济特区农村城市化的暂行规定》，对原特区内集体所有土地实行统一征收。对于涉及城市道路和大型公共设施建设的旧村改造问题，由政府加大力度开展征地拆迁和货币补偿，提供返还用地供新村建设。同时，全面城市化制度将原农村集体经济组织的“发展集体经济”和“组织村民自治”两大职能进行拆分，由集体经济股份公司以及居民委员会分别承担，将原特区内的原村民全部一次性转为城市居民。

因计划经济时期的体制惯性仍然存在，新的利益格局尚未萌生，政令与制度的推行过程中几乎未遭遇来自市场和社会的阻力，尚无需通过额外的调解机制保障执行，“演进”尚未成为关键词。早期的特区政府得以通过相对低成本、高效率途径从原土地权利主体手中征收获取开发建设用地，并通过“招拍挂”等有偿出让方式向外资企业、“内联”企业等市场主体供给开发建设用地，实现快速工业化和城市化，为全国范围内的新城新区快速开发建设提供了蓝本。

（二）增量发展阶段（1995—2005 年）：市场萌发的更新实践与政府的温和管治

“你们要搞快一点”，“九二南巡”讲话推动深圳进入到一段开发建设的热潮期。福田中心区、高新区、各组团中心和重大交通基础设施加速开发建设，原特区内高度建成，并向原特区外延展。1997 年，伴随城市常住人口快速突破500万人，城市化规模经济开始形成。彼时，深圳极富远见地将高新技术、金融服务、现代物流、文化创意确立为四大支柱产业，使城市经济由“三来一补”出口加工走向“模仿创新”阶段。产业、人口的快速激增也促使政府加快了住房和公共配套的供给和建设。

由于高科技、金融业发展政策和城市规模效应，原特区内土地的区位价值开始显现，上步、八卦岭、车公庙、蛇口等工业区自发开展功能调整与空间改造，老旧标准厂房中逐步出现商业、办公、研发等业态，各类由市场推动的建筑功能转变与拆除重建行为大量产生且碎片化发展。尽管未经审批的“工改商”仍属于土地管理的禁忌地带，政府却对这些自发市场行为给予了相对温和宽容的态度，甚至在华强北等地区，政府还及时开展基础设施提升、景观改造等公共投入行动，在城市产业空间的快速迭代升级中维护城区基本品质。与此同时，政府也有意识引导土地利用相对低效、单位土地产值相对较低的产业向原特区外迁移。彼时，原特区外仍然主要以镇村为单位自主进行招商引资和开发建设，小规模工业区和独立厂房遍地开花，产业与居住空间迅速蔓延，低效无序开发的建设用地成为多年后城市更新整治的主要对象。

被快速新建城区所包围，风貌、环境、肌理与周边格格不入的旧村由于产权等原因仍然无法实现自主改造，日益活跃的公共媒体则将深圳“城中村”抬升为全社会热议的话题。舆论之下的政府希望通过自上而下的体制和政策安排推动旧村改造工作，试图解决城中村的问题。为此，区级政府成立改造办公室，直接干预旧村改造拆赔谈判工作，罗湖渔民村等部分小型城中村实现改造。市级政府也于2004年颁布《深圳市城中村（旧村）改造暂行规定》，并于2005年完成《深圳市城中村（旧村）改造总体规划纲要》的编制工作。然而，由于这些工作缺乏对各利益主体意愿、产权关系和经济可持续性的研究，加之相关配套政策体系的不健全，导致利益主体多元、社会演进难度较大的旧村改造面临实施障碍。例如大冲等早在

1998 年纳入旧村改造计划，直至 2015 年以后才完成第一批回迁。

（三）城市转型阶段（2005—2010 年）："权""利"意识觉醒与更新演进基本框架初构

2003—2004 年，深圳市委、市政府相继印发《关于加快宝安龙岗两区城市化进程的意见》和《宝安龙岗两区城市化土地管理办法》，对原特区外实行土地一次性"统转"，撤销镇建立街道办事处和居民委员会，将村集体经济组织成员全部转为城市居民，并将原属于其成员集体所有的土地依法转为国家所有，史称"全域城市化"。面对城市空间资源紧约束特征逐步显化的重大挑战，2005 年深圳市委提出"土地、空间，能源、水资源，人口重负，环境承载力"这"四个难以为继"的战略判断，基本生态控制线等空间演进手段相继推行，暂将过往的"速度深圳"转型为集约发展的"效益深圳"。

2007 年，全国人大通过《物权法》，对公民的物权进行了界定和保护。当全国其他地区尚处于普及产权保护意识的阶段时，深圳蔡屋围旧村改造"最牛钉子户"事件轰动全国，凸显经历了市场经济洗礼的一代深圳原村民所率先形成的产权意识与契约观念特征，也充分暴露了过往强拆式旧村改造中的演进问题。阶段性矛盾的集中爆发迫使深圳做出了一系列涉及更新改造中利益相关人权利平衡以及居民利益保护与补偿的政策机制探索，城市更新和更新规划出现重大转型：政府允许权利主体和企业进行合作改造，搭建市场与权利主体合作关系，同时与规划师等技术精英开展合作，对传统规划架构和技术方法进行探索性改良，以适应存量改造的实际需求。以上步工业区（华强北）为例，在日渐强烈的更新改造活动面前，2005 年由市规划主管部门组织编制的《上步片区发展规划》出现了因对产业与市场需求研究不足而在实施阶段被搁置的情况。2007 年编制的《上步片区城市更新规划》旋即转换思路，由辖区政府牵头编制。基于保持华强北"电子一条街"经济持续繁荣的目标，规划过程充分尊重产权、尊重该地区业主的意见，且正视市场利益问题，探讨更新改造的投入产出关系与建设增量等权益分配方式，最早提出了“城市更新单元”的更新管控和开发模式，增强了更新实施的可操作性。通过反复沟通，将自下而上的地方诉求与自上而下的规划管控嫁接在一起，形成多方协商的规划机制。在桃园路城市设计与笋岗—八卦岭片区规划中，进一步探索利益相关人、行政管理者与规划师协商，以及面向普通公众“开门做规划”的方法，并最终转化为更新规划编制的合理有效准则。

（四）存量发展阶段（2010—2015 年）：政策机制体系化与更新常态化

2008 年，原国土资源部与广东省开展部省合作，启动“三旧”改造试点工作，城市更新开始成为珠三角地区城市规划建设的重要探索方向。2010 年，深圳市颁布了《关于加快转变经济发展方式的决定》（深发〔2010〕12 号），明确把转变发展方式、提高经济发展质量、从“深圳速度”向“深圳质量”跨越作为“十二五”时期的核心理念。到 2012 年，由存量土地供给的建设用地首次占到了深圳全市年度建设用地供应的一半以上，标志着深圳进入到存量发展阶段。经过一段时间的摸索，城市管理者和规划师都认识到，要在缺乏新增建设用地的情况下挖掘存量空间，必须在相应的制度供给基础上开展。

在过往探索和经验的基础上，2009 年，深圳市政府出台《深圳市城市更新办法》（以下简称《办法》）。《办法》将城市更新单元作为操作平台，引导政府、开发商与权利主体的多元互动。其中，政府通过对更新单元规划进行审批和管控，并结合发展需求与市场反馈对更新政策进行修订完善，保障公共利益；开发商等市场主体作为项目运作方一方面与权利主体进行协商合作，一方面则在一定的规则范围内与政府代表的公共权益进行有限程度的协调博弈；原土地权利主体具有主动选择合作市场主体和合作方式的权利，并与市场主体在更新中形成利益共同体，实现对自身合法权益的保障（见图 5-1）。

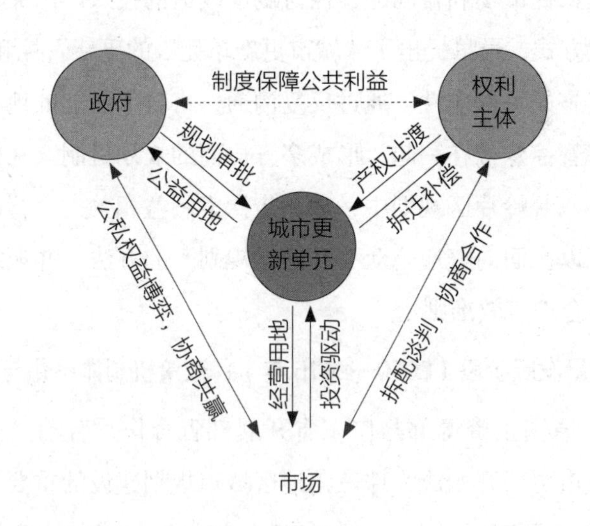

图 5-1 以城市更新单元为平台，政府、市场、权利主体协商互动的更新机制
（图片来源：黄卫东．城市治理演进与城市更新响应：深圳的先行试验）

《办法》出台后，2011 年《深圳市城市更新单元规划编制技术规定（试行）》、2012 年《深圳市城市更新办法实施细则》等配套政策法规相继出台。更新规则和路径的明确释放带动了市场积极性，有效推进了城市更新项目实施，使城市更新在法制基础上进入常态化运行。政府借助城市更新，推动中小学、幼儿园、社区健康中心等公共设施的落实，服务不断增长以满足人口和家庭的切实需要。更新政策也在实践中不断完善，例如罗湖金威啤酒厂更新项目探索了未定级历史遗存的保护和容积率奖励政策；湖贝旧村改造则将社会学家、规划建筑专家、历史文化专家、社会组织、市民和媒体一同纳入参与进程，上升为重要的城市公众事件。

通过“打补丁”的方式，政府对在更新实践中遇到的土地信息核查、历史用地处置、容积率测算、公共利益用房配建等具体问题进行政策创新，逐步构建起动态“可生长”的城市更新政策体系（见图 5-2）。新出台的政策会以征求意见、试行等形式广泛吸纳社会各界的意见，形成多主体协同的动态调整机制。经过在2012、2014、2016年3次颁布《关于加强和改进城市更新实施工作暂行措施》，以及对更新规则参数的动态调校，城市更新得以适时快速推进，成为拉动城市经济持续增长的重要动力。政府也得以在更新领域向引导型、服务型政府转型，以公共政策的杠杆和激励机制激发和调节市场活力，以规则来约束市场、政府和权利主体之间的关系。

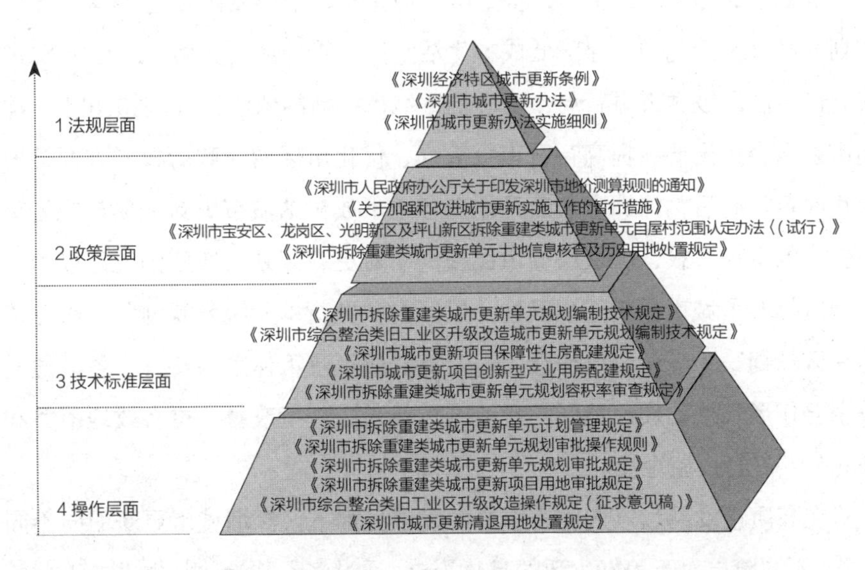

图5-2　持续更新的深圳城市更新法规、政策与技术标准体系

（图片来源：黄卫东．城市治理演进与城市更新响应：深圳的先行试验）

（五）高质量发展阶段（2015年至今）：统筹更新与多元共治

党的十九大报告宣告中国经济“由高速增长阶段转向高质量发展阶段”，“以人民为中心”成为高质量发展的关键词。对深圳而言，一方面新经济蓬勃发展，吸引大量年轻人、大学毕业生来深就业；另一方面产业与生活成本的不断高企则成为留住企业、留住人才的最大障碍。2016年，

华为拟搬迁至东莞松山湖的消息引起热议，如何为实体经济和年轻人提供产业和生活空间，成为深圳城市空间发展战略必须解决的问题。

在已实现自主运行的城市更新体系之上，为了降低市场导向的碎片化更新带来的高成本和负外部效应，政府进一步强化全市层面的空间统筹与管控。产业方面，为应对工业用地的"写字楼化"倾向，降低产业成本，深圳提出《深圳市工业区块线管理办法》，确保足量规模的产业用地不因更新而改变功能；居住方面，深圳出台《深圳市城中村（旧村）综合整治总体规划（2019—2025）》，将全市平均 55%、中心城区高达 75% 的城中村划入综合整治范围，保障低成本生活空间；管理体制方面，2015 年深圳成立市、区两级城市更新局，统筹推进城市更新的依法行政。2016 年，深圳市委全会提出要在提高行政审批效率、优化市区两级政府权责方面开展深化改革。此后，深圳市政府开始向各区下放包括城市更新立项与规划审批在内的多项事权，区级层面由此提高了对更新规划与实施的统筹能力，也相应提升了城市更新的积极性。以区内"更新单元统筹规划""重点统筹片区规划"为平台，以构建因地制宜的法规政策体系为支持，各区通过政企合作形式推动成片地区的产业升级与人居环境改善，更有效地落实和补充公共配套设施短板。

在高质量发展和以人民为中心的发展目标下，深圳城市更新面向不同人群、不同阶层对于美好生活的具体需求，通过多元共治、共建、共享的"微更新"手段，营造提高幸福感、获得感的城市家园。面向住房保障，福田区水围柠盟公寓项目探讨了由区住建局牵头、地方国企统一承租村民楼实施改造，再出租给区有关部门作为人才公寓使用的低成本人才用房供给模式。面向特殊人群，儿童友好型街区项目探索了由街道与相关部门主导，通过协调相关产权单位和业主，邀请儿童共同参与设计与实施的更新方式。面向历史文化保护，通过纳入"深港城市 / 建筑双城双年展"展场等制度框架外的柔性更新机制，一些在现行更新政策下难以推动的历史街区整治项目在“政府主导、企业实施、村民参与、公众监督”的多方协同模式下，以“绣花功夫”实现了由点及面的渐进式激活。

二、蔡屋围旧村改造：由旧村向金融中心区的蜕变

蔡屋围金融中心位于深圳罗湖区中心地段，是深圳金融业发展历史最悠久的地区。如今高楼林立、商业繁华的城市核心，几年前却是建设落后、隐患丛生的蔡屋围老围村。在村民强烈的发展诉求与势不可挡的城市化进程的催生下，历经数年的城市更新，这片土地昔日的败落已经不见踪影，现今能看到的是一片摩登的现代城市景色，赫然耸立的地标建筑标志着以蔡屋围金融中心为核心的罗湖金融业的再次崛起，同时也昭示着城市更新带来的地区新发展正在续写。

（一）项目概况

1. 改造背景

拥有近700年村龄的蔡屋围，是深圳历史最悠久的老村之一。1992年，深圳市对特区内农村进行城市化改革，蔡屋围也从村变成了股份公司。经过评估公司评估，当时蔡屋围实业股份有限公司的总资产为2.2亿元，其中净资产为2.02亿元。从1993年开始，伴随着深圳特区经济的快速增长，蔡屋围也进入集体经济高速发展时期。实现政企分开后，蔡屋围实业股份有限公司和各个下属公司完全按照《中华人民共和国公司法》运作，而村里的“政事”则交给两个居委会全权处理。在1992年股份制改革的当年，投资数亿元的蔡屋围发展大厦、丽晶大厦和八栋统建楼同时奠基开工；与此同时，深圳发展银行大厦、深业大厦和深圳书城也在同年兴建。深圳发展银行与此前的人民银行深圳市分行、农业银行、工商银行、建设银行深圳市分行都处在蔡屋围辖区内。初步形成了深圳市金融中心的雏形。

然而，在完成城市化转地以后，蔡屋围老村仍旧处于自发建设的状况，由于缺乏规范化的城市规划和管理，面临一系列的基础建设问题：村中“握

手楼”林立、建筑质量良莠不齐、间距狭窄、密度过大、通风不畅、采光困难、村中建设根本不能满足居民正常的生活需要。同时，为了追求租金经济，村民往往各自为政，圈地盖房，越来越密的村民住宅使村内的交通不畅，拥堵现象严重，居民出行不便。市政设施严重缺乏，消防隐患四伏。恶劣的环境使村内物业利用效率降低，房地产租金和价值下降，旧村集体经济面临难以为继的困境。

2. 主要历程

实际上，早在 2000 年，蔡屋围旧村就开始逐步实施改造计划，采取集体与村民集资、政府补贴的方式，共筹措 3700 万元对村内七个片区逐片进行环境整治和改造，主要对道路、公共绿地、市政设施进行整治完善，安装智能监控和报警系统，并成立了深圳第一家专管城中村的物业管理公司。综合整治后，蔡屋围旧村的整体环境得到一定的提升。

随着 2000 年后深圳金融产业的快速崛起，罗湖区金融产业的发展需求旺盛，多年的自然选择和市场竞争，形成了以蔡屋围片区为中心、深南路为轴线的金融中心区。2002 年，人民银行的一组调研数据显示，全市 60% 的金融机构、30% 的保险机构、银行存贷款余额的 70%、全市金融保险业增加值的 40%，在罗湖汇聚成源源不绝的人流、物流、资金流和信息流。而这些金融保险机构，分布在蔡屋围及其周边这个面积狭小的区域内。市场发展的巨大需求与蔡屋围的城中村面貌已经不匹配，新一轮综合性的城市更新改造在市、区政府以及村集体、开发商的推动下启动了。这一次改造大致经历了以下 3 个阶段。

（1）第一阶段：项目启动，成为当时市、区两级政府的重点项目。2003 年 1 月，罗湖区组织完成《蔡屋围金融中心区改造规划方案》，并经市长办公会通过确定，同年通过政府招标，确定开发企业。2005 年 10 月，蔡屋围金融中心改造项目的实施单位正式确定为深圳市京基房地产开发公司和蔡屋围实业股份有限公司，并于同年 11 月 2 日取得房屋拆迁许可证。

（2）第二阶段：拆迁遇阻，行政干预未果与具有争议的拆迁补偿。2006 年大规模拆迁启动，到 2006 年 12 月，蔡屋围 95% 以上的业主与拆迁人签订了拆迁补偿安置协议。随后拆迁遇阻，到 2007 年 4 月原市国土房管局做出书面裁决，但仍有 6 户村民未能与拆迁单位达成一致的拆迁补偿意见，其中反对最为激烈的 1 户要求将裁决书计算的房屋补偿价格 574 万元提高至 1 400 万元。在协商未果的情况下，业主先后通过行政复议和行政起诉途径试图达成赔偿要求，经过一年多的谈判，最终于 2007 年 12 月与开发商签订拆迁补偿安置协议，整个项目拆迁工作完成。

（3）第三阶段：重建全面开展，2010 年 10 月回迁房正式入伙。2011 年 3 月，人民银行金库发行库及其附属用房封顶，同年 4 月，441.8 m 高的京基 100 大厦封顶，成为深圳第一高楼和新的地标建筑。

（二）项目特点

蔡屋围金融中心拆除重建改造项目占地面积约为 4.6 万 m^2，拆除旧房建筑面积约 15 万 m^2，其中，村集体用房 4.5 万 m^2，村民房约 10.5 万 m^2。新建建筑面积约 62.5 万 m^2，包括回迁安置住宅楼、商务公寓、金融中心大厦和人民银行深圳市中心支行金库、发行库及其附属用房。

蔡屋围的改造是深圳城市更新的一次重要实践——从改造主体、改造方式、操作模式等方面进行了全面的探索。改造带来的实际效益比较显著，为以后的城市更新改造项目树立了信心。

在改造主体上，由村集体作为主体，联合了强有力的房地产开发商，同时满足了村民的利益诉求和开发商的经济诉求。政府在改造中主要承担监督者、管理者和推动者的角色，通过强化对改造规划的指导与审查，保障改造目标的实现。

在改造方式上，蔡屋围村的改造建立在充分的现状调研基础上，并不是“一刀切”，而是采取了拆除重建与综合整治相结合的方式，顺应了当时城市发展的需要。同时，充分考虑经济投入的实际能力，这种改造的方式也在一定程度上反映了自下而上以市场推动的特点。

在操作模式上，蔡屋围村的改造走的是完全市场化的道路，由开发商完成从拆迁、规划到建设的全部过程。该模式将所有改造项目捆绑在一起，应特别注意防止开发商将一些利润较高的项目改造完后留下利润不高的项目。

在规划建设上，规划管理部门按照城市中心区的要求，从空间格局、景观环境、建筑设计等各个方面对本地区实施了高标准的规划管理，对新金融中心的最终形成起到了至关重要的作用。

蔡屋围金融中心区改造项目不仅有效地改善了蔡屋围人居环境，实现了土地高度集约利用，更对提高城市综合竞争力、提升城市形象、打造“和谐深圳”起到了良好的推动作用，呈现出政府、企业、村集体与市民多方共赢的局面。

从城市功能来看，通过本项目改造，在保障和提升原有村民居住需求的基础上，增加了人民银行金库发行库及其附属用房，建筑面积约为2.5 万 m^2，大大增强了其资金集散能力，为蔡屋围金融中心地位的巩固与提升奠定了基础，也促进了罗湖区金融产业的进一步升级和集聚发展。通过改造，脏、乱、差的城中村变为城市高端商业区，市容面貌焕然一新，四条新规划建设的总长约 1 244 m 的市政道路，完善了片区交通循环，提升了城市品质。

从社会效益来看，原聚集在城中村的大量流动人员被城市白领、金领替代，人口密度下降，素质提高；在社会效益方面，原村民的居住质量、原村集体的物业管理水平和租金收益均得到了极大提升，蔡屋围实业股份有限公司在新的发展环境和机遇下，面对发展瓶颈，找到了一条可持续发展的转型之路，为深圳农村集体股份合作公司加快城市化进程提供了一个可借鉴的发展模式。

（三）经验启示

回顾蔡屋围旧村改造，其中，项目立项、规划设计到拆迁补偿、施工建设等环节都为今后的城市更新改造提供了很多可以借鉴的经验。

蔡屋围旧村改造实际经历了两轮城市更新，这与城市中心的发展紧密相关，同时具有深圳的特点，高度适应市场经济的规律。从 2000 年开始的综合整治到 2003 年实施的综合性更新改造，在这一过程中，蔡屋围实业股份有限公司承担了最主要的推动者和实施者的角色。早期选择综合整治的方式，主要是解决城市环境与基础服务的需求，市场立足于眼前需求与近期目标，难以适应城市长远发展的格局变化；第二轮城市更新中，政府有效、有限的介入，并将地区再开发纳入城市发展的整体格局，从而促使地区重新定位，最终实现了依托蔡屋围金融中心建设推动整个罗湖区新一轮经济发展的目标。对比可见，政府在城市更新中是具有决定意义的。在关键环节加强政府的引导是城市更新过程中的重要内容。

从城市更新实施的主要环节来看，市场经济发育相对成熟，使深圳开始探索依靠市场进行城市更新的模式。作为城市更新最为关键的拆迁赔偿环节，也逐步演化为开发商与村民的协商，但由于拆赔标准缺乏广泛的认同，在执行层面又缺乏强制措施，面对少数“钉子户”的出现，从开发周期、其他经济成本及行政成本因素考虑，开发商往往选择拆迁补偿方面的妥协，但过高的拆迁补偿已经超出了正常的市场规律，为今后拆赔谈判的艰难埋下了伏笔。在拆迁补偿等方面的政策缺陷，暴露出国家层面的政策指导与市场化发育成熟地区的具体项目实施之间的矛盾，逐步成为困扰深圳城市更新的核心性问题。

三、回龙埔片区改造：从徘徊迷茫走向规范化

回龙埔旧村改造是 2007 年城中村改造计划项目，其处于全市城中村改造制度建设的重要时期，经历了从政策不完善到操作机制相对成熟的过

程，其规划计划、拆迁安置、审批管理等环节对后续的城中村改造具有广泛的参考意义。

（一）项目概况

1. 改造背景

回龙埔片区位于龙岗中心城区，现状建筑多为1-3层的村民自建民宅，其中包括约2.5万m^2的老祖屋，部分年代甚至达到100年。其建筑质量相对较差，年久失修，存在严重的安全隐患。公共设施极度缺乏，教育设施、体育设施、社会福利设施等处于空白状态。社会管理属于村级管理，随着城市化快速发展，截至2005年改造规划编制时，区域内总人口约为7 252人。其中，户籍人口252人，暂住人口约7 000人，户籍人口与暂住人口比约为1 ： 28。

2. 主要历程

回龙埔片区改造项目从2005年开始，当时正处于全市城市更新改造政策系统研究和初步探讨阶段，其间经历了启动—停滞—再启动的过程，关键性政策的出台实施成为整个项目的重要转折。

（1）第一阶段：立项与拆迁。2005年8月8日，龙岗区人民政府回龙埔社区遗留土地和旧改问题协调会议通过前期立项，为了改善片区居民生产生活条件，完善城市功能，并配套解决中心城6号路拆迁安置问题。回龙埔片区改造成为龙岗区大运新城首个大型旧改重点项目。2005年9月，经回龙埔社区股份合作公司股东代表大会通过，并经区政府同意，回龙埔社区股份合作公司和尚模发展有限公司合作改造该项目。2006年5月23日，第2次城中村改造领导小组会议审定尚模发展有限公司为改造单位。2007年12月4日，市政府专题会议批准该项目的改造范围。2008年5月18日，尚模发展有限公司完成首期108 494 m^2拆迁范围所有房屋拆迁补偿协议的签订。

（2）第二阶段：改造实施。2008年7月回龙埔旧改项目一期工程举行奠基仪式，这标志着龙岗区城市更新改造事业步入了新一轮的启动实施阶段，龙岗区的旧城旧村全面改造工作取得了突破性的进展。2008 年 8 月，回龙埔旧改专项规划经市规划委员会审批通过。但是进入实施阶段后，由于改造区域内的土地产权复杂，原农村的非农用地、权属关系不清的老屋村用地以及其他零星用地混杂交错，对土地出让方式、实施主体确认、地价收取等问题缺乏改造政策指导，改造在土地处理问题方面依然面临无法可依的局面，而此时《深圳市城市更新办法》正处于起草和完善阶段，未来走向变得愈发不清晰，改造陷入停滞阶段。

（3）第三阶段：改造重新启动。2009 年 1 月，龙岗区政府常务会议提出将回龙埔旧村改造项目一期土地进行挂牌出让的操作方案。2009 年 2 月，深圳市招拍挂领导小组通过挂牌方案，并获得市政府同意。2009 年 3 月，龙岗区政府与深圳市尚模发展有限公司、深圳市龙岗回龙埔社区股份合作公司签订《回龙埔旧村改造项目一期拆迁补偿包干协议书》，一期改造范围内的土地权益移交给区政府，土地出让后区政府同意向原改造单位支付拆迁包干费。2009 年 3 月 31 日，回龙埔旧村改造项目一期土地使用权挂牌捆绑出让公告。2009 年 4 月 29 日，深圳市尚模发展有限公司以人民币 8 亿元竞得回龙埔旧村改造项目一期宗地（G01020-0204、G01020-0205）的使用权。建设工程再次进入实施阶段。

（4）第四阶段：一期工程竣工，稳步推进二期工程建设。2010 年 11 月底，尚模八意府第一期一区住宅正式开售。拆迁范围用地面积为 108 494 m^2，总建筑面积约为 15 万 m^2 其中规划一期出让建设用地 77 725.9 m^2（约 5 260 m^2 为原绿化用地）、道路用地 11 595 m^2、学校用地 23 000 m^2；完成建设沿龙平西路的沿街商铺、爱心路口集中商业以及高端住宅；同时，包括 2 000 m^2 的社区健康服务中心、200 m^2 的老人活动中心、350 m^2 的幼儿园、200 m^2 的青少年活动中心、800 m^2 的康乐中心、300 m^2 的图书馆，以及社区服务站、警务室、邮政所、垃圾收集点等设施同步建成。经深圳市规划国土管理部门确定后，该项目第四区酒店用地作为第二期，目前已进入实施阶段。

3. 改造规划

回龙埔片区改造的研究范围约为 30 hm^2，其中，整体拆建的区域约为 14.53 万 m^2，综合整治区域面积为 8 hm^2。

改造前回龙埔片区主要面临的问题集中在四个方面：一是城市功能不符合城市发展需求，随着城市化进程的加快，传统意义上的旧村已经满足不了现代城市功能的需求；二是配套、市政条件落后，居民生活环境、交通安全、建筑安全存在各种隐患，市政排水设施严重缺乏，雨季水涝问题严重，亟须采取相应措施；三是回龙埔社区遗留的土地问题和旧改问题不断累积；四是区域形象不佳，与龙岗中心城的新形象相差甚远。因此，专项规划以拆除重建地区为重点，从功能定位、交通组织、配套设施、城市设计等方面进行了重点规划控制引导。

（1）引入城市综合功能

由于回龙埔改造项目位于龙岗中心城，结合未来城市整体格局和大运新城的发展趋势，给予新的发展定位，强化其作为龙岗中心区的组成部分，植入包括高档住宅、星级酒店、大型商业等综合性的城市功能。

根据规划，改造后的回龙埔片区的容积率为 3.95，总建筑面积约为 56.32 万 m^2，其中住宅约 48.04 万 m^2，商业约 3.2 万 m^2，酒店约 5.08 万 m^2。住宅中包括 1.3 万 m^2 的华侨安置房和 1.4 万 m^2 的保障性住房。

（2）改善交通微循环

在交通方面，首先落实上层次规划确定的城市主次干道的建设要求，在内部交通组织上充分考虑居住、商业用地的特点，进行独立的流线引导，注重片区内部人行交通的组织。其次，结合改造地块的开发强度，以及人口测算结果，评估改造实施后可能带来的交通影响。

（3）完善配套设施

结合新的规划功能，增设一批新的公共配套服务设施。针对居住区，按照相关标准配置了幼儿园、文化活动中心、老年人活动中心、社区健康服务中心等公益性配套设施，并结合综合整治地区设施不足的问题，将社区服务设施布局在街区中心地段，形成服务半径合理、安静舒适的公共服务中心。

（4）加强空间形态与景观控制

根据规划用地功能分区，确定了商业与居住区中重点的景观节点，并提出了高度分区控制指引，同时对主要的街道界面在商铺进深、建筑高度、裙房高度、细部设计等要素上进行了设计引导。

除了重建区以外，专项规划针对综合整治区的问题，主要围绕四个方面提出了具体的改善建议与规划措施：一是彻底整治区内排水系统，增设下水井道，让给排水管道与周边市政管网顺利接驳，完善垃圾收集点和配电房等基础设施，显著改善人居环境；二是理顺必要的消防通道，设置室外消防栓，解决消防问题；三是结合路网的开通和片区改造，配建停车场（库），解决片区停车问题；四是积极主动地扩大公共绿地面积，营造公共活动空间，统一种植沿街行道树，适当的地方设置公共广场节点。

（二）项目特点

在立项阶段，项目经过龙岗区政府、深圳市政府的审议，同时按照政策研究纳入年度计划，对改造范围进行审定，并履行了计划公示程序。

在规划编制阶段，专项规划的内容框架、深度、成果表达等方面更加规范，同时，规划将改造开发强度的确定与经济估算紧密结合，更大程度地发挥了开发强度这一规划调控手段的灵活性。而经济估算作为规划的一个重要部分，一方面能够使政府在改造前大体了解整体项目的成本和收益预期，另一方面对防止市场主导参与城中村改造中可能出现的暴利投机行为起到一定的积极作用。

在主体确认环节，第一次采用拆迁与重建分离的方式，拆迁完成后由政府支付拆迁费用，用地移交政府，再采用挂牌方式将土地出让再开发，采取择优方式确定改造开发单位。

在拆迁安置方式上，回龙埔片区的改造采取了更为公平灵活的方式。拆迁范围内所有测量的永久性建筑按照 1 ： 1 的基本原则以安置房产权置换或换成货币形式进行补偿，临时建筑以货币进行补偿。

回龙埔片区的改造，与其他城市更新项目一样，彻底改变了原有杂乱的城市形象，综合功能的引入激活了整个片区的发展，其作为同期最大的一宗城市更新项目，对于整个龙岗区的城市建设具有重要影响。在物质空间转变的背后更值得注意的是，本次改造从源头上解决了政府遗留多年的回龙埔社区土地问题，项目所在的 14.5 hm^2 的土地产权得到了明确，进入规范化的城市管理范畴。

从回龙埔片区改造本身的过程来看，作为第一个通过公开挂牌方式取得开发权的更新改造项目，过程中对计划确定、规划审批、土地出让、经济测算等环节的不断摸索，遭遇的停滞妥协，以及充满争议性的结果，无疑为后续的城市更新项目提供了很多参考，也使得政府管理部门从制度政策层面开始寻求更加合理的改革路径，应该说，这次的改造对于 2009 年 12 月正式颁布实施的《深圳市城市更新办法》中明确可以协议开发具有重要的推动作用。

（三）经验启示

回龙埔片区的改造是一个具有争议性的案例。其争议性也凸显在深圳城市更新市场化推进过程中面临的政策掣肘。从前期计划到最终的建设实施，该项目为深圳提供了一个重要样本——认识在《深圳市城市更新办法》出台前第三方市场改造主体实施城市更新改造的全过程。

市场化运作的城市更新过程中，需要在技术理性与程序规范中寻求解决之道。政府在整个过程中从早期的参与者逐步退到幕后，更多是承担决策者、制度设计者的角色。项目立项阶段的计划制度，从申报、审查到报批、公示，形成了相对稳定的操作流程。特别是审查阶段，对规划方案、土地情况进行了重点核对，强化与当时城中村改造政策的对接。在规划制定阶段，原深圳市城中村改造办公室对方案进行了多次指导、协调，形成了由规划文本、图纸、研究报告构成的一整套的技术成果。整个规划编制的工作组织更加完善，一方面更加注重现状情况调查与权利人的意愿分析；另一方面更加注重改造后的效果评估，特别是交通影响评估。对开发强度确定核心内容，强化成本—收益的预测分析。同时，在经济可行性评估的基础上，一些公益性的配套工程，比如教育设施、道路以及保障性住房等都得以有效落实。在土地再出让阶段，第一次以公开招标的方式，强调了对国家土地政策的尊重，体现的是制度理性的一种妥协。但这也成为改造的争议焦点，暴露出现行以新增土地为主的土地政策在面对存量土地开发需求时的不适应性。

在城市更新中，完成土地出让实际上需要两个步骤：一是土地清理；二是土地再出让。在深圳以市场更新为主导的前提下，企业是土地清理的实际操作主体，同时也是改造项目的实施主体。企业从拆迁补偿、规划方案到项目运营进行全盘计划，并且整个过程环环相扣，这样既能在拆迁补偿时采用更加弹性的方式，同时也能保障后期运营时的预期利润。实际上，回龙埔片区改造在最初也是按这种方式实施的，并完成了拆迁安置、初步的规划设计等相关工作。但 2009 年提出的公开招标打乱了原计划，随后龙岗区政府与原拆迁企业协商签订《回龙埔旧村改造项目一期拆迁补偿包干协议书》，快速完成土地权益的移交，接着原拆迁企业又以高达 8 亿元的金额重新获得土地使用权。这个过程虽然受到了大家的诟病，但是从操作的合法性上，回龙埔片区改造的尝试是具有积极意义的，而且从长远来看，要持续性、常态性地推进深圳城市更新，操作管理流程的合法性、规范性是重要的内核和基本前提。回龙埔片区改造让政府、市场从关注改造项目本身转向对城市更新的基本政策、制度等本质性问题的反思。

第二节　上海中心城区更新与演进

一、上海城市更新实践探索的五个维度

上海的城市更新发展从20世纪80年代开始就已经逐步开展，结合城市建设每个阶段的侧重点都有所不同。20世纪80年代，上海的城市更新重点落在“旧区改造”和部分的商业改造上，主要目标是改善城市居民的生活水平。20世纪90年代，随着经济的高速发展及“旧区改造”的逐渐完成，上海城市中心的历史街区得到再开发，同时城市的历史文化价值也得到进一步的关注。2000年之后，伴随着大量的城市工业用地的转型，上海城市更新的重点转向对于既有工业仓储空间的改造，并完善了中心历史风貌保护区的相关政策法规。同时，上海新一轮总体规划重点提出了向以人为本、内生增长、底线控制及空间政策等方面转变。

根据“上海2035”总体规划，上海未来的城市更新总体思路，从规模扩张转变为质量提升，从重构物权（重建）转变为保留物权（改建），从自上而下到上下结合的多种方式及从政府单向决策到多方深度协作，即存量更新规划将与公共要素、城市风貌保护等紧密结合，成为未来规划的重点之一。

2015年2月召开的上海市城市更新工作推进会上展示了已经启动的主要城市更新案例，促使我们聚焦中心城区的同时，审视日趋多元化开展的城市更新举措。比如，徐汇区注重分片分别施策，在风貌保护区更新与滨江地区开发试行开发权转移；原静安区以公益性设施为先，并设立了城市更新投资基金，专项用于城市更新；原闸北区则以提升环境质量、完善公共事业、保障公众利益、传承历史文化为出发点。一方面，从体系入手，着力开展重点区域的更新评估，同时加强分类指导，推动更新区域的融合

发展；另一方面，积极开展重点地块的微更新，着力提升功能、慢行联系、环境品质。总的来看，上海市中心城区近年来重点关注的项目类型，涉及系统引导、重点区域、民生考量、街坊更新、文化风貌、建筑与景观等多个方面，从中可以探寻当前城市更新的空间发展策略的关键引导方向，以及项目具体运作过程中的管理实施经验、制度设计配合，为创新可持续发展的城市发展提供有益借鉴。

城市空间的发展与建构往往面临复杂且多元的冲突交织。实际上，今天世界各国都在试图解决城市所遭遇的各种问题，往往包含外部条件与内在特性的双重限定，既关注城市的自然生态和物质形态营造，又强调作为城市物质表象深层结构的社会空间对城市的塑造，将可持续发展的理念转化成具体化、可操作的设计原则与实施策略，并落实于城市建设实践、可持续发展项目中，以此来回应可持续发展观念、理想城市模式的挑战，以及寻求人们和社会需求的满足、更趋适宜的行动方式等。因此，基于《本土策略》的相关结论，聚焦主要冲突的分析领域，以及空间建构和社会行动维度的实践应对及探索，结合近几年的上海城市更新实践工作，梳理上海静安区苏州河一河两岸地区、张家花园地区、长宁区上生所地区、东斯文里地区、徐汇区长桥社区、静安区大宁社区、彭三小区、杨浦区飞虹路绿地等若干具有典型代表的项目实践——这些实践案例与《本土策略》一书中涉及的案例具有内在的交织与延伸的关系，展开深入剖析和理论思考，探索其中的实践运作机制，寻求策略深化与现实检验的可能。

上海城市更新的主要实践内容与理论总结，将从五个维度具体展开。本质而言，通过对这些案例进行不同深度的分析解读，发现都是与其建成环境背后的社会经济与文化发展动因密切关联的，是其面向各自的现实发展条件与规划设计限定，也是对其中存在的共同的冲突、问题聚焦的反思与回应，力求结合城市设计的多个层面、不同角度与深度，探索对城市更新发展路径的现实启发与有益借鉴。

（一）保护更新，平衡诉求

城市更新是一个动态的发展过程，除了需要根据不断变化的社会、经济、环境等条件不断调整，还需要面对城市中新与旧、公与私等核心冲突如何更有效地消弭，从而有能力不断再生，激发内在发展活力。时至今日，上海新天地、多伦路社区、田子坊、黄浦江两岸的综合开发，以及苏州河一河两岸地区、张家花园、上生所地区和“两万户”改造等实践项目不断推展，以自身的发展建构影响着城市转型发展与变革，并不断引起社会的关注与回应。因此，上海的城市更新更加强调保护更新的思路，关联城市的发展阶段、文化要素、实际的社会经济与政治状况，并内含多元且复杂的城市活动，合理安排区域内的建设活动，推进各个层次的城市更新项目。上海城市更新项目提出应以落实区域评估的各项要求为前提，确定更新范围，编制范围则最小为一个街坊。其间，要面向主要的经济、社会、环境的激发动因，统筹协调好各个地块的具体要求，平衡好各个更新项目权利人的诉求，考量投资主体、建设义务、更新权利、改造方式等，制定对接实施管理的更新方案，制定相应的建设计划。

（二）滨水复兴，活力激发

许多城市因水而生，并因循水的脉络得以建构。水是城市的命脉、发展的源泉，凝聚着历史与文化，承载着延续与再生，总是能够勾勒出人们根深蒂固地对梦想生活的追求，激发出与时俱进的活力、塑造好的公共空间与人文环境。滨水区对于城市发展长期的主导地位，源于其本身非常珍贵的资源，并与城市的发展阶段、格局架构密切相关，构成了城市迎接未来挑战的发展契机。与此同时，随着人们生活水平的提高、城市建设的进程，人们对滨水公共活动的需求愈发强烈。伦敦、芝加哥、新加坡等地滨水区都极富魅力，已成为其城市生活构建和特色承载的核心。而上海拥有丰富的滨水资源、特色水岸与公共空间，正积极打造具有全球影响力的世界级滨水区，以更好地体现城市发展能级、承载美好生活愿景。黄浦江与苏州河（以下简称“一江一河”）并称为上海的母亲河，见证着这座全球城市的不断变迁，也映射着城市生活的日新月异。构建“一江一河”已然构成上海新时期的行动目标；“一江一河”沿岸逐渐成为最具活力的公共区域，对实现“城市让生活更美好”的愿景具有重要意义。聚焦“一江一河”滨水地区的城市更新探索，涉及用地功能的更新，以及利用历史文化与环境特色，强化公共开放与慢行可达，结合自身禀赋探求激发片区活力，并对周边地区产生强大的带动作用等，可以说在一定程度上体现出21世纪城市滨水地区发展冲突应对的重要策略落点。

（三）文化承续，特色彰显

在当前我国处于快速城市化的进程中，全球城市化带来了城市空间趋于同质化、“千城一面”的问题，地方文化主体淡化、文脉断裂、城市的可识别性薄弱等问题，侵蚀着人们的安全感与归属感。面临这一严峻形势，未来城市的竞争日趋显著地从物质空间视域转向对地域特征与社会文化及政治背景的考量，并更多地强调本土地域活力与吸引力的营造，寻求能够进行持续自我支撑的动力所在。在追求多元城市发展目标的过程中，聚焦政策力、市场力及社会力的合力作用对空间发展的导向和调控，借助于特色环境的承载与塑造、触媒空间的驱动与催化等，则有利于激发区域空间和功能的良性循环，促进形成空间发展良好的协调和联动机制，清晰城市特征、强化本土特色。可以说，结合城市设计过程中的文化传承的方法与地域特色的发掘，对于当前处于深度城市更新发展阶段的上海而言，既具有思想和经验的继承意义，又具有此时此地的实践意义，可以以显著的整合、认同与互动特质，来延续风貌、凸显特色，促成新旧对话、文化创新，从根本上促进和推动城市建设的良性发展。

（四）公共营建，惠民为先

上海相继出台城市更新相关法规、适度的规划土地鼓励政策，以激发市场动力，推动既有权利人提供公共要素，促进在用地转性、高度提高、容量增加、风貌保护、生态环保等要素方面的规划引导，切实保证项目操作落地。如提出容积率的调整引导，以适当的建筑面积奖励推动公共要素的增加等。由于城市更新所具有的强综合性，还需要规划、土地、商贸、房管等多部门统筹、探索相应的政策支持，促进更新实施与后续激活。与“大拆大建”不同的是，新时期的城市更新从社区、街巷、市民的角度出发，面向当代诉求，积极探索“内涵增长”的发展模式，其中的核心问题包括完善城市功能、强化社区服务、完善公共空间、改善生态环境、构建慢行系统、塑造城市特色等主要侧重于公共的问题。与以往规划“纸上谈兵”的不同之处在于，街区更新直指规划实施，借助“针灸式”的更新策略，针对城市、社区所缺“有的放矢”，着眼民生改善，满足人们对物质生活与精神生活的需求。

（五）行动链接，机制构建

城市更新项目运作往往涉及时间和空间的双重维度，着眼整体规划与多元开发的平衡。政府行为过于迁就开发门槛或是短期激进的改造等行为应被极力避免和防止，经济利益指标不再作为唯一的指向性偏好，而是更加注重开发的长远性和综合性效益——将阶段行动与长远格局之间联系起来，强调有序调节用地供应、设施供给，综合评估历史文化、公共要素、活力因素等关键方面，并利用自身的规划工具和技术来制定综合计划，促进实践推进的稳妥有序、动态衔接，促进协同和联动发展。从国际上来看，美国、英国等国家正是通过反思过往单一主体推动城市更新的教训，提出了政府、开发商、社区建立伙伴关系。今天的上海愈加注重积极搭建多元参与的实施平台，重视通过政策引导促使市场主体能够参与城市改造行动，寻求与城市发展的共建共享，总体上呈现出一种“自上而下”的制度建构与“自下而上”的实践回应的互动结合。值得展望的是，现实实践中的先进理念与行动方式相互融合、相互促进，可以由点向线、由线向面地扩散，并反过来构成一种验证与反馈，进而可以逐渐演变为一种社会公允的准则体系与行动框架，促进形成一种有机更新的模式与机制推演。

总体而言，当前上海的城市更新正越来越多地强化保护更新，并更加注重滨水空间的复苏、本土文化的延续，力求将旧有转化为创新的动力，构建具有活力、吸引人的区域，更好地落实和体现一个地区发展的潜力和价值；同时，更多地响应公共诉求、注重利益关系的协调，以人为本、从区域内的人的因素进行考量，将发展与市民的需求、产权人的利益等紧密关联起来，多方合作、协商统筹，弹性管控、提高实施计划的可行性等，以增强城市更新的动力、健全约束机制建构。借由城市设计这一重要手段，在理想与现实之间、引导与控制之间、管理与实施之间，上海正积极寻求从终极蓝图向动态过程的睿智发展模式转变，以促进长远价值观、公共视角所引领下的城市可持续发展。

当我国社会主要矛盾由“人民日益增长的物质文化需要同落后的社会生产之间的矛盾”转化为“人民日益增长的美好生活需要和不平衡、不充分的发展之间的矛盾”，满足人们多元化的诉求、真正提升城市品质，也将成为新时期的本质性目标。可持续城市设计必将大有可为，并在城市更新工作中得到更为深入的应用、更多维度的融合。以上五个实践探索的维度，也并非彼此分隔、相互独立，而是彼此关联、相互融合。

二、上海城市更新的历史路径

总体而言，作为既有居住类建筑更新改造的主线，上海的旧区改造和城市更新大致分为三个阶段：1949—2000 年以危棚简屋为主要对象的旧区改造；2000—2015 年以二级旧里为主要对象的大规模改造开发；2015 年启动开展的以历史建筑为主要对象的城市有机更新。其中，前两个阶段以拆旧建新型的旧区改造为主，以保留保护基础上的城市更新为辅；第三个阶段开始全面从“拆改留”向“留改拆”过渡，“留”更为突出，启动了各式各样的模式创新，但也同时推进拆建型的传统旧区改造。另外，在上述主线范围内的旧房屋更新改造的同时，也开展了若干条副线的探索，包括针对优秀历史建筑、工人新村、工业遗产、商业商务建筑等的更新改造，均有长足进步，比如针对保留保护建筑的更新利用，针对工人新村的平改坡、综合平改坡、加装电梯、成套改造和拆除重建改造，针对工业遗产的现代化、时尚化更新改造，等等，也包括各种带有城市演进特征的大修、修缮、整治工作。

（一）三条主线

旧区改造和城市更新的发展主线具有明显的阶段性特征，均具有鲜明的时代背景，并打上了深深的政治、社会、经济、文化等烙印。同时，每个更新改造阶段的主要对象也均有差异，政策、机制、模式、效果也与所处时代相辉映。

1.1949—2000 年以危棚简屋为主要对象的旧区改造

1949 年之前，上海市区存在大量危房、棚户、简屋（简称危棚简），居住人口数量巨大。这些地区原来都是乱坟场、荒草地、臭浜岸，以及战火造成的废墟，搭建的以矮小、破烂、阴暗和潮湿的草棚为主，还夹杂着相当数量的“滚地龙”，沿河浜还有以芦席作篷搭建的“水上阁楼”。这类建筑既“不足以避风雨”，亦“无从御严寒”。危棚简屋地区人口密集，居住拥挤，环境恶劣，没有市政公用设施和卫生设施，一旦发生火灾，火势迅速蔓延，顿成焦土。这里的居民望“住”兴叹，谈“火”色变。在 1949 年后大约半个世纪的时间里，上海围绕危棚简屋的旧区改造艰难推进、曲折前行，大致分为三个阶段。

一是零星拆建阶段。在 1949 年后相当长的时期内，危棚简屋的改造主要采取3种做法：其一，原地改善。首先修筑道路，开辟火巷，填平臭浜，埋设管道，设置给水站，供应电力照明，建造公共厕所和垃圾箱，改善居住环境；同时要求各企业帮助职工拆除草棚，翻建平瓦房或楼房。其二，结合工业、文教、市政工程等建设，拆除棚户、简屋，开辟工程建设基地，居民易地安置。其三，成街成坊拆除棚户、简屋，新建住宅或办公楼、宾馆和商场等建筑，搞好市政公用设施和环境建设，形成新的城市风貌。这3种做法，在不同时期又有所侧重，但总体而言，1949—1980年，由于国家财力有限，旧区改造难以大规模推进，"零星拆建"成为主要形式，旧区总体面貌改变不大。32年间，年均拆除旧住房仅8.7万m^2。

二是1984—1990年的"23片地区改建规划"。"六五"和"七五"期间，上海实施"23片地区改建规划"，旧区改造才开始在原来"零星拆建"的基础上初具规模。此间改造对象大多数仍是棚户简屋集中地段，采取的方式也基本都是推倒重建。据《上海住宅建设志》记载，全市"23片地区"改造涉及基底面积411万m^2，拆迁包括危棚简屋在内的各类建筑面积331万m^2，建造建筑面积803万m^2。

三是1991—2000年的"365危棚简改造"。鉴于当时居住问题仍然严峻，1991年3月，上海市委、市政府召开住宅建设工作会议，决定按照疏解的原则改造危房、棚户简屋，动员居民迁到新区，旧式里弄要通过逐步疏解，改造具有独立厨房、厕所的成套住宅，以改善居民的居住条件。1992年召开的市第六次党代会要求抓住深化改革、扩大开放的机遇，把旧区改造、居住改善的起点，落在结构简陋、环境最差的危棚简屋上，提出"到20世纪末完成市区365万m^2危棚简屋改造"（简称365危棚简改造），住宅成套率达到70%的目标。由此，拉开了大规模旧区改造序幕。在推进过程中，市政府出台了一系列相关文件，通过减免土地出让金、有关税费以及财政补贴等政策，鼓励国内外开发单位参与旧区改造。经过努力，在2000年底，全面完成了365万m^2危棚简屋在内的二级旧里以下房屋改造

1 200 余万 m^2，受益居民约 48 万户，居民群众的住房条件得到了较大改善，城市面貌也有较大改观。

2.2000—2015 年以二级旧里为主要对象的大规模改造开发

15 年间，针对二级旧里以下地区的改造，又大致分为三个阶段。

一是“十五”期间新一轮旧区改造。根据调查，“十五”初期，中心城区迫切需要改造的成片成街坊二级旧里以下房屋仍有 1 700 余万 m^2。为改善广大群众的居住条件，2000 年，上海市委七届七次全会提出了加快旧区改造的要求，确定“十五”新一轮旧区改造的重点是中心城区成片、成街坊二级旧里以下房屋地块（当时确定的“成片二级旧里以下房屋地块”是指占地面积 5 000 m^2 以上，二级旧里以下房屋建筑面积占地块内居住房屋面积 70% 以上的区域；“成街坊二级旧里以下房屋地块”是指在一个完整街坊内，二级旧里以下房屋建筑面积占地块内居住房屋面积 70% 以上的区域），2001 年上海市有关部门下发《关于鼓励动迁居民回搬推进新一轮旧区改造的试行办法》。之后，改造范围有所扩大，逐渐将房屋结构和环境特别差、居民改造要求特别强烈的少数石库门房屋，以及小梁薄板、两万户等非成套的职工住宅一同纳入旧区改造范围。通过 5 年的不懈努力，“十五”期间，上海市共改造二级旧里以下房屋 700 余万 m^2，受益居民约 28 万户。在这一过程中，上海市认真贯彻国务院《城市房屋拆迁管理办法》，制定了《上海市城市房屋拆迁管理实施细则》。

二是“十一五”期间成片二级旧里以下房屋改造。针对“十一五”初期旧区改造遇到的速度放缓、矛盾突出的实际困难，市、区相关部门及时分析形势，剖析瓶颈问题，研究提出实行旧区改造前征询居民意见、居住房屋拆迁补偿“数砖头加套型保底”和增加就近安置方式等新机制，并积极开展试点和推广。“十一五”期间，全市重点推进了世博园区、轨道交通等重大市政基础设施项目的拆迁，带拆了一批旧住房；又按照“政府主导、土地储备”的原则，积极探索以土地储备为主要方式的旧区改造新机制，集中实现了一批二级旧里以下房屋改造。据统计，其间中心城区共拆除二级旧里以下房屋 343 万 m^2，受益居民 12.5 万户左右。其中，全市旧改重点项目闸北区上海火车站“北广场”、黄浦区董家渡 13A/15A 街坊、普陀区建民村、虹口区虹镇老街、杨浦区平凉西块等均取得重要突破；长宁区、徐汇区基本完成成片二级旧里以下房屋改造。同时，按照市政府要求，开始启动郊区城镇旧区改造，共完成 72.8 万 m^2，受益居民约 9 000 户。通过积极推进旧区改造，市民群众住房条件持续得到改善，对于调结构、惠民生、促发展发挥了重要作用。在此期间，还试行并推广了以“五项制度”“十公开”为主要内容的阳光动迁政策和旧改新机制，旧区改造呈现良好的发展势头，改造力度进一步加大，改造速度加快，各类矛盾明显下降。

三是“十二五”期间的重点五区大规模改造。“十二五”时期，上海市紧紧围绕党的十八大提出的“全面建成小康社会”目标，积极贯彻落实国家关于棚户区改造工作的各项部署和要求，不断创新完善旧区改造政策、体制和机制，克服一系列困难，全力以赴推进旧区改造工作。2011 年，国家房屋拆迁政策发生重大变化，市、区有关部门及时调整旧区改造管理体制和工作机制，实现平稳过渡，取得积极成效，通过实施征收政策，健全管理和政策措施，旧区改造呈现新态势。其间，推进中心城区改造二级旧里以下房屋改造 320 万 m^2，受益居民约 13.6 万户。

综上所述，15 年间，通过先后三个五年规划的实施，共改造二级旧里以下房屋约 1 363 万 m^2，受益居民 54.1 万户，近 200 万居民居住条件得到改善。其间经历了一系列重大政策调整和完善，例如土地政策从毛地出让到政府主导、土地储备、净地招拍挂；拆迁政策从动拆迁到房屋征收、从“数人头”到“数砖头”加套型保底；改造机制从政府主导、自上而下到“两次征询”“阳光动迁”等多方面的变化。

3.2015 年启动开展的以历史建筑为主要对象的城市有机更新

2015 年，根据市委、市政府关于“规划建设用地规模负增长”“以土地利用方式转变倒逼城市发展转型”的要求，应对上海中心城区功能与环境存在的主要问题，由上海市规划和国土资源管理局研究形成上海市城市更新管理办法。主要是以上海新一轮城市总体规划战略导向为指导，围绕资源紧约束条件下建成“全球城市”的目标，以“提质增效”为核心，通过全面推进城市更新工作，充分发挥政府、市场、社会的多方面作用，优化城市功能及布局，提升城市空间品质，完善公共服务设施，增强城市发展活力，提高土地利用效率，促进经济、社会、文化、生态全面协调发展。

根据“十三五”规划，按照“留、改、拆并举，以保留保护为主”的原则，有序推进旧区改造和旧住房修缮改造。此间纳入保障性安居工程的旧住房综合改造项目完成30万户，建筑面积约1 500万 m^2；持续推进旧住房改造，提高居住安全、完善使用功能，预计实施约5 000万 m^2 的各类旧住房修缮改造；探索一级旧里及以上旧住房的改造模式。

其中，重点提到“用城市更新理念推进旧区改造”。旧区改造要着眼于上海城市建设和发展整体，着力改善居民住房条件和居住环境品质，统筹规划—突出重点—有序推进。转变旧区改造方式，用城市更新理念，多元化、多渠道推进旧区改造，更加注重改造中的保留与保护。在确保城市风貌保护的前提下，继续加大中心城区成片和零星二级旧里以下房屋改造，积极探索一级旧里及以上住房改造，加快推进郊区城镇旧区改造，稳步实施国有垦区危旧房改造工作。

虽然还是确立了传统旧区改造的内容和规模，比如要求完成中心城区240万 m^2 成片二级旧里以下房屋改造，重点推进中心城区集中成片二级旧里以下房屋改造，杨浦、虹口、黄浦、静安、普陀、浦东新区等主要加快推进旧区规模大、房屋结构差、安全隐患多、群众呼声高的地块改造，徐汇区等在基本完成成片二级旧里以下房屋改造的同时，推进零星二级旧里以下房屋改造，等等。但是作为一个重要原则，将城市更新提到最重要的位置上，即提倡从“拆改留”到“留改拆”，是以前从未有过的。其间，不是说拆旧建新模式不存在了，只是在“拆改留”的重心和顺序上，开始有了质的调整，在工作重心上，开始以拆为主走向以留为主；在工作顺序上，开始把留放在第一位。

另外，除了历史建筑和历史风貌保护型城市更新工作，还提倡积极开展各类旧住房修缮改造，加强老旧住房使用安全管理，探索既有居住小区改造机制，等等。尤其是针对既有居住小区改造机制议题，提出对于规划保留、未纳入旧区改造和危房改造计划的老旧住房和居住小区，要积极推进城市有机更新，实际上仍坚持城市更新理念。着力推进老旧住宅小区二次供水、供电、电梯设备、消防设施、积水点等改造项目，解决老旧小区的急难愁问题。结合地区发展需求，加快编制不同类型社区的更新规划，强调公共利益优先和功能复合，通过规划调整、土地置换、整体转型或实施空间微改造，探索改造机制，创新改造方式，完善并开放社区公共服务设施和公共空间，逐步改善和缓解老旧居住小区普遍存在的居住配套标准偏低、公共空间不足、养老助残设施缺乏、小区停车难等问题，切实改善居住生活环境。

（二）多条副线

在上述主线之外，也存在多个副线，包括：除拆除新建外，上海市还在不同历史时期尝试、探索了里弄成套改造、历史建筑保留保护改造、老工房成套改造、老工房平改坡和综合平改坡、老工房拆除重建改造、老旧小区实事工程、综合环境演进、常态化的房屋大修和历史建筑修缮、居民自发的住房改善等多种改造方式，取得了一定的实效。这里归纳为三类工作：

1. 针对里弄与多层工房的成套改造

以下三个类型的旧区改造，都具有一个共同点，即都为了实现成套居住而进行的改造。

一是低层里弄的成套改造。该种改造形式是在危棚简屋改造过程中诞生的。“七五”期末，上海住房成套率仅为31.6%。为提高成套率，全市加大了旧住房成套改造力度，上海市政府发布《关于加快旧住房成套改造实施意见的通知》，市建委下发《旧住房成套改造暂行规定》。在这样的形势下，各区都加大了人力、财力的投入，取得了不小成绩，涌现了像静安新福康里、卢湾茂名坊等代表作品。2000年，全市住房成套率提高到74%。截至2001年底，成套改造竣工面积218万m^2，受益居民近6万户。

二是多层老工房的成套改造。在大规模推进二级旧里改造的过程中，还针对多层老工房的成套改造进行了积极探索。这种改造方式为就地成套改造，基本保持了历史风貌和社会生态。其适用范围是建于1950年代厨卫多户合用的不成套房屋，时过境迁，这种旧住房出现种种弊端。从2003年起，杨浦区鞍山四村率先推进了这种改造形式，创造性地通过扩建加层、单扩建和分隔等方式对原有建筑物进行局部调整，使住户在不用搬离和外出过渡居住的情况下增加建筑面积，达到厨卫独用的目的，成为上海旧区改造的新亮点。2006年，老工房成套改造在试点基础上逐步推广到多个中心城区。2001—2007年，全市共完成122.1万m^2老工房成套改造，住房成套率因此从2001年的85%提高到2007年95%，受益居民约3万户。

三是多层老工房的拆除重建。在大规模推进二级旧里改造的过程中，还针对多层老工房进行了拆除重建的改造。“十一五”初期，一些中心城区老工业基地历史欠账多、旧改压力大。面对一些面积小、环境差、配套难的不成套住房，一些试点区统一思想、选准地块，制订计划、确立流程，加强宣传、二次征询，并明确政府主导和公益性质，以佳木斯路163弄公房改造、彭三小区公房改造等为代表的试点项目取得了成功，得到了国家和老百姓的肯定。由于这种改造方式鼓励回搬，基本上保持了社会生态。

2. 针对工业遗产的更新利用

如何结合产业结构的调整，重新审视各类产业遗存的历史价值，在严格保护的基础上，合理利用其价值成为上海城市发展的新课题。21世纪以来，上海在大力推进居住建筑更新改造的同时，针对上海这样一座近代工业城市遗留下来的大量工业遗产，进行了一系列探索，总体上呈现多元缤纷的势头。大量保持工业遗产风貌、实施功能转型升级的更新改造项目如雨后春笋般在上海各地呈现，积极探索了产业遗存的再利用，如八号桥、老码头、老场坊、苏河湾、上海国际时尚中心、上海工业展览中心等修缮改造为创意产业园区，在产业遗存保护技术、保护利用方式等方面取得了一定的经验。

3. 针对旧房的常态化大修和修缮

上海旧城区公房物业管理部门，每年按计划开展房屋大修工作，也会有重点地开展优秀历史建筑特别是文物保护单位的修缮工程。这些工作基本保障了老旧小区的最基本使用功能和环境效果，如步高里、无锡小区等。然而，由于一些针对历史建筑的房屋大修行为过于表面、简单甚至粗暴，反而产生了一些比较负面的影响和评价，这也说明了这个行业的现状，需要加大设计含量、技术含量和社会参与度。政府职能部门也需积极引导，并开展行业规范工作。

第三节　广州城市更新与空间创新实践

一、广州历程：由“市场主导”到“政府主导”

广州是一座具有 2200 多年历史的文化名城和 1400 多万人口的特大城市，旧城区一直是人民群众安居乐业的重要集聚区、岭南地方特色文化的承载地。但广州城区如今面临三大问题：第一，人口较多而基础设施不完善；第二，城市空间利用不科学；第三，旧城保护不够。道路改造改变了城区原有的格局和风貌，高层建筑年久失修，街区内部衰败，安全隐患严重。

（一）三个阶段：广州城市更新改造的历程

自1999年开始，广州市开始筹划城中村改制改造工作。2006年，时任市委书记朱小丹提出“中调”战略，同时强调老城区的复兴和现代产业的发展。2009年，广州市成立“三旧”改造工作办公室，统筹全市“三旧”改造工作；同年8月，广东省政府印发了《关于推进“三旧”改造促进节约集约用地的若干意见》（以下简称“78号文”），明确“三旧”的改造范围，给予改造土地特殊的优惠政策。之后，广州进一步落实“三旧”改造政策，下发了《广州市人民政府关于加快推进“三旧”改造工作的意见》（以下简称“56号文”）。56号文指出广州市要进一步贯彻落实《珠江三角洲地区改革发展规划纲要（2008－2020年）》，着力推进广州旧城镇、旧村庄、旧厂房改造工作。

从2009年开始，广州市的“三旧”改造工作进入起步阶段。在这一阶段，政府极力推动政策的落实，并参照香港模式，在政策尺度的把握上相对宽松，吸引了大量的开发商参与城市更新。例如，为了鼓励开发商整体改造，政府出台了“三三制”，即旧村用地一部分用于商业部分，属于利益驱动；一部分用于安置居民以及修建公共设施；一部分专门用作给居民的分红，解决居民的后顾之忧。

“三旧”改造制度实行三年，开始出现了过热现象。2012年后，广州市政府出台了《关于加快推进“三旧”改造工作的补充意见》（以下简称“20号文”），从政策上给之前的“三旧”改造进行降温，开始调转了政府和市场的角色。实际上，该政策主要是针对在第一阶段的整村改造中，开发商得益过多，并且在第一阶段后期拆迁的难度越来越大，“三旧”改造需要放缓速度，找到一个合适的路径。这个状态到了2015年上半年进入尾声。在这一阶段，城市的更新改造工作没有实际的进展，企业也失去参与其中的动力。

经过第二阶段的降温，广州“三旧”改造进入第三个阶段。2015年，广州市城市更新局正式挂牌成立。2016 年出台《广州市城市更新办法》及旧村庄、旧厂房、旧城镇更新实施办法 3 个配套文件。2017 年以来相继出台《广州市人民政府关于提升城市更新水平促进节约集约用地的实施意见》（穗府规〔2017〕6 号），以及旧村改造选择合作企业、资金监管等二十余项配套文件，建立了较为完备的城市更新政策体系。

我们可以看出，广州市先后经历了三个阶段不同的城市更新政策（见表 5-1）。在政策上经历了对市场宽松到收紧的过程。从早期市场的完全开放，到政府收回主导权，强化政府管控，再到后来成立专门机构统筹兼顾推动城市更新工作，鼓励居民和第三方参与，形成多元化模式。

表 5-1　广州“三旧”改造历程

阶段	第一阶段（2009—2012）	第二阶段（2013—2015 上半年）	第三阶段（2015 下半年至今）
主要政策	《关于推进“三旧”改造促进节约集约用地的若干意见》	《关于加快推进“三旧”改造工作的补充意见》	《广州市人民政府关于提升城市更新水平促进节约集约用地的实施意见》
更新机制	市场主导	政府主导 + 市场参与	政府规范 + 市场参与 + 公民决策
更新模式	旧村、旧厂的单个项目为主	全面改造，成片连片为主	全面改造与微改造并行，鼓励自主改造

（二）微改造：广州城市更新改造的创新点

以 2016 年开始的恩宁路微改造为例。2015 年，广州市城市更新局成立，永庆坊成为广州首个微改造的试点。考虑到恩宁路的历史文化价值，广州政府将保存较为完整的片区作为一期工程，通过公开招标的方式，确定让万科来承接此项目，并予以万科 15 年经营权，到期后无偿归还政府。政府在这个过程中专门出台了《永庆片区微改造建设导则》和《永庆片区产业导入管理控制导则》，明确“尊重历史，保护旧城风貌”的原则，对万科的施工过程进行规范化监督。在此基础上，万科在政府的规则里“放开手脚”，对危房进行修补，对房屋结构进行加固，尽可能保留外观的历史原貌，并开发里面旧楼的功能，引入商业咖啡厅、公寓、博物馆等。同时，万科发挥居民的作用，鼓励居民参与微改造，居民可以自行改造房屋，出租给万科运营或自行出租获益。针对微改造中存在的问题，居民可以向政府提交建议书，表达自己参与决策的意愿。2016年9月，万科在恩宁路打造的文化创客小镇开始营业，万科这次的微改造，不仅改善了当地居民以前的生活环境，也带来不少游客前来打卡，带动了旅游业的发展。

2018年10月，习近平总书记到广州市恩宁路的永庆坊视察，在视察时，鼓励更多采用微改造这种“绣花”功夫，注重历史文化城区的文明传承。同年11月，广州市人大常委会决定开始实施恩宁路的二期微改造工程，二期改造遵循的思路和一期改造一样，采用“政府—企业—居民”多方协作的模式，对恩宁路的公共设施进行完善，当地河流进行整治，同时计划打造公共水岸、滨水空间，沿河两岸引入酒吧、民宿、餐饮等。恩宁路二期工程已于2019年9月30日完工，同样得到了居民和媒体的赞许，也是广州微改造模式的成功实践。

二、“政府—企业—居民”多元网络：广州经验的成功点

恩宁路的改造见证了广州城市更新机制由“市场主导”到“政府主导、市场参与、居民决策”的变化。传统的市场主导机制是由市场占据利益最高点，虽然一定程度保证了改造进度，但造成了开发商“挑肥拣瘦”的现象，也造成社会贫富差距的扩大。在恩宁路的初期改造中，政府招商引资，开发商积极运作，这二者的合作倾向于自身的利益诉求，政府坚持政绩导向，开发商坚持利益导向，但缺乏居民的参与和民意的体现。同时，由于监督机制不完善，有时民意无法上达，这也不利于政府服务型演进的实现。在恩宁路的一期工程改造时，政府和开发商鼓励居民积极建言献策，主动将居民角色纳入决策和监督体系中，立足居民的合理利益和诉求，将居民利

益和自身利益结合，才有了恩宁路微改造的成功。因此，只有把居民力量纳入决策与实施的主体之中，与公、私权力形成制衡与监督，形成“政府—企业—居民”多元网络（见图 5-3），才有利于城市更新总体目标的实现，保证更新效率与公平的统一。

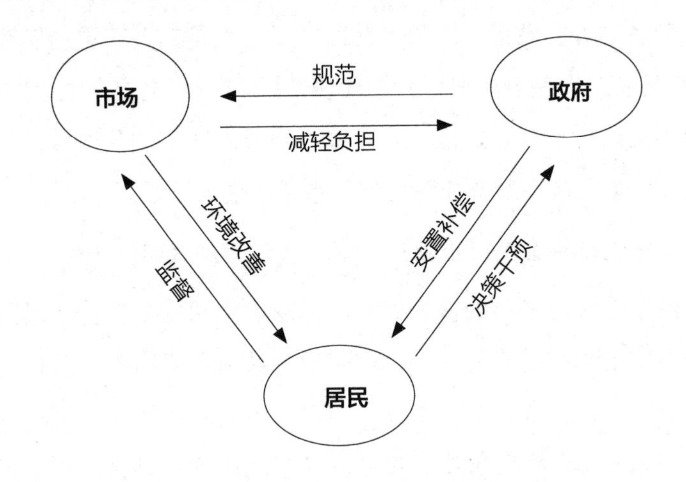

图 5-3　“政府—企业—居民”多元网络

（图片来源：丁曼馨．城市更新改造的工作机制创新：广州经验）

在城市更新过程中，政府和市场的博弈首先要考虑城市更新的核心目标，即实现城市结构优化、人居环境的改善。在这个核心目标的指引下，承担城市更新改造的主要职能，并积极引导开发商的参与。开发商通过与政府合作，参与城市更新改造，拓宽业务经营范围和收益。近年来，由于经济科技的发展和公民意识的提高，公民越来越关注自身合法权益，越来越重视生活的环境和质量。在城市更新改造的过程中，公民不再只是没有话语权的被动参与者，而是积极主动建言献策。公民通过积极决策干预，对企业施工进行监督，为其自身争取最大的安置补偿，改善自身居住条件以及获得长远发展的机会。

三、基于空间创新的广州城市更新实践

为适应更加集约、高效的发展转型，新一版《广州市城市总体规划（2017—2035）》提出“严控总量、逐步减量，精准配置，提质增效”的要求。可以预见，城市更新将是广州未来规划建设发展的“新常态”。作为国内城镇化率最高的省会城市，广州目前已开展了大量的城市更新实践和空间创新活动，具有二者融合的典型性和代表性。因此，本文结合城市民生改善、经济提升和文化传承等热点话题，选取广州既有住宅加装电梯、既有建筑改变用途和历史街区微改造 3 种典型更新活动展开论述。

（一）民生改善型城市更新——以既有住宅加装电梯为例

改善民生是城市更新的核心任务，体现了空间创新在社会层面的积极作用。面向城市既有的建成环境，广州通过城市更新实践完善建筑使用功能，改善市民生活方式，有效支撑空间创新行为。以既有住宅加装电梯为例，广州积极探索民生改善型城市更新与空间创新的融合。为支持和规范既有住宅增设电梯的建设与管理，广州自 2008 年起陆续推出政策指引，于 2016 年发布《广州市既有住宅增设电梯办法》和《广州市既有住宅增设电梯技术规程》等政策文件，在全国率先明确以“双三分之二”作为既有住宅增设电梯的基本条件。为解决既有住宅加装电梯程序复杂和资金制约的问题，各区成立加装电梯服务中心提供“一站式服务”，并给予申请获批的业主一梯 10 万～15 万元的补偿。为加强广大市民进一步了解加装电梯政策，广州市规划管理部门编制出台加装电梯宣传手册及宣传动画，定期组织社区规划师、志愿者走进街道、深入社区，宣传、普及加装电梯的相关知识，推动加装电梯工作共建共享。经过近 10 年的探索，广州已逐渐形成“顶层支持—中层主导—基层协调”的加装电梯技术和管理创新模式（见图 5-4），以精细化技术指引，合理化程序设定，支持多元主体共治；同时，充分发挥基层协调作用，通过多渠道政策宣传，推广加装电梯经验。

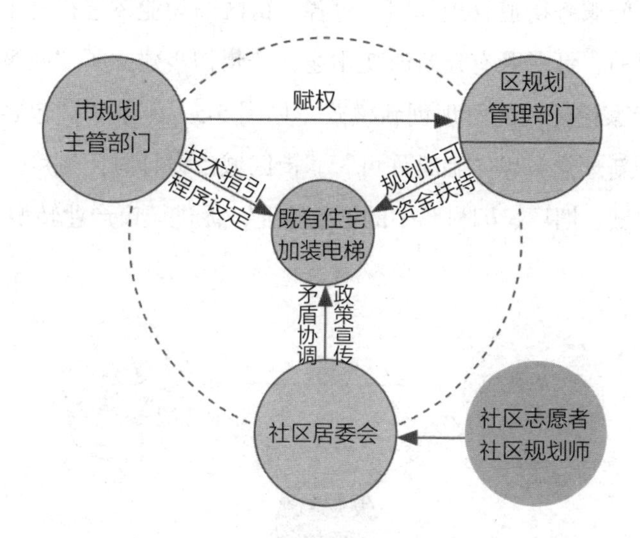

图 5-4　广州既有住宅加装电梯创新模式示意图

（图片来源：王世福，张晓阳，费彦 . 广州城市更新与空间创新实践及策略）

（二）功能提升型城市更新——以既有建筑改变用途为例

城市建成环境提升功能再利用，释放土地价值是城市更新的动力来源，也是经济层面空间创新的重要承载。广州依托城市中的小尺度建成环境，营造低成本空间，孵化创新产业，集聚创新要素，适应市场多样化需求，有效提升城市经济活力。以既有建筑改变用途为例，广州开展了功能提升型城市更新与空间创新融合的实践探索。

为支持既有建筑改变用途，广州自 2001 年开始对住宅建筑改变使用功能的管理方式进行探索，于 2012 年发布《关于解决生产经营场所场地证明若干问题的意见》，创新性提出“引导区”内“临时经营场所使用证明制度”，由属地镇政府、街道办事处出具改变用途“临时许可”；2017 年发布《广州市人民政府关于提升城市更新水平促进节约集约用地的实施意见》，允许旧厂房兴办新产业、新业态建设有 5 年过渡期。为有效规避更新改造的负外部性，广州天河区率先建立“街区城市设计顾问制度”，聘任专家顾问服务街道管理部门，对各个街区旧物业改造提升工作提供技术支持。目前，针对既有建筑改变用途，广州初步建立了“政策指引—街道主导—专家论证”的管理创新模式（见图 5-5），基于“包容性”“过渡态”的创新理念，以“临时许可”“街区城市设计顾问制度”等方式盘活城市“旧城、旧厂、旧村”中的低效物业，促进城市产业转型升级。

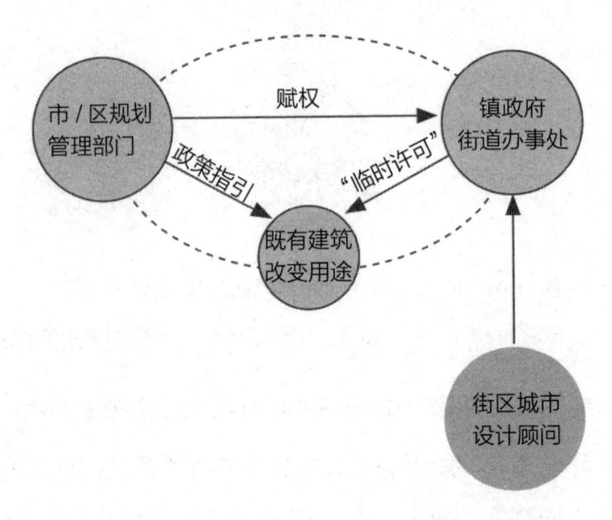

图 5-5 广州既有建筑改变用途创新模式示意图

（图片来源：王世福，张晓阳，费彦. 广州城市更新与空间创新实践及策略）

（三）传承再生型城市更新——以历史街区微改造为例

历史街区的传承再生是突出地方特色、传承文明和延续文化的重要手段，也是文化层面空间创新的重要支撑。历史街区微改造是广州激发老城区新活力的积极探索，其在提升老城区物质环境和文化影响力的同时，引入创新业态，适应现代年轻群体对消费空间的需求。

2015 年，广州成立国内首个城市更新局，出台《广州市城市更新办法》及其配套文件，提出微改造的城市更新方式。2016 年，广州荔湾区以永庆片区微改造为试点，制定了《永庆片区微改造建设导则》和《永庆片区微改造社区业态控制导则》，赋予了永庆片区微改造“建成区特别许可”，并采用“政府主导，企业承办，居民参与”的 BOT 模式，给予运营商 15 年经营权，运营众创办公、教育营地和长租公寓等。为促进历史街区的共同缔造，在二期更新改造中，荔湾区组织成立广州旧城更新首个公众参与平台——“恩宁路历史文化街区共同缔造委员会”，建立先征求意见再实施的改造路径，落实“问计于民、问需于民”的政策要求。永庆坊微改造凸显了历史街区城市更新实践中的模式创新和角色创新（见图 5-6）：在建设不增量的前提下，引入运营商、赋予开发权是对管理模式和运营模式的创新；在历史街区更新改造中成立公众参与平台，听取在场利益相关者意见，是对多元主体角色和作用的重新定义。

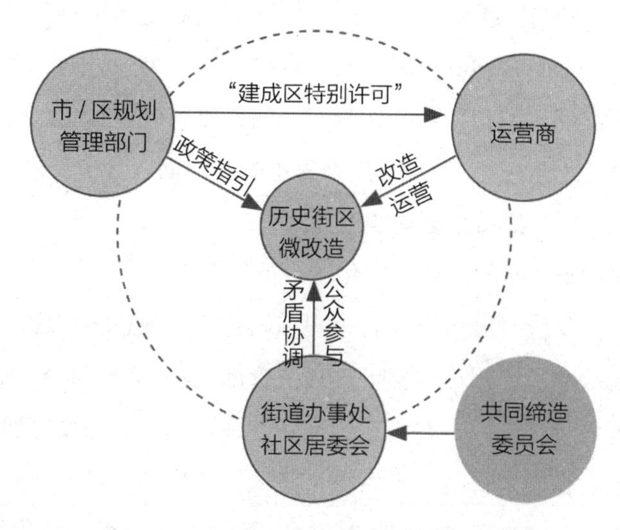

图 5-6 广州历史街区微改造创新模式示意图

（图片来源：王世福，张晓阳，费彦. 广州城市更新与空间创新实践及策略）

（四）广州城市更新实践中的制度创新

在经济学领域，“制度”最初被定义为“一系列被制定出来的规则、守法程序和行为的道德伦理规范”，旨在约束追求主体福利或效用最大化利益的个人行为，包括法律、规范和政策等正式（强制）规则，以及禁忌、道德和习俗等非正式规则。制度创新（又称“制度变迁”）是“制度创立、变更及随时间变化而被打破的方式”，是制度主体解决制度短缺问题，从而扩大制度供给以获得潜在收益的行为。从广州城市更新实践及成效看，目前进行的多种类型的创新探索可归结为广州城市更新的“制度创新”，体现为规则创新、程序创新和制度安排三个方面。

1. 规则创新：放宽准入，政策体系匹配城市更新需求

规则创新是广州城市更新实践的前提。广州始终保持“先试先行”的实践精神，将城市更新实践经验上升到政策层面，及时编制、调整适应性政策体系，支持、指引和约束更新活动，激发城市改造活力。一方面，针对企业及个人的自主更新行为，规划管理部门制定各项创新政策，放宽准入条件，让城市中合理的更新实践“做得成”；另一方面，针对更新实践引起的负外部性，制定各项操作指引，约束更新改造行为，让“做得成”的更新实践“做得好”。目前，广州先于国家层面，已初步建立了“法规—政策—操作指引”的城市更新制度体系。

2. 程序创新：事权下放，简化城市更新管理程序

程序创新是应对城市更新管理程序问题的有效途径。面向城市中量多面广的更新活动，广州市级城市规划主管部门将部分审批权纵向赋予区级和镇街级规划管理部门，并制定了创新性许可制度，如由区级规划管理部门审批加装电梯规划许可，提供城市建成区“特别许可”，以及由镇街级规划管理部门出具改变用途“临时许可”等，从而有效简化规划管理程序，缩短城市更新的周期。针对更新过程中因产生负外部性而引起利害关系人反对的问题，建立“协商前置”管理程序，如规定加装电梯应当经过业主协商，方可进行规划报建。通过程序创新，可以有效降低更新过程中的交易成本。

3. 制度安排：专业支持，提升城市更新管理水平和参与能力

制度安排是城市更新实施的重要保障。在广州的城市更新实践中，专家顾问、媒体代表、居民和NGO等多元社会力量均参与其中，提升了不同层级的管理水平和参与能力。一方面，利用所在地区高等院校、科研院所的专业优势，广州积极制定“地区城市总设计师”“街区城市设计顾问”等制度，为各级规划管理部门提供专业服务，提升城市更新管理水平。另一方面，鼓励社区规划师、志愿者等群体为城市更新提供社会服务，强化在场利益主体的参与能力和表达能力，促进多元主体达成一致的意识形态，这对城市更新工作至关重要。

四、城市更新实践面临的制约与“滞后性”

以制度创新支持城市更新中的空间创新，广州的实践经验值得进一步推广，但不可否认，当前其城市更新实践仍面临复杂多样的制约因素。以城市更新支撑空间创新，广州城市更新实践同样需要正视发展的“滞后性”，保持制度创新，消除制约因素。

（一）城市更新实践面临的本体制约和客体制约

1. 本体制约

由于城市建成环境本体存在物质性缺陷，导致无法正常进行城市更新活动，即本体之约。城市中大量有更新需求的既有建筑受建设时期财力、物力和管理能力所限，存在建设标准低、外部周边环境不合标等缺陷，在申请改造时因不符合现行的消防、日照等技术标准而受到制约。此外，在当前规划管理制度下，不具有合法产权证明的物业同样面临城市更新管理程序壁垒。

2. 客体制约

因外部条件存在缺陷，导致城市更新过程受阻，即为客体制约。一方面，城市建成环境更新需求日益多元，更新改造缺乏系统性技术指引，存在更

新行为“无章可循”的现象。另一方面，更新管理程序仍不完善，缺乏有效的论证、监管。更新行为一旦避开报建或工程竣工验收，便会失去有效的控制和监管，因此现实中频繁出现无报建、无许可，以及影响周边环境的建设行为。此外，周边居民等利益相关者的反对意见往往是关键制约因素、负外部性承担和利益预期不对等，以及主观情感上的排斥等都增加了城市更新中社会协调的难度。

（二）城市更新实践面临的技术、管理和制度“滞后性”

城市更新实践面临的多重制约揭示了当前社会发展与城市物质增长之间的内在匹配度较低，社会发展在技术、管理和制度等方面的供给存在滞后性。在技术体系供给方面，国内现行的技术标准、规范大多形成于计划性城市建设背景下，而让其服务于新的增量逻辑，面向建成环境中复杂的空间关系，必然存在适用性局限。在管理能力供给方面，现阶段的城市更新管理主要集中在规划管理部门的审批、许可环节，管理仍停留在精英意识主导下的内部操作，弱化了更新管理的作用和价值。在制度安排供给方面，制度安排滞后于公众参与意愿的有效组织与实现，城市更新中的公众参与对当前的制度安排形成挑战，一方面需要考虑如何消除或补偿更新改造的负外部性，另一方面需要规范在场主体争取和交换利益的方式，以更好地推进更新的实施。

总体来说，城市更新的发展既需要面对历史欠账，也需要应对现实矛盾，这样才能有效解除制约，弥补社会发展的滞后性。显然，要求技术体系、管理能力和制度安排在短时间内改变，肯定存在一定难度。从应对社会空间复杂性的角度进行考虑，城市更新所涉及的技术、管理和制度更应具有渐进改良的动态性与弹性。

五、广州城市更新实践启示与创新策略

（一）规则优化：近期明晰技术细则，明确“既往不咎”，远期适应性匹配，实现城市更新“合规”

城市更新技术体系是更新主体开发、管理主体许可和社会公众监督的重要依据。以规则创新为导向，基于空间发展的现状及预期需求，城市规划管理部门应及时编制科学合理的技术指引，制定可实施、易操作的规范标准，促进技术体系与城市更新发展的动态匹配（见图 5-7）。

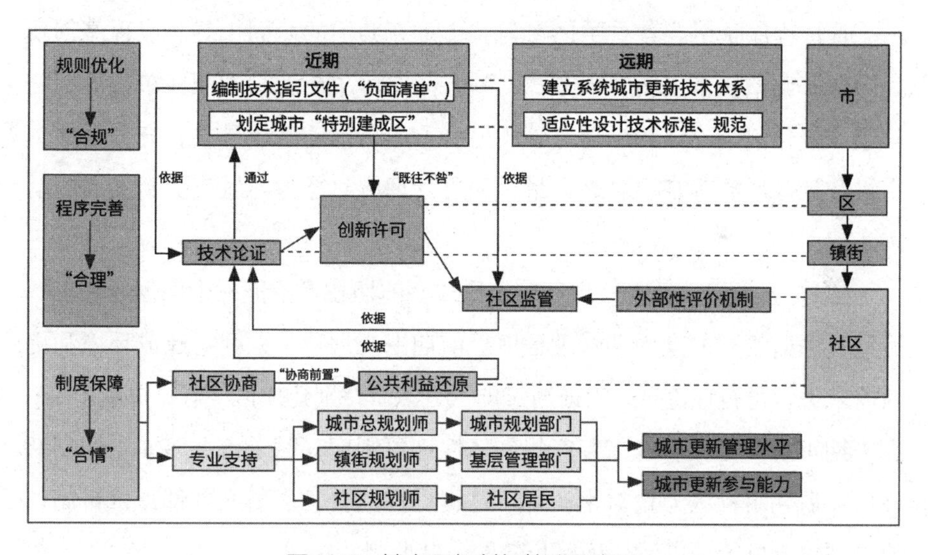

图 5-7　城市更新创新策略示意图

（图片来源：王世福，张晓阳，费彦．广州城市更新与空间创新实践及策略）

（1）针对更新行为“无章可循”的问题，可以优化近、远期城市更新技术指引。近期由规划管理部门编制技术指引文件，明晰技术细则，基于结构安全、消防安全等边界控制的思路制定城市更新“负面清单”（规定不可更新改造的类型），保障建成环境更新的可行性和安全性；远期调整城市规划技术文件，创新土地使用管理模式，可借鉴香港法定图则控制

的兼容性设计，制定城市更新的“正面清单”，鼓励空间创新行为。

（2）针对更新过程中建成环境的本体制约，近期可在城市中划定“特别建成区”，借鉴广州“放宽准入”的实践，明确“既往不咎”原则，允许区内建成环境在“不降低原有标准”的前提下进行更新行为；远期可对消防、日照间距等技术标准和规范，以及产权合法化进行适应性设计，使其匹配城市更新存量逻辑，从根本上解决管理制约问题。

（二）程序完善：更新过程全周期管理，各方主体多层级参与，实现城市更新“合理”

管理程序是引导各方主体参与城市更新共治的协同工具。以程序创新为导向，调整城市更新实现方式，一方面要解决更新管理职能单一的制约问题，强化前期论证和后期监管；另一方面，推动事权下放，充分发挥镇街级和社区居委等基层管理力量，促进管理应对能力与城市更新发展的动态匹配。

（1）创新城市更新管理环节，形成“前期技术论证—中期创新许可—后期社区监管”的全周期管理程序。前期由规划技术顾问对建成环境和更新需求进行可行性论证，论证通过即可划入“特别建成区”进行更新申请；在中期审批环节，可以借鉴广州创新性许可制度，赋予市场多元空间创新许可；后期由社区力量对生产运营过程进行监督，可引入外部评价机制，通过评价方可续期申请，确保长效的公共监督。

（2）推动事权下放，形成“市—区—镇街—社区”多层级、多角色城市更新管理体系。建议充分发挥基层管理优势，赋予基层管理部门引导、组织、协调和制定规则的权力，多方主体各司其职，共同应对城市中量多面广的更新需求。

（三）制度保障：以社区协商促进公共利益还原，以专业支持提升公民社会意识，实现城市更新“合情”

制度安排是对在场利益相关者设定利益“预期”，逐步实现城市更新中公众参与实质性和有效性的路径。通过制度安排，可以建立协商机制，搭建沟通对话平台，协调各类利益冲突和负外部性补偿，实现城市更新公共利益共享。城市更新是全民参与的过程，通过规划力量的介入，提升全民社会意识是推进实质性“公众参与”的必由之路。

（1）以协商制度保障公共利益还原，将协商结果作为续期依据。针对更新过程中因负外部性承担和利益预期不对等引起的利害关系人的反对意见，制度安排应坚持“谁受益，谁承担”的基本原则。借鉴英国“规划得益”（planning gain）制度，开发主体在开发过程中需提供货币、实物或者某种权益，方能获得发展许可，城市更新受益者应提供公共利益回馈补偿利益受损者。公共利益还原可借鉴广州“协商前置”制度，具体补偿方式和补偿标准应在制度保障的基础上由社区内部自行协商，经第三方机构土地增值评估制定，协商结果作为更新续期时技术论证的依据。

（2）引入规划力量提供专业支持，提升更新管理能力和公众社会意识。应充分发挥规划师的专业服务能力和社会服务能力，建立和完善“城市总规划师”“镇街规划师”“社区规划师”等规划师相关制度，对应服务城市规划管理部门、镇街管理部门及社区居民，提升基层规划管理能力，培育公众参与能力，以更新活动带动公众社会意识提升，进一步推动城市更新。

六、广东省城市更新的传承与创新

作为先行先试的省份，广东省的城市更新经历了局部试点到全面实施，已经走过第一个十年。无论是政策制定方面，还是市场实践方面，广东省的城市更新活动均已进入成熟稳定阶段，更深层次的问题基本显露。

从政策层面看，2021 年广东省以及深圳、广州、东莞等主要城市均出台或实施城市更新相关的法规政策文件。其中，较为重要的法规政策包括：《广东省旧城镇旧厂房旧村庄改造管理办法》《广州市城市更新条例（征求意见稿）》《广州市关于在城市更新行动中防止大拆大建问题的实施意见（试行）》《深圳经济特区城市更新条例》《关于进一步加大居住用地供应的若干措施（征求意见稿）》《东莞市人民政府关于加快打造新动能推动高质量发展的若干意见》《东莞市“工改 M1”项目工业生产用房产权分割及分割转让不动产登记实施细则（公开征求意见稿）》。

纵观广东省主要城市的城市更新法规政策，广东城市更新政策存在以下重点趋势：

（一）国企主导

以广州为例，网上曾传出一份名为《广州市住房和城乡建设局关于审议鼓励功能性国企参与城市更新改造项目有关工作的请示》，根据该请示，功能性国企将全面介入广州市城市更新项目。国企将在中心七区的改造项目中发挥更大的主导作用。广州市城投集团作为市属功能性国企，组建区城市更新公司成为参与中心七区城市更新工作的平台。区城市更新公司的组成方式有 3 种：①市城投集团独资成立；②市城投集团与区属国企合资成立；③涉及机场附近旧村的，联合广州机场建投集团与各区成立。该请示鼓励区城市更新公司以本区项目的前期策划和一级开发为主，并同时参与二级阶段开发改造，参与事项包括但不限于：①对于尚未确定前期服务主体的项目，将由属地镇街组织，委托负责各区（区域）的城市更新公司作为前期策划主体，配合政府开展前期工作；②对于已按程序确定意向合作企业、但未公开引入合作企业的项目，区城市更新公司通过投资入股方式参与前期工作，原则上城市更新公司持股比例不低于 20%；③对于未公开引入合作企业的项目，公开选定的合作企业必须是负责各区（区域）的城市更新公司和其他意向参与企业共同组成的项目公司，且项目公司中城市更新公司持股比例不少于 20% 等。

前述规定显示出城市更新“国企主导”的迹象，而这种迹象其实从 2016 年深圳市规定旧住宅区棚户区改造由国企主导实施便已初见端倪。城市更新本质上是存量土地的再整理、再开发，与传统土地整备的属性类似。土地整备工作一直由政府主导，城市更新由政府属性的国企主导是应有之义。但由于城市更新较之于传统的土地整备利益关系更复杂、需投入资金量更大，深圳开创了市场化城市更新的先河，东莞紧随其后，广东省其他城市也陆续采取措施鼓励市场主体参与城市更新。在深圳十余年的市场化城市更新，以及东莞三年多的前期服务商制度实践中，出现过经营主体肆意锁定前期项目、投机套利的问题。很多处于前期阶段的城市更新项目被经营主体锁定后并未实质性启动，而是被经营主体频繁高价交易，导致城市更新项目开发成本不断攀升。市场化城市更新中的问题引起了政府的警惕。另外，从城市更新前期工作至最终获得土地使用权，整个城市更新过程的土地溢价较大，政府部门认为土地溢价全部由经营主体赚取有违城市更新的根本目的。因此，国企实施城市更新前期工作成为政府主导城市更新的首选方式。国企介入城市更新，并不会终结市场化城市更新，或者缩小市场化城市更新的空间，而会进一步规范城市更新市场活动、缩小经营主体投机套利空间。

（二）限制拆建

2021 年 11 月 18 日，中共广州市委办公厅、广州市人民政府办公厅印发《广州市关于在城市更新行动中防止大拆大建问题的实施意见（试行）》（下称《实施意见》）。广州市是首个发布住建部 63 号文实施意见的城市，《实施意见》延续了近来城市更新政策中禁止“大拆大建”的基调。对于老城区，强调严格控制大规模拆除，除违法建筑和经专业机构鉴定为危房且无修缮保留价值的建筑外，不大规模、成片集中拆除现状建筑。对于城中村，不大规模、短时间进行拆迁，坚持专家论证、公众参与、科学决策，合理确定更新模式。与住建部 63 号文不同的是，广州市《实施意见》未对拆除面积、拆建比、就近安置率、城市住房租金年度涨幅等指标进行量化规定，为广州市城市更新项目结合实际情况合理确定拆除面积、拆建比、就近安置率等指标预留空间，可以避免城市更新项目因硬性指标规定而无法顺利开展。但不排除广州市政府部门在审批城市更新项目时可能仍会参考 63 号文的指标要求，从严把握项目的各项经济开发指标。

反观深圳，早在2015年的“十三五”规划，深圳已提出“限制拆除重建区”和“有机更新”的概念，限制拆除重建区范围内禁止“大拆大建”。深圳在 2018 年又针对城中村进行“分区划定”，将一半以上的城中村划入“综合整治区”，禁止将该区域列入拆除重建类城市更新单元计划。

由此可见，无论是从生态文明与历史建筑保护的角度考虑，还是从城市可持续发展等角度考虑，限制拆除重建成为各地在开展城市更新时的首要考虑因素。在住建部 63 号文禁止大拆大建的基调及广州快速跟进的态势下，广东省内拆除重建类城市更新的步伐逐渐放缓，以商住类房地产作为改造方向的城市更新项目受到更加严格地把控。对于已经完成立项和规划审批的商住类更新项目而言，政策收紧不失为一个良机，这类项目将因为稀缺变得更具价值。但受限于当前房地产市场整体下行的影响，这类项目的价值实现还需要等待时机。

（三）门槛提高

大量的城中村类城市更新项目，因其特殊的地缘关系和社区关系，被一些前期合作方把持。前期合作方通过与村集体经济组织合作，获取前期投资商或前期服务商资格，再以前期服务商的特别身份与品牌开发商合作开展城中村更新项目。这种合作模式在广东省过去十余年城市更新过程中，几乎已成为城中村项目的市场惯例，这种合作方式是多方面原因共同导致。一方面是以原村集体经济组织为主导的城中村宗族关系复杂、土地权属关系复杂，村集体合作关系等需要一定人脉资源方能完成。另一方面在理清村集体经济利益关系和搬迁谈判过程中，需要灵活的财务安排，这对财务规范、风控严格的国企或上市公司而言是难以逾越的障碍。正是城市更新特殊的市场环境，催生了很多从事城市更新前期工作的投资商。这些前期投资商对推动城市更新市场化存在积极意义，但也引发一些负面影响，包括串通损害集体资产权益、转卖项目推高成本等。部分前期投资商实际缺乏城市更新前期开发的操盘能力和资金实力，导致很多项目陷入僵局、无法推进。

政府有关部门意识到城中村存在的合作问题，采取相关监管措施进行解决。深圳市自 2016 年开始已全面要求涉及集体资产交易的城市更新项目合作需通过公开交易平台展开，东莞市则在 2018 年开始实施前期服务商公开招引制度。但是，仍然有投机性企业进入市场。

为了进一步遏制城市更新市场投机行为，东莞在 2021 年放缓更新进程，甚至叫停前期服务商招引工作，部分镇街大幅度提高前期服务商的准入门槛。例如，东莞南城街道发布《南城街道城市更新单一主体挂牌招商公开招引前期服务商实施细则（试行）》，对前期服务商的报名单位提出九项硬性要求，包括自有资金额或银行授信额度合计不低于 10 亿元人民币、具有一定规模（不少于 15 人）的城市更新团队、有依法缴纳税收的良好记录、有提供满足公告规划要素（条件）的项目概念性规划方案等。这些硬性条件大大提高前期服务商准入门槛，使得投机性的小企业难以直接进入市场。

而《深圳经济特区城市更新条例》（下称《深圳更新条例》）对旧住宅区城市更新项目公开选定的市场主体提出资格要求，要求“被选定的市场主体应当符合国家房地产开发企业资质管理的相关规定，与城市更新规模、项目定位相适应，并具有良好的社会信誉”。虽然《深圳更新条例》本身的规定较为笼统，但后续《深圳更新条例》的实施细则将对旧住宅区的市场主体准入门槛提出更为详细的要求。

广州则出台《广州市城中村改造合作企业引入和退出指引》，该指引大幅度提高市场主体准入门槛，从市场主体的开发能力、资金实力、产业能力等多个维度明确资格要求，可以筛掉缺乏开发经验和资金能力的企业。

（四）住房保障

深圳市于2021年7月发布《关于进一步加大居住用地供应的若干措施（征求意见稿）》（下称《若干措施》）。《若干措施》提出，要确保至2035年实现“深圳市常住人口人均住房面积达到40平方米以上，年度居住用地供应量原则上不低于建设用地供应总量的30%”，旨在着力解决深圳日益尖锐的住房供需矛盾。《若干措施》列举包括提高居住用地开发强度、加大新增用地保障力度、增加城市更新项目住宅比例、加大旧住宅区拆除改造力度、放宽城中村改造中住宅的比例等加大供应居住用地的具体措施，深圳将通过“保新增—扩租赁—促整备—调更新—增居改—盘用房”等系列举措加大住房保障的力度。

广州市于2021年8月30日发布《关于进一步加强住房保障工作的意见》，旨在落实国务院办公厅2021年6月25日印发的《国务院办公厅关于加快发展保障性租赁住房的意见》中提出的“加快完善以公租房、保障性租赁住房和共有产权住房为主体的住房保障体系，推动建立多主体供给、多渠道保障、租购并举的住房制度，促进实现全体人民住有所居”。该意见提出到2025年全面完成66万套保障性住房建设筹集任务（含公共租赁住房3万套、保障性租赁住房60万套、共有产权住房3万套）的主要目标。该意见提出了22条具体工作措施，包括利用集体经济经营性用地建设租赁住房、支持企事业单位存量土地改保障性租赁住房、提高产业园区的配套性保障租赁住房的比例、城市更新旧村全面改造保障性租赁住房。

东莞市分别于2021年2月、8月出台《关于进一步加强房地产市场调控的通知》（下称“莞六条”）和《关于进一步做好房地产市场调控工作的通知》（下称“莞八条”）。莞六条和莞八条除常规的房地产调控政策外，特别强调要关注商品住房供需矛盾，加大对“双困”家庭、新市民、青年人、各类人才安居的保障力度。东莞市预计在2021年供应住宅用地不少于300公顷，筹集人才安居房不少于5000套。

（五）去地产化

广州市《实施意见》旗帜鲜明提出："坚持划定底线，杜绝运动式、盲目实施城市更新，不沿用过度房地产化的开发建设方式"，与住建部63号文指出的"有些地方出现继续沿用过度房地产化的开发建设方式、大拆大建、急功近利的倾向"遥相呼应。

东莞在2018年《关于深化改革全力推进城市更新提升城市品质的意见》中提出产业优先、防范产业用地"房地产化"，坚持产业立市，以城市更新引导新兴产业及其创新资源聚集。2020年4月东莞出台《关于加快镇村工业园改造提升的实施意见》提出"工改工"与"工改居商"挂钩联动机制，"工改居商"类更新单元前期服务商招引、方案审批与"工改工"计划完成情况挂钩，实行更新单元"产业用地占比"底线管控。2021年2月10日，东莞市出台的《东莞市人民政府关于加快打造新动能推动高质量发展的若干意见》再次强调实施镇域产业、居商、公建联动改造，严守"工改工"面积占比，南部九镇不得低于60%，市区（莞城街道除外）及石龙镇不得低于40%，其余各镇不得低于50%。

深圳是最早划定工业区块线以严守工业产业用地的城市，工业区块线划定后，大量工业用地受到限制与管控，仅能开展"工改工"。从深圳市2021年最新的审批数据来看，旧工业区城市更新项目比重也是逐渐增加。

（六）强制拆迁

2021年3月1日，《深圳更新条例》正式施行。《深圳更新条例》第三十六条规定，旧住宅区城市更新项目符合规定条件时，区人民政府可以依照法律、行政法规及《深圳更新条例》对未签约部分房屋实施征收；城中村合法住宅、住宅类历史违建部分，可参照旧住宅区项目依法实施征收。

2021 年 7 月 30 日，深圳市规划和自然资源局发布《关于公开征求〈深圳市城市更新未签约部分房屋征收规定（征求意见稿）〉意见的通告》，该规定旨在细化启动征收的条件和征收补偿的具体程序。《深圳更新条例》及配套文件在市场化城市更新活动引入行政征收制度，属于政府对市场主体无法解决的城市更新搬迁补偿僵局的行政干预。

广州市住房和城乡建设局于 2021 年 7 月 7 日发布《广州市城市更新条例（征求意见稿）》在归纳广东省级政策给予制度空间基础上，确立了“收回集体土地使用权”“行政机关申请强制执行”“行政裁决”三大拆迁利器。收回集体土地使用权是指，宅基地使用权人拒不交回土地使用权，旧村庄更新改造项目拆迁安置补偿协议签订人数占比达到 95%，村集体经济组织可以向人民法院提起诉讼主张收回集体土地使用权。行政机关申请强制执行是指，国有土地上房屋搬迁补偿协议专有部分面积和物业权利人数占比达到 95%，市场主体与未签约物业权利人经充分协商仍协商不成的，可以实施行政征收。行政裁决是指，权利主体对搬迁补偿安置协议不能达成一致意见，符合特定情形的，权利主体可以向项目所在地的区人民政府申请裁决。

第四节 北京城市更新实践与思考

一、北京城市更新实践历程回顾

新中国成立之初，中央政府提出在北京旧城基础上建设新城，正式拉开了北京城市更新的序幕。纵观北京城市更新 70 多年的发展历程，在促进城市功能结构优化、产业升级转型、空间品质提升、社会民生发展，以及制度体系建设等方面都取得了阶段性成就。新中国成立初期，社会主义新中国建设的起步阶段，以旧城改造为抓手，对城市重要公共空间和公共设施进行更新改造，搭建起首都城市框架。自改革开放以来，随着经济转型和产业升级，城市更新以大规模“退二进三”的城市功能结构调整和危旧房改造，推动现代化城市建设。2002 年后，在“全面、协调、可持续”的科学发展观指导下，城市更新与新城新区建设同步，更加关注城市内涵发展、品质提升、产业转型及土地集约利用等问题。2012 年后，在生态文明建设的总方针指导下，立足以人民为中心推动住房改善，新版城市总体规划正式提出减量提质转型发展，建设国际一流的和谐宜居之都，北京的城市更新呈现出多类型、多层次、高质量的发展特点，并逐步走向共建、共治、共享的新局面。

（一）第一阶段：勾勒首都空间格局阶段（1949—1978 年）

这一阶段是社会主义新中国建设起步时期，以重要公共空间和公共设施建设为主。

1949 年召开的中国人民政治协商会议决定北京作为新中国的首都，成为汇集中央党政军各个中枢机构的政治中心城市。为了更好地推动首都建设、改善城市面貌，1953 年党中央着手实施第一个五年计划，集中力量进行工业化建设，加快推进各经济领域的社会主义改造。同年，北京市委规划小组编制《改建与扩建北京城市规划草案要点》，提出首都建设的总方针是“为中央服务、为生产服务、为劳动人民服务”，着重探讨对古建筑物保护与城市改造的问题，确定了对古建筑采取拆除、改造、迁移、保留几类处理方针，中央政府明确“行政中心区域设在旧城中心区”，以老城区改扩建为主的更新序幕由此拉开。

1. 国庆十大建筑等公共空间和公共设施，构建首都空间新格局

新中国成立初期，百废待兴，受“先生产、后生活”思想的影响，当时的旧城改造重点满足中央办公设施需求，新建大量住宅、中央机关办公楼、使馆区、科研院所，并围绕国庆等重大政治活动对城市重要公共空间和公共设施进行保护性改造和拆除性重建，来重塑首都面貌、勾勒城市轮廓。20 世纪 50 年代多次对天安门广场进行改扩建以满足国庆十周年需求；

1955年将横贯北海与中海间的金鳌玉蝀桥原址改建为北海大桥，解决因桥面过窄而带来的交通拥堵问题。1956年，随着社会主义改造基本完成，中国进入全面建设社会主义时期，中国共产党第八次全国代表大会顺利召开，这也是新中国成立后第一次党的全国代表大会。为了落实党中央的新指示，1957年提出了新中国首都第二版城市总体规划《北京城市建设总体规划初步方案（草案）》，此版规划基本思路与1953年总体规划大体一致，但建设现代化大工业基地的决心更大、改造旧城的心情更急切、对各项设施现代化建设的要求更高。通过营造公共空间、重塑城市风貌，为工厂、机关、学校和居民提供生产、工作、学习、生活、休息的良好条件，如打通展宽了长安街，并在其两侧建设大会堂、革命博物馆、历史博物馆、民族文化宫、科技馆、国家剧院等十大公共建筑；开辟了玉渊潭、圆明园等20多处公园绿地；开展了综合整治城市水系工程，完成了故宫护城河、六海、长河、京密引水渠昆玉段、玉渊潭至大观园段的综合演进工程。

2. 放缓旧城改造速度，总结经验教训

20世纪60年代国内经济形势严峻，上一阶段城市建设采取“先生产、后生活”的建设方针，导致工业用房和生活用房比例失调、基础设施欠账严重、旧城内大量违章建筑、住房供应短缺、生态环境被破坏。1961年，首都规划部门实事求是地总结了建国十三年来北京城市规划建设的成就和问题，形成《北京市城市建设总结草稿》，认识到工业过分集中在市区给城市带来的消极影响。1966年，总体规划被下令暂停执行，市规划局被撤销，1968—1971年，北京建设是在无规划指导下进行的，造成了极大的混乱和浪费。1972年提出了《北京城市建设总体规划方案》，并未得到批复，导致旧城改建速度缓慢。但此版规划首次在市区从城市更新的角度提出了控制规模和功能、大力发展郊区的设想，为之后的城市用地功能布局调整奠定了基础，为下一阶段市区城市更新指明了方向。

（二）第二阶段：拆建带动功能提升阶段（1978—2002 年）

这一阶段是改革开放快速发展时期，推动产业“退二进三”和大规模推进房改。

1978 年十一届三中全会作出了实行改革开放的重大决策，中国开始对内改革、对外开放。改革开放使北京城市建设步伐加快，城市建设思路由满足基本配套功能需要向建设开放性国际城市转变。1982 年通过分析矛盾、总结经验，编制完成了《北京城市建设总体规划方案》，针对之前工业过分集中在市区、单位挤占居住用地、基础设施欠账严重、交通拥堵、空气污染等一系列城市问题，提出要统筹好经济建设与人民生活，控制重工业发展速度，生产生活并重的城市更新理念逐渐形成。同年，《中华人民共和国文物保护法》颁布，北京获第一批历史文化名城称号，基于历史文化保护的城市更新工作得到深化。1982 年和 1992 年两次城市总体规划均将历史文化保护提到重要位置，加大文物修缮力度，整治文物周围环境，开展了故宫筒子河、先农坛等一批文物保护单位内居民搬迁、环境整治和文物建筑修缮工程，制定了一些保护文物的法规规章。

1. 历史文化保护区带动旧城有机更新，重点推进危旧房改造

随着经济发展和人口激增，1980 年，北京旧城居住问题已十分严重，旧城平房四合院内出现大量违章建筑。这一阶段的城市更新立足解决城市建设“骨头”和“肉”不配套、住房紧张、旧城风貌破坏等问题，危旧房改造成为城市更新的重点工作，通过调整用地布局、补足配套设施、实施整体保护等手段保障城市发展。

1988 年，东城区菊儿胡同、西城区小后仓、宣武区（现西城区）东南园作为危旧房改造的试点形成了可复制推广的改造经验以解决住房紧张问题。菊儿胡同作为新四合院危房改造工程，是北京第一批危改结合房改的试点，提出了居住区的“有机更新”与“新四合院”的设计方案，用插入法以新替旧，维持原有胡同—院落体系和社会关系，延续了旧城环境及其

肌理，避免全部推倒重来的做法。菊儿胡同的探索经验推动了北京的城市建设从“大拆大建”到“有机更新”的转变，基本实现了从“个体保护”到“整体保护”。

1990年，政府全面推行“开发带危改”政策后，拆除重建类城市更新规模急剧增大，出现了拆除重建、“开发带危改”“市政带危改”“房改带危改”“绿隔政策带动旧村改造”几种危旧房改造模式，更新主体在不断变化，居民由被动等待角色，转变为在政府组织下参与决策，实现了“民主决策、自我改造”，以人为本的理念得到进一步深化。2000年印发《北京市加快城市危旧房改造实施办法（试行）》（京政办发［2000］19号），为北京的危房改造探索出一条“房改带危改”的新思路，通过政府组织、企业投入、百姓参与及居民回迁享优惠政策，以及开发企业免除土地出让金、市政费及相关费税，缓解危改压力。金鱼池小区作为“房改带危改”的试点，在危改中采取就地回迁、异地回迁相结合的拆迁安置和补偿方案，居民以房改购房的形式投资共同参与房改，保障了居民切身利益。

2. 商业开发带动危改的模式推动重要功能区建设

1992年召开十四大，明确新时期最鲜明的特点是改革开放，建立了社会主义市场经济体制方针，改革进入了新时期。为贯彻南方谈话及十四大精神，1993年编制的城市总体规划确定两个战略转移思想，开始了疏解整治促提升，控制市区发展郊区，优化市区空间结构，工业用地开始迁出，在原工业区开始建设金融街、CBD等新功能区逐渐取代老工业区成为代表首都新经济的发动机。

金融街的建设是开发商主导的危旧房改造，开启了北京“推平头”式的商业开发带动危改模式。1993年版总体规划明确提出：“在西二环阜成门至复兴门一带，建设国家级金融管理中心，集中安排国家级银行总行和非银行金融机构总部”。空间升级，带动产业升级，进而推动城市功能的升级和转化是老城区发展的一般路径。金融街地区的更新建设为北京市提供了大量的办公场所、就业机会以及高品质的城市公共空间，同时也给政府带来了可观的财政收益，为城市发展做出了贡献。由于金融街位于旧城范围内，通过拆除大量胡同、四合院而建设，将城市空间变为宽阔马路和高楼大厦，街道空间的围合感逐渐消失，对旧城风貌产生了一定的影响，也存在一定争议。

北京商务中心区（CBD）的前身是“中国北京大北窑工业区”，改革开放至 1993 年，便利的交通条件、国贸的形成及涉外资源的汇聚，使 CBD 区域从原来重工业的工厂区华丽转身为高端商务中心功能区，遍布的厂房、田地及大量工业设施更新为商务楼宇高端社区，汇聚了知名跨国企业、著名零售品牌、商社等。2000 年以后，CBD 地区通过全面规划，持续拓展空间、完善功能、提升品质，成为北京市对外开放的“金名片”。

1992 年到 1994 年随着第一批危旧房改造工作全面推开，房地产市场迅速兴起，市级部门下放审批权限，区县危改办有权审批危旧房改造方案，危房改造达到高潮。类似于金融街地区这种推平头式的商业开发带动危改的更新模式反映出很多问题，由于旧城居住密度高、人口密集，开发商往往通过提高容积率、加大建筑密度等方式平衡项目，一定程度破坏了古都风貌保护，而一些人口密集、市政设施差、开发收益低的“骨头地区”得不到改造。

（三）第三阶段：文化引领内外联动阶段（2002—2012 年）

这一阶段是科学引领全城高效发展时期，轨道交通快速建设推动中心城区调整优化与新城新区建设相互促进。

21 世纪以来城镇化速度不断加快，党的十六大提出了“以人为本”“全面、协调、可持续”的科学发展观，以及全面建成小康社会的战略部署。面对城市资源环境压力不断加大、人居环境恶城乡发展差距扩大等诸多问题，2004 年《北京城市总体规划（2004 年—2020 年）》，提出旧城整体保护的理念，中心城区功能调整优化，通过建设轨道交通线网加强新城建设，并对生态环境保护和城市公共设施建设提出了更高标准；各项基础设施建设现代化的要求进一步提高。城市空间结构的展开和11个新城的建设为旧城区更新改造释放了更多的空间，支撑了旧城区从“成片整体搬迁、重新规划建设”向“区域系统考虑、微循环有机更新”的转变。这一阶段的城市更新由前期大规模、高速开发式的拆旧建新，转而开始注重历史文化内涵的保护，多元主体参与等。

1. 促进旧城整体保护与历史文化街区有机更新，从探索保护模式转型保护实体空间

在经历了20世纪90年代的“开发带危改”及2000年后的“房改带危改”等“大规模拆除重建”模式后，从2004年开始，北京市政府停止审批成片拆除旧街区的项目，危旧房改造不“推平头”，开始在旧城尝试“微循环”改造模式，以居民自愿为前提、不“推平头”、不搞房地产开发、鼓励多方参与危改工作，通过开展“历史文化保护区带危改”的试点工作推进风貌保护区整治，文化导向下小尺度空间调整的更新方式日渐明晰。

2003年，大栅栏商业街被纳入历史风貌重点保护区后，一直积极开展小规模、渐进式的有机更新，尊重现有胡同肌理和风貌，灵活利用存量空间，实现在地居民商家合作共建、社会资源共同参与，将大栅栏建成传统与新兴业态相互混合，新老居民和谐共生的活力社区。什刹海地区将街区保护整治和有机更新相结合，以强化传统商业和民俗活动意象为基础，以公共空间环境整治为契机，积极保护传统商业街区的整体文脉特征，改善历史文化街区的居住品质，促进街区商业繁荣和人文复兴。

2. “去工业化”下的工业遗产保护与复兴，面向存量时代的动态更新

随着对历史文化内涵的认识深化，城市更新从旧城保护拓展到工业遗产的保护利用，极大地推动了文化产业的快速发展。2006年前后，北京相继出台《北京市促进文化创意产业发展的若干政策》《北京市保护利用工业资源，发展文化创意产业指导意见》，引导文化创意企业集聚发展，鼓

励盘活存量房地资源，集约节约利用土地资源的相关政策。为迎接奥运会的举办，北京以首钢、焦化厂为代表的中心城工业开始进行大规模的腾退疏解，798等电子厂注入了艺术元素转向文化产业蓬勃发展。2010年成立“中国建筑学会工业建筑遗产学术委员会”，首届工业建筑遗产学术研讨会通过了“关于中国工业遗产保护的《北京倡议》——抢救工业遗产”，进一步推动了日后北京工业遗产的保护再利用。

后工业时代经济发展方式更加高效，闲置的工业厂房得到越来越多的关注。北京 798 艺术中心是由艺术家将废弃的国营 798 厂的工业空间改造成艺术和时尚空间，将文化资源活化并融入都市生活，开启北京工业遗产保护与利用的先河。包豪斯艺术设计风格的工业建筑内部空间高、支撑构架大，抗震强度高，通过保留建筑结构和部分大型机器，利用斑驳墙面和特色建筑结构传递历史视觉冲击和震撼力，艺术家和文化机构进驻后改造空置厂房，逐渐发展成为画廊、艺术中心、艺术家工作室、设计公司、餐饮酒吧等各种空间的聚合，形成了具有国际化色彩的“艺术聚落”，将工业生产空间转变为文化消费空间。

（四）第四阶段：以人为本精细演进阶段（2012—2020 年）

这一阶段为生态文明建设时期，通过疏解腾退和减量提质演进城市病，提升首都功能。

2012 年，十八大提出了全面建成小康社会目标，实现国内生产总值和城乡居民人均收入比 2010 年翻一番。为了实现全面建成小康社会的美好愿景，促进人民生活水平全面提高，北京立足民生福祉加大了对保障房制度的探索，重点推进棚户区改造与老旧小区综合整治，老旧小区改造逐渐由专项、单一性改造升级为多方面的综合改造。2013 年十二届全国人大一次会议决定，今后五年改造城市和国有工矿、林区、垦区的各类棚户区 1 000 万户，北京市自 2014 年加大棚改力度。党的十九大是在全面建成小康社会决胜阶段、中国特色社会主义发展关键时期召开的一次重要大会，明确加快生态文明体制改革，建设美丽中国，城乡建设要把绿色发展、品质提升、人居环境改善放在重要位置。2017年后，党中央、国务院相继批复了《北京城市总体规划（2016年—2035年）》《北京城市副中心控制性详细规划（街区层面）（2016年—2035年）》与《首都功能核心区控制性详细规划（街区层面）（2018年—2035年）》，构建了北京规划的“四梁八柱”，确立了“控增量、促减量、优存量”的城市更新方向，为高质量发展、高水平演进作出了高位指引。2020年，党的十九届五中全会首次提出实施城市更新行动，提出以高质量发展为目标、以满足人民宜居宜业需要为出发点和落脚点、以功能性改造为重点的城市更新工作要求。北京的城市发展从集聚资源需求增长向疏解功能谋发展转变，城市更新工作迈向聚焦基层、聚焦政策、聚焦实施的新阶段，不断取得新成就、开拓新局面。

1. 创新保护性修缮、恢复性修建、申请式退租等实施方式，持续探索老城保护有机更新

在新总规的指引下，北京积极落实老城不能再拆的要求，创新保护性修缮、恢复性修建、申请式退租等实施方式，探索历史文化街区和成片传统平房区的有机更新，在南锣鼓巷、砖塔胡同等地区开展改造试点，探索东城区雨儿胡同的“共生院”模式，通过建筑共生、居民共生、文化共生，留住胡同四合院的格局肌理，留住居民、老街坊，延续老城的生活方式、社区网络和历史文脉。推广西城区菜西片区的“公房经营管理权”模式，为平房院落的改造提供新思路，为中轴线申遗、历史文化街区保护、重点文物腾退、街巷环境整治注入新活力和新动能。

2. 全面融入新发展格局，促进产业新旧动能转换和城市空间布局结构调整

在减量发展背景下，北京通过统筹全局，优化要素配置，疏解非首都功能，拆除违法建设，促进产业新旧动能转换和城市空间布局结构调整，积极开展传统商圈改造提升、老旧厂房转型文化空间等更新改造。北京首

钢实践标志着北京正式进入后工业时代工业遗产保护利用的黄金时期，开启了存量空间面向存量时代的动态更新实践。2013 年，首钢工业区发挥工业资源的景观与特色优势，转型发展文化、旅游、体育和综合高端服务产业的运营平台，走科技与文化相结合的产业发展之路。2016 年，北京冬奥组委正式入驻首钢，打造了首钢园自动驾驶服务示范区。2017 年，国家冬奥集训中心落地园区，同年 8 月确定 2022 年冬奥会比赛项目落户园区。2018 年推进“旅游＋体育”的模式引入各项体育赛事。随着文化复兴、生态复兴、产业复兴、活力复兴计划的深入推进，新首钢高端产业综合服务区已成为新时代首都城市复兴新地标，为城市更新提供一个世界级的示范样本。

3. 利用存量资源补短板提品质，围绕“七有”“五性”改善人居环境

面对首都城市发展深度转型的新要求、市民群众对美好生活的新需求，聚焦老百姓的生活诉求，紧紧围绕“七有”“五性”，针对老旧小区绿化、停车、垃圾分类、服务配套、防灾避难等各项欠账、短板问题，以“城市体检评估机制”和“责任规划师制度”为两大规划抓手，诊断小区问题，给出更新建议，见缝插针补齐民生设施短板，提升生活品质。开展“小空间大生活”活动，聚焦影响居民生活的“急难愁盼”问题，通过居民、属地政府、责任规划师、责任建筑师、社会团体等各方力量共同参与更新改造，将社区闲置空间打造成为环境品质佳、无障碍设施完善、使用功能合理的公共空间，改造后的百子湾“井点”、双清路街区工作站等小微空间深受百姓欢迎。

4. 构建城市更新多元演进格局，多途径吸引社会资本参与

城市更新权益主体众多，矛盾交错复杂，通过加强街道工作和推动社区演进，建立责任规划师制度，进而构建平衡多元主体利益的机制，达成共识实现共赢。各区和属地街道充分发挥责任规划师桥梁纽带作用，深入社区开展需求调查，形成居民急需的服务“菜单”，引入社会资本等市场力量参与城市更新，打通规划、设计、施工、物业管理全流程路径，改造

闲置低效空间。以劲松北社区为例，街道、企业、区房管局和区住建委、责任规划师等多方共同参与积极进行探索，以社会资本投入为主，通过对闲置设施进行优化，转化为社区居民需要的功能，初步探索了一套存量资源挖潜、物业运营的综合运营模式。

二、北京城市更新的实践与思考

（一）基本情况

目前，北京城市更新类型主要有六大类：一是首都功能核心区平房（院落）申请式退租和保护性修缮、恢复性修建；二是老旧小区更新改造；三是危旧楼房改建和简易楼腾退改造；四是老旧楼宇与传统商圈改造升级；五是低效产业园区"腾笼换鸟"和老旧厂房更新改造；六是城镇棚户区改造。其推进实施方式主要有：以街区为单元统筹城市更新、以轨道交通站城融合方式推进城市更新、以重点项目建设带动城市更新、有序推进单项更新改造项目等。

近年来，北京市在城市更新体制机制建设方面取得了以下进展。

一是完善顶层设计。2021 年，印发了《北京市人民政府关于实施城市更新行动的指导意见》和《北京市城市更新行动计划（2021-2025 年）》，准备出台《北京市城市更新专项规划》。

二是完善政策体系。细化既有建筑审批政策，打通社会资本参与路径，加大财政支持力度，出台了《关于开展老旧楼宇更新改造工作的意见》《关于老旧小区更新改造工作的意见》《关于引入社会资本参与老旧小区改造的意见》《北京市城市更新市级财政补助资金管理暂行办法》等文件。

三是完成《北京城市更新条例》立项论证工作。条例立项论证报告已通过市人大常委会主任会议审议。同时，《〈北京市城市更新条例（草案）〉立法工作方案》也在起草中。

四是协调推进城市更新工作。按照"项目化推进，清单化管理"的工作思路，建立“一库三清单”，建立沟通协调机制，聚焦示范项目，跟踪调度项目进展情况，按照调度机制分层级组织召开项目协调会解决问题。

五是开展案例指引编制工作。通过解剖各类典型项目推进流程，梳理难题，总结创新经验，扩大项目示范效应，形成案例指引，在全市进行宣传推广。

六是研究金融支持措施。开展设立城市更新基金的研究工作，与建行北京分行签署《合作备忘录》，就共同推动城市更新金融支持工作开展合作，协调国开行北京分行在老旧小区改造、棚户区改造方面提供低息、超长期限创新金融产品。

（二）存在问题

目前，北京城市更新主要在项目推进、政策法规、体制机制、融资渠道、社会参与等方面存在以下几个方面的问题。

一是项目推进相对无序。从2000年起开始实施的城市危旧房改造，标志着北京城市更新的系统化推进。同时，伴随住房制度改革以及随后对房地产支柱产业的定位，北京掀起了一股以房地产开发为导向的旧城改造运动，此即为现代意义上北京城市更新的雏形。但在这一阶段中，由于房地产、土地、规划等相关政策调整，以及北京城内各类建筑产权主体种类繁多等因素，导致无序开发、无序改造现象较为严重。

二是政策法规相对缺位。北京的城市更新活动虽然起步较早，如制定了老旧小区改造、危旧楼房改建、棚户区改造等相关政策，各区也都不同方式、不同程度地开展了相关工作，但是使用“城市更新”这个概念构建制度体系却晚于其他城市，尚未形成系统完整、各具特色的城市更新制度和配套体系。当前，城市更新已上升为国家战略，在全国大力实施城市更新背景下，北京如何总结以往经验、前瞻城市发展、统筹推进更新工作，面临着理论准备不足、政策储备不够等问题。

三是体制机制相对滞后。城市更新是一个完善城市功能、优化空间结构、提升人居环境的持续性过程，涉及规划统筹、土地利用、品质提升等。在传统规划引领下，国内外大多城市将规划国土部门设为更新的牵头部门，如上海、广州、深圳均由规划国土部门牵头，成立了城市更新局（办公室）。虽然在工作推进中，暴露出逐利导向下的容积率突破过多、基础设施和公共服务供给不足、部门协调不畅、群众满意度不高等问题，更新推进并不理想。但是，北京市目前由住建部门牵头引领更新工作的城市更新工作专班，仍未将更新工作体制机制完全捋顺，目前尚未对城市更新工作形成闭合管理。

四是融资渠道相对狭窄。融资永远是城市更新项目成败的关键因素。在北京以往的城市更新项目中，主要以政府投资和房地产开发企业投资为主导，这使得融资面过于狭窄。具体表现在政府投资只能针对部分关键性项目，覆盖面严重不足；而开发企业投资往往片面强调经济效益，忽略公共利益和长远收益，一些明显具有社会效益但短期经济效益不明显的项目无人问津。上述情形直接导致城市更新领域内的有效投资不足，投资可持续性较差，进一步制约了城市更新项目的推进实施。

五是社会参与相对不足。在城市更新发展中，其他主要城市均经历了“自由市场—政府主导—政府和市场双向参与”的演变过程，取得成效的同时也暴露出社会资本参与不足的问题。在自由市场阶段逐利导向下容易导致城市更新失衡，企业仅仅热衷于产权关系简单、收益率高、快回报类的项目。政府直接投资的城市更新项目，回报率降低，导致市场和业主参与动力明显减弱。同时，更新后的居住和商业功能挤占了大量在城市更新中释放出的其他性质用地指标，相应地减少了其他产业用地的规模。与此同时，政府主导不足，导致更新碎片化，城市整体完善升级目标难以实现。当前，北京城市发展已由大拆大建的更新转向小规模、渐进式的微更新，由政府包揽向市场参与转变，在政府投入减少背景下，如何从实际出发，创新政策、活化机制、吸引社会资本，共同推动城市更新成为必须迈的门槛。

（三）政策建议

城市更新行动已经成为推动首都高质量发展和构建新发展格局的重要载体。当前，有效推进北京城市更新工作，主要应从以下几方面发力。

一是推进城市更新的试点先行。坚持试点引路，坚持边改边建、边破边立，在过程中发现问题、完善政策。实行“远近”结合，眼前过河，长远修路；实行“大小”整合，成片改造和微改造共同推动。北京可借鉴上述经验，围绕轨道交通沿线、重点功能区、重大项目、重点商圈、重点街区等，围绕社区建设、风貌保护、功能提升、设施完善等，制定行动体系，选取试点项目，打造示范样本，探索城市更新的新模式、新路径、新机制。

二是创新城市更新的协同推进。坚持政府引导，市场运作，探索“市区联手、以区为主、政企合作”的城市更新模式。建立市、区两级城市更新工作领导机构，市级管统筹、区级抓落实，市区两级融合政策、整合资源、协同联动。市级层面，加强高位协调和部门协作，对现有与城市更新相关的领导小组进行整合，成立市级城市更新工作领导小组，下设办公室，负责组织协调、政策研究、统筹规划、项目实施、技术标准制定、工作评估等，市相关部门和各区政府为成员单位，并设立住建、规自、发改、经信、商务、人防、园林等工作专班。区级层面，借鉴深圳经验，“强区放权”、以区为主，引导各区建立适应城市更新的组织机构、工作机制、政策措施，做到运行高效、机制灵活、政策完备。市场层面，借鉴其他城市先进经验，依托国企搭建市区两级城市更新平台，负责城市更新项目的规划设计、投资融资、建设实施、运营管理等工作，承担政府与市场的衔接角色，对上执行政府意志，对下通过委托、股权合作等形式引入社会资本参与更新。

三是强化城市更新的政策集成。坚持系统观念，实行市场平台和政府平台的双向推动，围绕管理机构设置、管理办法建立、多元角色参与、更新运作模式设定和配套政策建设等方面谋划和推进。建立城市更新专项规划和年度实施计划，发挥市区两级联动作用，塑造从战略到实施的有效传导制度路径。实行项目申报核准制度，搭建项目审批电子平台，分类分区设置核准条件和标准，实现一网通办，简化流程，压缩周期。坚持问题导向，建立评估反馈机制，针对实施过程中的问题及时调整完善。借鉴国内外先进经验，探索城市更新的路径和模式。路径上，推行全面改造与微改造相结合，政府与市场互补互动，全面改造项目由政府主导、成片统筹，微改造项目多为独立项目、单一地块，以市场为主。突出“政府引导下的减量增效”，实行“区域评估—实施计划（全生命周期管理）”的实施路径，以微改造为主。设定容积率调整上限，明确获得容积率提升或奖励的前提是为城市做出公共贡献，如增加公共空间、建设公共设施、提供公共住房等。

四是拓宽城市更新的融资支持。城市更新需要加强财政资金支持和金融创新，多管齐下解决资金缺口。比如，借鉴国外建立城市发展基金，采取无偿资助、利润分成和低息贷款三种方式予以资助。设立“城市更新专项资金”，从全市层面进行统筹平衡资金，弥补特殊更新项目对历史街区、生态敏感区保护及投入基础设施建设所产生的经济成本。

五是引导城市更新的公众参与。城市更新的决策往往是平衡集体效率和个体诉求的结果，应重视公众参与，通过法规制度形式保障公众参与更新计划的编制、更新项目的设计与实施，以及后续运营反馈。可设立城市更新项目咨询平台，用以提供城市更新政策协调和技术咨询服务；建立专家论证制度，设立城市更新专家库，决定哪些项目进行和如何落实更新；建立公众咨询委员会、村民理事会，通过自治方式协商解决利益纠纷和矛盾冲突；采取多元协商、意见征求等不同参与模式。通过采取政府主导、公众意愿征集方式实现公众对城市更新工作的参与。

（四）对北京城市更新工作的展望

城市更新不仅局限于城市空间的重构与复兴，而是持续深入到历史文化传承、人居环境改善、生态环境修复和经济结构优化等诸多领域的全面复兴和可持续发展，是当今国际大城市重新赋予活力、转型发展提升的关键举措。

北京的城市更新具有鲜明的特征，首都是北京区别于其他城市的独特名片，既要服务于以政务保障为主的首都功能，又要服务于科技文化发展，既要展现国之大者的举国形象，又要体现和谐宜居的人文环境。要打破传统增量发展思维惯性，利用好存量空间来落实首都战略定位和 4 个中心建设要求，实现城市功能完善和品质提升。

一是要创新政策体系机制，释放政策红利，激发市场活力，充分调动市场、居民参与城市更新的积极性，提出具有弹性和适应性的机制，完善市场参与机制；

二是要推动城市长效演进，积极探索适应新技术的城市管理与现代化演进体系，加强城市精细化管理，推动服务城市运营和产业持续更新升级的机制；

三是要搭建多元共治平台，搭建专家学者智库平台，鼓励社会团体推进跨行业沟通交流，整合多方社会力量，构建简约高效的基层管理体制与在地协作机制，通过社区平台共同参与更新。

城市是一个有机生命体，城市更新是全生命周期的行动过程，是通过提高演进能力实现城市更新和社会演进现代化的过程。应建立“全生命周期”管理的意识，对建筑、土地、业态、交通、环境、生态、历史、文化、景观等多维度多要素统筹协调，通过更新引人、聚人、留人，实现存量资源的永续利用。

第六章　城市更新与空间演进路径探析

第一节　城市更新与空间演进理念

一、城市更新理念的转变

（一）工业化时代的城市更新

18世纪前的前工业化时代，城市发展较慢，到1800年，城市人口不足世界总人口的3%，国民经济以农业为主，城市的功能比较固定，城市手工业基本没有技术进步。城市老化主要是物质的老化，作为统治阶级的城市管理者，较少顾及陷入衰败的贫民窟。

随着工业化时代的到来，城市化的速度越来越快，技术进步使得城市的功能不断增加和扩充。城市更新主要不再是物质的更新，更重要的是其产业结构和生产布局需要调整、优化和提高，并解决工业化带来的工业污染、拥挤等问题。但是，在整个工业化时代，每一次城市更新的最初美好愿望往往都伴随着严重的负面影响。

1. 卫生环境的改善和城市美化

二战之前的城市更新可大致分为两个方面：卫生环境的改善和城市美化。城市规划的概念出现之前，城市基本奉行放任自由的政策，工业污染和生活污染威胁着居民的健康，各种疾病蔓延。因此，以讲卫生为宗旨的新工业环境建设开始对城市社会环境进行改良、更新。二战前的城市更新受“形体决定论”思想的影响，进行了主要以街道、城市雕塑、公共建筑、公园、娱乐设施、开放空间等手法达到城市美化效果的城市更新，可称之为城市美化运动。但是，城市并不是一个静止的事物，指望通过整体的形体规划来解脱城市发展困境是不可能的，更大的压力来自功能的需要。

2. 大规模清理贫民窟与拆旧建新

城市更新一个重要的方面是贫民窟的重建，城市生态学派对“过滤”作用与“入侵”作用的阐述，表明了城市老化必然伴随着贫民窟的形成。

战后清理贫民窟采用的办法是：将贫民窟全部推倒，并将居民转移走，但给予贫民的补贴并没有使其能够摆脱贫困，贫民最终居住的仍然是贫民窟。如美国的“城市更新”（urban renewal），它只是把贫民窟从一处转移到另一处，更糟糕的是，它消灭了现存的邻里和社会，1973 年美国国会宣布终止“城市更新计划”。

3. 城市中心土地的过度商业化与衰败

在现代建筑协会（CIAM）倡导的城市规划思想指导下，大规模的城市更新使大量的老建筑被各种标榜为国际式的高楼取代，工业化和技术成为城市建筑的表现主题。虽然布局有序，但城市空间和实体的协调不复存在，使人们觉得单调乏味、缺乏人性，并且带来大量的社会问题。有学者称之为“第二次破坏”。

50—60 年代是西方各国经济迅猛发展的时期，经济增长使对城市土地的需求高涨。按《雅典宪章》倡导的土地使用分区原则，城市更新将混合的城市活动排挤出城市中心区，过去整个社会代表性的剖面，现在变成基本上是一个商业区。“汽车文化”强化了城市更新，把城市中心变为商业办公的单一功能区（CBD）。但是，一度繁荣之后，很快带来了大量问题，地产投机猖獗，地价飞涨助长了城市的郊区化，加剧了钟摆式交通堵塞，一些大城市中心在夜晚和周末变成了“死城”（necropolis），随之引起了高犯罪率等社会问题，城市中心区也随之开始衰退。同时，大量被迫从城市中心迁出的低收入居民在内城边缘聚居，形成了新的贫民窟。

（二）后工业化时代的城市更新

1956 年美国的白领人数首次超过从事体力劳动的蓝领，约翰·奈斯比特（John Naisbitt）声称这标志着美国开始进入了后工业社会，“有史以来第一次，我们大多数人要处理信息，而不是生产产品”。当然，这在世界范围内还未能达到，因此也有人把 80 年代确定为后工业化的起点。毋庸置疑，我们正处于工业化时代和后工业化时代交接的时期，科技进步剧烈影响着城市的形态、结构和功能。

1. 虚拟空间

由于互联网络技术的发展，网上购物、网上学校、网上社团等使得城市具有实体和虚拟的双重性，多媒体教育、网络学校、电子医疗、网络护士、电子商务等使得网上的可达性与日俱增。虽然虚拟的城市不可能完全取代实体的城市，但是已经和必将成为实体城市相辅相成的一部分。

2. 居家工作

美国“居家工作”的人员已经占就业人数的 10%，一台电脑、一根电话线就是一个公司，在西方国家，家庭办公族 SOHO（simple office&home office）越来越多。现在“商住”已经是一个普通的词条。“3A”甚至“5A”的智能化大楼已屡见不鲜。家将是居住、工作、学习、娱乐、交际、健身等很多活动的地方。人们的出行目的改变，上下班、购物减少，而旅游、消闲、交际、教育等出行将增加。

3. 空间结构整合

居住、工业、商业、交通等用地的划分将不再适合研究、生产、营销一体的知识产业。生产、销售一体化将日益明显，流通环节趋于减少。用户将直接通过电子通信手段向厂家订货，厂家根据家庭配货，送货上门，商业用地将减少，取而代之的是电子交换系统 EDI（electronic data interchange）。由于城市和区域的功能分区可能通过虚拟空间实现，商务办公区将多中心化。交通用地朝着高速、便捷的方向发展，如地铁、轻轨、小型飞机等。

后工业化的城市更新呈现出功能一体的后工业城市景观，城市的商务、零售、娱乐和休闲功能日益突出；城市中心地区独特的居住环境，传统的历史文脉和浓郁的文化氛围成为地区发展潜力所在，“人本主义”思想对城市更新的影响与日俱增；城市更新更加注重人的尺度和人的需要，其重点从对贫民窟的大规模扫除转向社区环境的综合整治、社区经济的复兴以及居民参与下的社区邻里自建。

4. 中产阶级与邻里复苏

20 世纪 60 年代以来，西方国家的城市更新运动出现了一种新的倾向——“中产阶级化”，一些“新生代”中产阶级家庭自发地从市郊迁回城市中心区。他们大都接受过高等教育，受公共参与、生态保护等新观念的影响，作为一种新的文化价值取向，他们中的一些人特别偏爱城市中心地区具有历史文脉的建筑环境和文化氛围。

5. 公共参与和社区规划

20 世纪 70 年代以后，公共参与的规划思想开始广泛被居民接受，通过居民协商，努力维护邻里和原有的生活方式，并利用法律同政府和房地产商进行谈判。公共参与对城市更新政策有较大的影响。这一时期还出现了“自下而上”的所谓“社区规划”，是由社区内部自发产生的“自愿式更新”。他们不仅渴望改善原有的居住条件，同时又希望保护社区文化以获得个人认同，要求直接参与规划的全部过程，希望由自己来决策如何利用政府的补贴和金融机构的资金。“社区规划”以改善环境、创造就业机会、促进邻里和睦为主要目标，目前已经成为西方国家城市更新的主要方式。

二、我国城市更新的需求

由于历史的原因，我国工业化时代的城市更新任务并未完成，但是，如果城市更新仅以工业化时代的城市形态要求为标准，那就是在走发达国家城市建设的弯路；如果现在仅以发达国家城市现状来要求，则很快就会落伍。城市建设必须采取高起点、跳跃式发展的跨越战略。城市更新的“后发优势”在于吸取工业化城市的经验，放弃工业化时代以生态环境质量换取经济效益的做法，防止过度商业化对人文环境的破坏，但又不能因为“保存历史”而拒绝现代文明。城市更新的要求既要考虑到工业化时代的需求，又必须考虑后工业化时代的需求。

（一）物质形态层次的需求

城市中各种基础设施、各类功能用地的优势发挥在于集聚效应、规模效应、发散效应、极化效应等。要充分发挥城市的这些效应，就要使城市具有通达性、多样性和密集性。这三个工业化城市最本质的特性，在后工业化时代有所改变和加强。

通达性（accessibility）要求并未因通信的发达而减弱，反而要求更加快速便捷的交通。城市的通达性优势在于：巨型机场、深水港在国际交通中的作用，高速公路、铁路在区域交通的作用，高架、轻轨、地铁、直升机在城市内部交通的作用。而大城市在信息流的通达性方面有更大的优势，大城市是信息高速公路的重要节点——信息港。

“多样性（diversity）是城市的天性。”人的需求是多方面的，现代城市强调以人为本，主张在城市的发展中采用“以人为尺度的生产方式（human scale of production）和适宜技术（appropriate technology）”。混合土地使用带来的环境污染和形象混乱在后工业化时代并不是问题。因此，近来西方国家的城市更新从大规模推倒重建，向小规模渐进式转变；从按功能简单地划分城市用地，转向注重混合的基本功用（mixed primary uses）。有的规划师提出中心区（central area, CA）的概念，相对于传统上的 CBD，CA 提倡功能多样化，同时强调环境质量，增加绿化、水面等城市要素设计。

密集性（concentration）在后工业化时代的区位原则虽然有变化，但密集性的要求同样存在，城市在很大程度上从生产中心转变为生产的投资和扩散中心、生产技术开发和市场服务中心及生产管理中心。创新氛围、文化环境等也要求城市成为适合居住的集聚场所。

（二）创新氛围的需求

工业化时代城市的作用在于集聚效应、极化效应、发散效应等，而现代城市更注重创新效应。现代城市应为创新氛围提供条件。先进的通信技术可以在瞬息之间获得千里之外的情报，但是情报还需要集中和加以处理才能产生出支持决策的信息，需要聚集各种信息，为决策服务的信息中心。在越来越复杂的国际性经济活动中，要提高决策的准确性，需要的是头脑风暴法（brains torming）激发产生的思想，依靠的是信息神经中枢在空间的高度聚集。商务活动需要专业化市场服务，如法律、会计、管理、咨询等知识行业，这些市场服务的聚集又进一步吸引商务活动的聚集。研究和开发的不同领域、不同环节的人员适度接触，技术支持和休闲设施的便利，是构成创新氛围的要素。

（三）人文环境的需求

世界级的运动场、体育馆、高尔夫球场等组成的体育中心，世界级的图书馆、博物馆、艺术馆、美术馆、大剧院、音乐厅……组成的大文化娱乐中心，其氛围是农村和郊区不可比拟的。更重要的是城市具有宝贵的文化底蕴。1977 年国际建协制定的规划大纲《马丘比丘宪章》指出：“不仅要保存和维护好城市的历史遗迹和古迹，而且还要继承一般的文化传统，一切有价值的、说明社会和民族特性的文物都必须保护起来。”人们对城市历史文脉的保护在早期是出于潜意识的良知，而为了追求经济效益，把古建筑和历史遗迹推倒，建成现代建筑的情况并不少见。进入后工业时代，城市的商务、零售、娱乐和休闲功能日益突出，居住环境、传统的历史文脉和浓郁的文化氛围成为地区发展潜力所在。

（四）自然生态环境的需求

城市的优势是文化底蕴和人文环境，劣势是自然生态（绿化、大气、水体、废渣、噪声）。为了能够满足可持续发展的要求，城市功能得以充分发挥，第二产业中的高能耗、高水耗、有污染的产业，以及劳动密集型的产业需向中心城市以外地区扩展。“柔性城市”“山水城市”的概念，反映了人类回归大自然和追求生活环境自然化的愿望。建立生态功能区（ecological function area, EFA），对城市特殊的自然景观生态区域或人工建立的模拟自然景观生态区域进行有意识的保留或建设，成为现代城市的迫切任务。

第二节　优化城市更新与空间演进的制度供给

一、制度供给概述

“控制增量、盘活存量”理念指引下的城市更新正日渐成为我国城市空间建设发展的持续任务和常态化工作。近年来的国土空间规划改革强调生态文明导向下的“三区三线”管控，对生态保护红线、永久基本农田、城镇开发边界的严格底线约束，以及土地资源本身的有限性等，使得城市用地的扩张面临制约，以“存量提质”为内核的城市更新成为推进城市高质量发展的关键路径。城市更新是针对城市的物质性、功能性或社会性衰退地区，以及不适应当前或未来发展需求的建成环境进行的保护、整治、改造或拆建等系列行动，其经历了城市重建、城市再开发、城市振兴、城市复兴、城市再生等一系列概念迭代，内涵随着社会经济发展和人们认知的提升而不断丰富。进入新时代，城市更新强调运用综合性、整体性、公平性的观念和行动来解决城市的存量发展问题，从经济、社会、物质环境等各方面对处于变化中的城市地区进行长远持续的改善与提高。城市更新理论和实践也从过去主要关注物质形态改造，转向以人为本的综合与可持续更新，并注重思考更新背后的政治、经济、社会等动力机制。

在我国，由于缺乏系统的理论指导和有效的制度设计，城市更新工作开展时常受阻。一方面，受传统规划和土地管理等体制的制约，城市更新过程中的资金来源、土地或建筑使用权限的取得、居民或企业物产的拆迁与补偿、建筑或用地的功能改变、旧建筑改造的消防审核与工商注册等一系列相关行动的落地经常举步维艰或者成效不佳——或者要经历复杂的规划调整或项目审批流程，或者要投入高昂的时间、资金和机会成本，或者带来利益主体间的权益分配不均，又或者造成社会矛盾和历史文化与邻里关系断裂等问题。另一方面，在行政管理上，传统的发改、规划与国土（自然资源）、民政等部门分别从各自领域出发开展工作，不同部门之间缺乏有效联动，使得行政审批、公共资金使用等城市更新配套措施无法实现跨部门的有机衔接，导致更新政策沦入"最后一公里"陷阱而难以落地。因此，若旧有制度不加变革，可能会导致此类问题持续发生，造成城市更新活动偏离其价值目标或者停滞不前。

以上种种说明，在我国城市建设从增量发展转向存量提质的过程中，政府亟须建立和提供新的行动规则来保障和促进城市更新行为的有序发生，即通过制度建设来维护城市更新的秩序化开展。城市更新制度作为规制更新行为的具体规则，包括法律法规、政策、体制、机制等多元内容，影响和塑造着城市空间建设，关乎着其他社会、经济、文化等力量介入城市更新的结果。诺斯指出制度是"人为设计出来构建政治、经济和社会互动关系的约束，它由'正式的制度'（宪法、法律、产权）和'非正式的制度'（奖励、禁忌、习俗、传统及行为准则）组成"。"正式"和"非正式"制度对城市更新的促进作用均显而易见，但在我国现行城市建设管理规则主要服务增量模式的当下，建立具有外部强制性的正式行为规则，即助推城市更新的"正式制度"建设，应成为政府工作的重中之重。

二、城市更新制度建设的关键维度："演进尺度—动力机制—管控要素"的适配

不同国家的社会、政治、经济、文化等制度共同组成了影响和制约城市更新实践开展的外部环境；而从城市更新的内部运作来看，更新目标、更新导向、产权构成、更新规模、更新对象、参与主体、改造方式、功能变更、土地流转、安置模式等，成为理解和认识当代中国城市更新特征的重要视角（见图6-1）。这些视角是城市更新制度可以施加约束、进行干预或实行调节的关联领域。

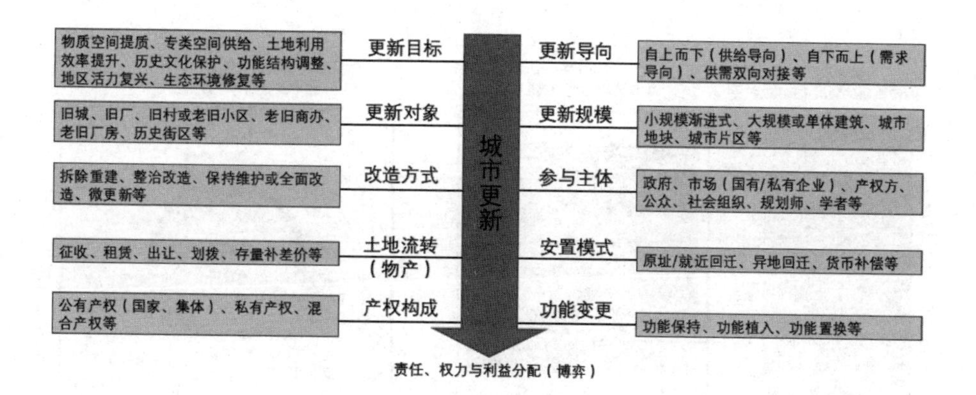

图 6-1　认识城市更新特征的十种视角

（图片来源：唐燕．我国城市更新制度建设的关键维度与策略解析）

有效的城市更新制度体系建设离不开不同维度下行动规则的相互支撑和配合。从我国城市更新制度建设的薄弱环节出发，整合思考 10 种视角涉及的产权变更、主体协作、用途转换等规则需求可以发现，“治理尺度”（国家和地方）、“动力机制”（约束、规范和激励）和“管控要素”（主体—空间—资金）对我国更新制度建设的创新推进具有重要考量价值，这三者之间的规则适配是实现高质量城市更新制度供给的关键（见图 6-2）。

从“治理尺度”维度来看，塔隆（Tallon）在探讨英国城市更新时，将相关政策划分为“国家政策”和“城市政策与战略（地方）”两类来辨析不同层级的更新规则供给。由此可见，城市更新制度在国家与地方等不同空间尺度上发挥着作用，中央与地方（省、市等）之间的制度协同与行动配合，或二者之间的利益博弈与规则错位等关联行为由此变得十分普遍。在时间尺度上，欧洲等西方国家因为政党换届所致的城市更新政策“断裂”时有发生，如荷兰的执政党更替使得其近 10 年的城市更新政策从关注社会融合走向新自由主义导向的市场化进程。政策机制的“突变”在我国亦存在类似情形，原因往往在于行政工作者任期变化或人员调动等造成的干预措施波动。

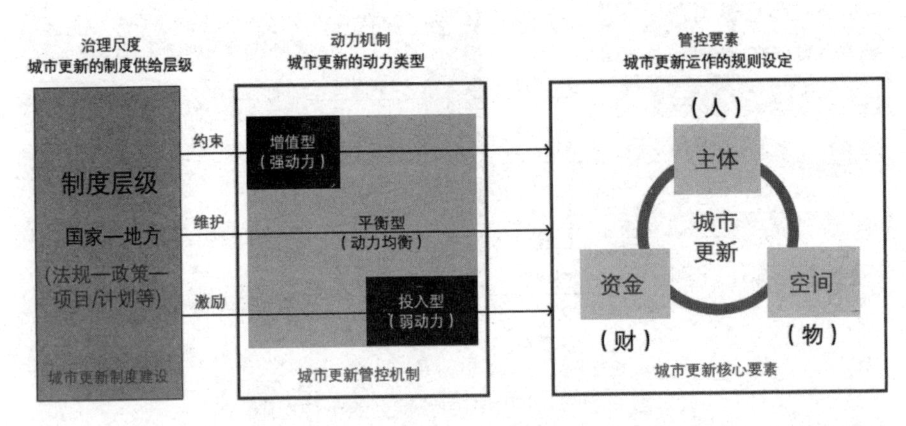

图6-2 城市更新制度建设过程中“治理尺度—动力机制—管控要素”的多维适配

(图片来源：唐燕．我国城市更新制度建设的关键维度与策略解析)

从“动力机制”维度来看，城市更新实践因促发动力强弱的不同，需要差异化的管控措施加以调节以保障更新行动落地。制度作为人们活动需要遵循的规则与依据，具有约束性/激励性、控制性/指导性、规范性/程序性等多元机制特点。具体到城市更新制度，则通常表现出三类主要的引导机制倾向，即注重“抑制”的约束/管束机制，突出“鼓励”的激励机制，以及施加“规范”的程序/维护机制。黑塞（Hesse）从卢森堡的内向“填充式”更新策略出发，指出城市更新的显著矛盾往往集中体现在市场力量与公共政策之间的紧张关系上，即城市通过更新规制建设，陷入既想促进开发又想控制开发的两难境地。因此，从更新动力的客观实际出发，推进精细、精准、差异化的城市更新管控机制供给显得愈发重要，对动力弱者需施加激励，动力强者需强化管束。

从“管控要素”维度来看，城市更新活动的发生几乎都离不开依托要素的资源投入、关系协调或利益分配，包括人的要素、物的要素，以及资本、信息、技术等其他要素。这些要素的相互结合是城市更新实践需要具备的基本条件。然而长期以来，我们通常仅关注物的要素在城市更新中的投入与产出，其他要素的地位和作用要么被忽视，要么被重视的程度不足。由此，针对人、物（空间）、资本、运作管理等全要素进行统筹的制度设计，将成为保障城市更新综合目标达成的重要途径。

三、治理尺度：国家层面与地方层面的城市更新制度供给

（一）城市更新制度的国家引导

国家层面的城市更新制度建设需要统筹提出一般性的引导方向和规则框架，帮助推进各地城市更新实践并解决客观问题。发达国家的城镇化进程开始得早，也更早面临来自存量更新的各项挑战。在二战后至今，世界各国通常会根据不同时期国家的社会经济态势与综合发展需求颁布相应的城市更新政策，以此引导和创造与时俱进的城市更新模式与行动，也取得了相应的进展和成效。

从发达国家城市更新的经验来看，大致经历了以下几个阶段：第一，二战后以住房供应为核心的城市再开发行动；第二，20 世纪 60—70 年代兴起的郊区化趋势导致内城衰退，旧城复兴成为城市更新的关注点；第三，随着城市功能和产业不断换代升级，针对老工业区、老码头区等的更新行动越来越普遍；第四，进入 21 世纪以来，推进社会、经济、文化综合发展的城市更新与内生发展日趋多元。发达国家在国家层面的城市更新制度供给一直未曾停歇，早在 20 世纪 80 年代之前，日本、英国、德国、美国基本就已出台诸如《都市再开发法》（日）、《内城法》（英）、《城市更新和开发法》（德）等国家层级的城市更新法律法规，并不断通过增补、迭代或完善，来形成日趋体系化的国家城市更新规则体系（见表 6-1）。这些制度确定了城市更新在不同国别“干什么”和“怎么干”的基本规定，并常常配合国家层面的城市更新项目 / 计划和资金计划等产生作用，带动和指导全国城市更新活动的实践开展。

表 6-1　发达国家的国家层面城市更新法规建设与整体引导示例

时期	日本	英国	德国	美国
1950 年代	主导集中重建 《建筑基准法》（1950） 《土地区划整理法》（1954）	物质更新：改善房屋与空间蔓延 《城乡规划法》（1944） 《城市再发展法》（1952）	住房建设与旧区翻新 《联邦住宅建设法》（1950）	联邦政府主导住房建设 《城市重建计划》（1954）
1960 年代	都市再开发 《市街地改造法》（1961）、 《都市计划法》（1968）、 《都市再开发法》（1969）	《美化城市环境法》（1967） 社区发展计划制度（1969） 一般改善区制度（1969）	《住宅补金法》（1963） 《空间秩序法》（1965）	《示范城市法》（1966） 《美化法》（1966） 《住房与城市发展法》(1968）
1970 年代	《都市绿地保全法》（1973） 《国土利用计画法》（1975）	社会与社区福利 内城区研究计划（1972） 住宅改良事业地区制度（1974） 综合社区计划（1974） 《内城法》（1978）	旧城保护 《城市更新和开发法》(1971） 《城市建设促进法》（1971） 《特别城市更新法》（1971） 《住宅改善法》（1977）	政府、市场与民间参与 《住房与社区开发法》(1974） 《土地开发法》（1975）
1980 年代	《民间都市开发特别推动法》（1987）	企业式城市更新 城市开发公司制度（1981） 企业区制度（1982） 城市开发项目制度（1982） 城市再生项目（1987）	谨慎城市更新 《城市建设资助法》（1984）	
1990 年代至今	上下结合的都市再生 《都市再生特别措施法》（2002） 《城市建设补助金制度》（2004） 《民间都市再生整备项目的认证制度》（2005） 《特定都市再生紧急整备地区制度》（2011）	城市竞争和城市政策 城市挑战计划（1991） 单一更新预算计划（1994） 《全英国一起行动：街区更新的全国战略》（1998） 城市复兴和街区更新 《我们的城镇：迈向未来的城市复兴》白皮书（2000） 紧缩时代的更新 《地方化法案》（2010）	《减轻投资负担和住宅建设用地法》（1993） “福利城市”计划（1999） 《城市发展促进资金指引和项目指南》 1990 年代至今	多向合作综合演进 “希望六”计划（1992） 《精明增长的城市规划立法指南》（1999）

新中国成立以来，我国城市更新首先经历了百废待兴的建成空间充分利用与改造期，后陷入社会、政治、经济波动中的无序开展；1978 年改革开放政策实施后，城市功能完善和大规模旧城改造着力推进；20 世纪 90 年代以来，在市场经济的导向下，住宅开发建设的热潮和针对历史街区、城中村、工业区等的拆改行动变得十分普遍；2013 年后随着新型城镇化战略的逐步探索确立，城市更新向着更加复合多元的模式转型，渐进式改造、有机更新等做法得以强调。

近年来，我国从国家战略层面提出的社会经济和城市建设策略对城市更新作出了重要的方向指引，包括：推进国家演进能力与演进体系现代化；严控增量、盘活存量；推进高质量发展；建构“双循环”新发展格局；实施城市更新行动等方面（见表 6-2）。此外，不同部委针对老旧小区改造、老旧厂房转型文创空间等更新活动出台的其他专项政策，则提供了更具体和更有针对性的国家专类城市更新制度指引（见表 6-3）。但总体上，我国尚未出台全局性、统领性的国家级城市更新法律法规或管理办法，因此一些学者认为这方面的制度建构将成为未来我国城市更新的重点任务。国家可逐步研究出台全国城市更新工作的行动纲领或框架（指导意见），持续推进相应的法治建设（如编制国家条例等），并积极引导城市更新与规划体系变革的有效融合，创新融资渠道、优化更新收益分配、增强空间设计指引，赋予市场和社会等主体充分参与更新的机会和途径。由于我国地域辽阔，东、中、西部城镇化进程不一，且各城市当前阶段的核心建设任务有所差异，因此国家引导需给地方设立规则预留出弹性空间，鼓励地方管理部门因地制宜地建构“本地化”的城市更新工作指引。

表 6-2 我国国家层面的城市更新方向指引

政策指引	提出时间	行动方向
演进能力与演进体系现代化	2013 年 11 月（党的十八届三中全会）	将“推进国家演进体系和演进能力现代化”作为全面深化改革的总目标。城市建设须担负起推动和优化社会演进的相关责任，通过城市更新实践促进城市精细化演进
严控增量，盘活存量	2013 年 12 月（中央城镇化工作会议）	“严控增量，盘活存量，优化结构，提升效率”“由扩张性规划逐步转向限定城市边界、优化空间结构的规划”
高质量发展	2017 年 10 月（党的第十九次全国代表大会）	根据高质量发展要求，城市发展应注重“量”的合理增长与“质”的稳步提升，着力解决城市区域发展不平衡、不充分等问题，补足短板并提质增效
“双循环”新发展格局	2020 年 5 月（中央政治局常委会会议）	在全球化经济总体下行和新冠疫情的影响下，推进国内国际“双循环”相互促进的新发展格局。城市建设在通过城市更新实现空间品质提升的同时，激发经济发展动力
实施城市更新行动	2020 年 10 月（党的十九届五中全会）	对下阶段城市建设工作进行战略部署和方向指引：明确城镇化过程中要解决城市发展问题，制定实施相应政策措施和行动计划；提出内涵集约式发展的具体举措

表 6-3 我国国家层面推进住区更新改造的主要近期政策（2020 年）

编号	政策文件名称	政策文件要点	发布情况
1	《国务院办公厅关于全面推进城镇老旧小区改造工作的指导意见》	明确改造内容；健全组织实施机制；建立政府与居民、社会力量合理共担改造资金的机制；完善配套政策	国办发〔2020〕23 号
2	《住房和城乡建设部办公厅关于印发城镇老旧小区改造可复制政策机制清单（第一批）的通知》	加快改造项目审批；存量资源整合利用；改造资金由政府与居民、社会力量合理共担	建办城函〔2020〕649 号
3	《住房和城乡建设部等部门关于开展城市居住社区建设补短板行动的意见》	合理确定居住社区规模；落实完整居住社区建设标准；因地制宜补齐既有居住社区建设短板；确保新建住宅项目同步配建设施；健全共建共治共享机制	建科规〔2020〕7 号
4	《住房和城乡建设部等部门关于印发绿色社区创建行动方案的通知》	建立健全社区人居环境建设和整治机制；推进社区基础设施绿色化发展；营造社区宜居环境；提高社区信息化智能化水平；培育社区绿色文化	建城〔2020〕68 号
5	《住房和城乡建设部办公厅关于成立部科学技术委员会社区建设专业委员会的通知》	充分发挥专家智库作用，包括研究城市社区建设发展动态和趋势，制定城市社区建设工作发展战略、标准规范等，参与相关领域评审、评估、检查工作	建办人〔2020〕23 号

（二）地方城市的更新制度探索

我国地方层面的城市更新制度供给主要集中于省（自治区、直辖市）、市、区三个尺度，目前省级层面（不含直辖市）的统筹制度建设刚刚起步（如安徽、辽宁等省已出台省级管理文件），市级层面的制度创新正日渐兴盛，同时部分城市在简政放权的过程中不断强化各区在城市更新政策供给上的权限配置。2008 年以来，城市层面的城市更新制度创新在我国首先兴起于沿海发达城市，如广州、深圳和上海等地。这些城市在扩张过程中率先面临来自新增土地资源不足、城市产业转型升级等方面的挑战，通过制度建设破解此类难题成为共同选择。

1. 地方城市更新制度的“顶层设计”

广州、深圳、上海等城市近 10 年来持续推进城市更新政策与体制的改革创新，涉及机构设置、资金来源、法规建设、规划编制、审批流程等多方面。这些城市基本专设了城市更新管理机构（通常由住建或规自部门主管，联合其他部门协同工作），出台了城市更新管理办法（或条例）和一系列配套政策法规。2020 年底，深圳在原《深圳城市更新办法》基础上发布了具备更高法律地位的《深圳经济特区城市更新条例》，创造了我国城市更新制度建设的新里程碑；2021 年，广州市住房和城乡建设局就《广州市城市更新条例（征求意见稿）》征求意见；2021 年，上海市十五届人大常委会第三十四次会议表决通过《上海市城市更新条例》。无论强调市场导向还是政府导向，这些城市基本都明确了城市更新从规划编制到实施落地的具体流程和要求，通过多主体申报（政府、业主、开发商等）等程序来确定更新项目，并探索划分“旧城—旧厂—旧村”“全面改造—微改造—混合改造”或“拆除重建—综合整治”等类别，差异化引导推进实践项目的审批管理和实施建设。其间，标图建库、圈层引导、容积率奖励和转移、公益用地上交、保障性住房和创新产业用房提供等单项创新举措也不断出台。

2. 地方城市更新制度的“基层创建”

各地涌现出的基层规划师制度，开始发展成为联结政府与社会的重要纽带，在推动公众参与、协调多方诉求、优化利益分配等方面发挥着桥梁作用，表征了我国规划师从“技术精英”向“中间者／协调者”转型的新趋势。上海和广州推行的社区规划师制度、北京推行的责任规划师制度等，为自下而上地探索更加灵活多元的城市更新实施路径创造了有力的机制保障。不同城市竞相摸索的公共空间微更新、老旧小区改造、参与式设计、社区花园等百花齐放的试点项目，也成为城市更新制度建设中“摸着石头过河”的重要创新实践。

四、动力机制：经济动力视角下的“增值型—平衡型—投入型”城市更新制度供给

在开展分类引导的城市更新管控中，更新对象通常被划分为“老旧厂房”“老旧住区”“老旧商办”等不同功能类型，或按照“拆除重建”“综合整治”等不同改造力度类型实施政府管理。但从常常被我们忽视的极其重要的经济动力视角来看，城市更新还可简要划分为“增值型”“平衡型”“投入型”三类——更新管控的制度供给需根据这三类对象的差异进行针对性的规则设定（见图 6-3）。

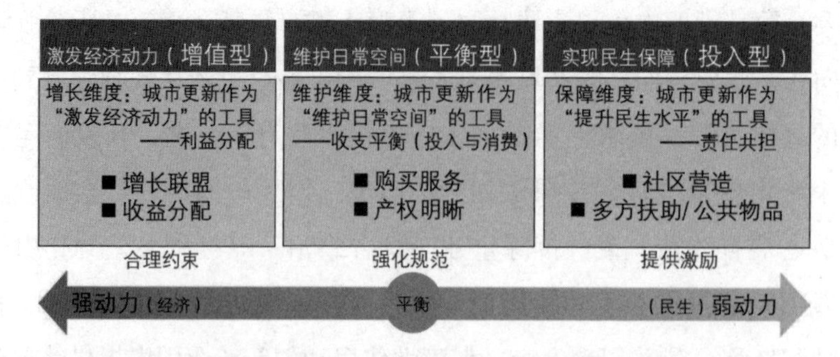

图 6-3 增值型、平衡型、投入型城市更新类型及其管控导向

（图片来源：唐燕．我国城市更新制度建设的关键维度与策略解析）

（1）更新动力强劲的“增值型”城市更新。一些城市更新项目的实施会带来可观的增值收益，如将一片老旧工业区改造为城市 CBD 或商住片区的拆除重建行为。政府和市场等主体参与和推动这类更新项目的潜在动力大，且政府、开发商等往往通过结成“增长联盟”来共同实施地区更新，并在此过程中获取相关收益。因此，这类更新活动的管控关键在于如何更加合理地进行增值收益分配，如何避免更新改造可能造成的环境或社会等方面的负面影响，如何保障更新对地区综合长远发展的贡献等。

（2）日常空间维护的“平衡型”城市更新。平衡型城市更新几乎每天发生在城市的不同角落，是对空间环境老化的一种持续性修缮和维护工作，如业主出资的房屋外立面维修等。这类城市更新的空间对象往往责权边界相对清晰，业主等通过购买服务来修缮物产并获得相应的品质回报，投入与收获达成平衡关系。针对此类投入与消费过程，更新的管控关键在于通过规范建构（如完善物业管理机制、优化相关法规建设等）进一步明晰产权关系，保障业主意愿的合理实现，确保相关服务的有效获取和供给等。

（3）为保障民生开展的“投入型”城市更新。这类城市更新往往并不能带来直接的增值收益或经济收入，相反更多地需要资金、人力等成本投入，以保障基本民生所需和拉动落后地区的发展，如对一些老旧社区、贫困地区开展的改造和优化行动。因此，这类更新通常离不开来自政府、社会组织、第三方机构等的扶助，其管控关键在于如何调动居民出资、明确责任共担机制、保障公共物品供给，以及如何通过推动社区营造、激发市场参与实现以在地居民为核心的多元主体共建共治。

总体来看，上述三类更新的有效管控需要机制设计与策略举措上的区别应对。例如：针对“增值型”城市更新，需更多考虑如何进行好的“管束／约束”和公平的利益分配，确保开发容量不“超容”、建设行为不破坏生态环境和历史文化等，以避免强劲更新动力带来的一味追求经济收益的再开发影响；针对“投入型”的城市更新，政府需要提供更多的支持、保障和激励措施，如局部放宽对功能用途等的管制要求（对“补短板”行动的弹性管理支持等），提供一定的资金帮助或容积率奖励等；针对“平衡型”的城市更新，则需建构有序的维护和维修等机制保障，以便物业公司、业主在公共维修基金使用等问题上实现良性互动，确保城市物产能够获得持续有效的渐进式“修补”，这对于减少“短命建筑”和实现存量空间的长远稳定发展至关重要。

五、管控要素：“主体—空间—资金”的相互支撑

我国城市更新规则设计过程中，对主体、空间、资金三类要素的统筹思考十分关键（见图6-4）。这对应着“人—财—物”的有序安排与高效协同，是当前我国城市建设的重要内容。

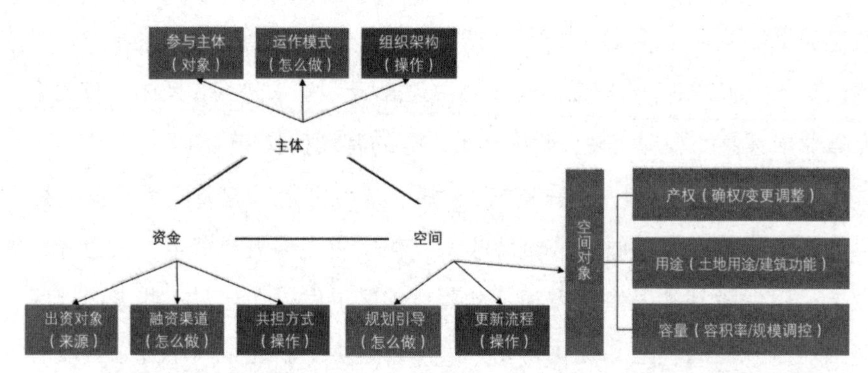

图6-4 城市更新中“主体—空间—资金”要素的相互支撑

（图片来源：唐燕．我国城市更新制度建设的关键维度与策略解析）

（1）主体：保障多角色参与和优化利益协调。政府在我国的城市更新活动中长期扮演关键角色，市场和社会等的参与时有缺失。在新时期，如何强化城市更新的多主体参与、推进精细化的社会演进成为重要使命，需要不断借助制度建设，保障产权人、公众、社会组织、规划设计者、开发公司、非营利机构等积极介入城市更新，推进政府主导、社会主导、市场主导等更新模式的多元共存。为保障我国城市更新行动逐步迈向以参与

主体多元化、角色关系平等化、决策方式协商化、利益诉求协同化为特征的“多元共治”，城市更新制度建设需重点维护不同主体的参与权利，调动不同主体的参与热情，达成不同主体的协同合作或一致同意。此外，政府也将从过去单一的城市更新“实施者”转型为城市更新的“管理者”“协调者”或“服务者”，通过有效的机制设计推动“利益相关者”的更新协作，对各主体间的利益博弈和协调发挥调节作用。

（2）空间：既有空间改造中的“产权—用途—容量”干预。城市更新制度需要界定政府干预城市空间更新改造的边界与要求，这涉及不同管理部门的对接、更新项目适用的规范与标准、更新规划的编制与落地、项目审批的流程与要求，以及空间管控相关规定等。其中，有关空间产权、用途、容量的更新规则设定，已成为当前我国城市更新制度创新突破点和争议点的汇集处，其背后折射的是权力和利益在不同主体间进行分配的关系与诉求。具体来看，在“产权”方面，因经年累月的物业流转、主体变化和政策革新等所导致的复杂产权归属与产权期限情况，很大限度上影响甚至决定着更新行动能否得以开展。相应制度的创新主要表现在产权收拢或分割的政策设计、历史问题地块等的确权、产权期限和类型约定、土地产权“招拍挂”或“协议出让”的途径要求等措施上。在“用途”方面，城市更新对已有空间的“用途（或功能）”进行变更常常导致更新前后的空间收益变化。当前制度创新调节的重点表现在用途转变后的补缴地价、控制性详细规划的相应认定要求、允许功能混合与转换的特殊约定、过渡期政策优惠等方面。从“容量”方面来看，容量是城市更新过程中开发建设面积的表征，也是平衡成本与收益、决定开发获益等的重要指标——“增加容量”（从而增加经济收益）仍是当前大量城市更新项目得以实现的支柱力量，更是开发商介入城市更新并进行利益博弈的焦点。然而，只是借助建造更高楼房和提供更多建筑面积的方式来推进更新开发，从长远来看是不健康、不可持续或难以为继的，很可能导致城市建设在强度和密度上的失控，因此相关制度创新宜聚焦容积率调整的上限设定、以公益贡献获取容积率奖励、推行容积率转移等举措上。2021 年 8 月住房和城乡建设部发布《关于在实施城市更新行动中防止大拆大建问题的通知》，明确提出不应以过度房地产化的开发建设方式进行城市更新。

（3）资金：扩大资金来源并进行有效利用。城市更新不能只是政府公共资金的一方投入，还需要市场和社会资本的广泛参与。如何吸引政府外资金积极投入城市更新实践，尤其是参与获利少的“投入型”更新项目，往往成为相关制度建设的核心挑战。国际经验表明，政府吸引社会资本参与更新行动的举措可以非常多元，包括更新收益共享、项目合作、空间（土地）的激励和优惠措施，以及相关的税收调节和金融手段等。我国城市更新的主要资金激励措施目前集中在土地关联政策上，如地价优惠与返还、过渡期政策、用途转变许可、新旧捆绑开发等，而税收和金融手段的应用还处在起步期（近期房地产信托投资基金等新型途径的引入或将开启新的融资前景）。撬动来自居民等的民间资本参与更新，需更加清晰地界定各主体间的“责权利”关系，并通过“参与”使更新改造更加契合居民的需求与愿景。实现城市更新总体资金的有效利用，同样需要将改造内容与客观诉求匹配起来，特别是在“自上而下”的公共资金使用过程中，避免店招单一化改造等资金投入脱离实际的争议现象。

第三节 城市更新与空间演进的可能方向

2020 年 10 月，中共十九届五中全会通过的《中共中央关于制定国民经济和社会发展第十四个五年规划和二〇三五年远景目标的建议》正式从国家战略层面提出实施城市更新行动；2020 年 11 月 17 日，住建部官网发布时任住房和城乡建设部部长王蒙徽的署名文章《实施城市更新行动》，吹响了全国各地实施城市更新行动的号角。2021年间，全国超过20个省份、30个城市相继出台城市更新相关的法规政策或就法规政策公开征求意见，城市更新已然成为各个主要城市发展的新热点。毫无疑问，2021年是中国城市更新元年。

一、住建部的“油门”与“刹车”

作为城市更新的主责部门，住建部就城市更新行动在全国范围内的实施与部署发布了三份文件。

一是时任住建部部长王蒙徽于2020年11月17日在部门官网发布的署名文章《实施城市更新行动》。该文章虽不属于住建部发布的部门规章或政策性文件，但在部门官网发布且于2020年12月29日在《人民日报》全文刊发，属于“十四五”规划出台背景下的官方发声，其重要意义不言而喻。该文提出城市更新“四大意义”和“八大目标”。

“四大意义”是指：①实施城市更新行动，是适应城市发展新形势、推动城市高质量发展的必然要求。②实施城市更新行动，是坚定实施扩大内需战略、构建新发展格局的重要路径。③实施城市更新行动，是推动城市开发建设方式转型、促进经济发展方式转变的有效途径。④实施城市更新行动，是推动解决城市发展中的突出问题和短板、提升人民群众获得感幸福感安全感的重大举措。

“八大目标”是指：①完善城市空间结构。②实施城市生态修复和功能完善工程。③强化历史文化保护，塑造城市风貌。④加强居住社区建设。⑤推进新型城市基础设施建设。⑥加强城镇老旧小区改造。⑦增强城市防洪排涝能力。⑧推进以县城为重要载体的城镇化建设。

二是住建部于2021年8月30日印发的政策文件《关于在实施城市更新行动中防止大拆大建问题的通知》（建科〔2021〕63号，下称“63号文”）。该文件经过短暂的征求意见后立即发布，划定城市更新活动的“四道红线”：①拆旧比。原则上城市更新单元（片区）或项目内拆除建筑面积不应大于现状总建筑面积的 20%。②拆建比。原则上城市更新单元（片区）或项目内拆建比不应大 2。③就地就近安置率。城市更新单元（片区）或项目居民就地、就近安置率不宜低于 50%。④租金年度增长率。城市住房租金年度涨幅不超过 5%。

三是住建部于 2021 年 11 月 5 日发布的《关于开展第一批城市更新试点工作的通知》。该通知决定在北京等 21 个城市（区）开展第一批城市更新试点工作。按照计划，第一批试点自 2021 年 11 月开始，为期 2 年，试点城市包括北京、唐山、沈阳、南京、苏州、潍坊、成都、西安等。从试点城市名单来看，第一批试点城市全面覆盖中国东部、中部、西部、东北部四大区域。既有超大城市、特大城市的部分城区，又有中等城市全域；既有吸引力渐强的省会城市，又有深受“虹吸效应”困扰的地级城市；既有重焕新生的千年古都，又有囿于环境的资源型城市。该通知指出，要探索建立政府引导、市场运作、公众参与的可持续城市更新实施模式；坚持“留改拆”并举，以保留利用提升为主，开展既有建筑调查评估，建立存量资源统筹协调机制；构建多元化资金保障机制，加大各级财政资金投入，加强各类金融机构信贷支持，完善社会资本参与机制，健全公众参与机制；重点探索城市更新统筹谋划机制，探索城市更新可持续模式及探索建立城市更新配套制度政策。

分析总结以上三份文件的内容，不难看出住建部对城市更新行动的双重态度：一方面要加大力度实施城市更新行动，将城市更新作为拉动经济增长、提高城市品质的重要引擎；另一方面要防止过度拆建行为破坏生态环境和历史建筑。

这两方面如同城市更新行动的“油门”和“刹车”，必须协同使用。既要鼓励城市更新，解决公共配套不足、土地利用率低下、城市规划不合理、居住安全隐患等城市病；也要避免城市更新中的过激行为产生新的城市病。既要激励市场要素积极参与城市更新；也要加强政府统筹监管，让城市更新在政府的统一规划、分批计划、全程管控的体制下运作。

二、城市更新的未来展望

经过高速城镇化发展，中国城镇化水平已经超过60%。步入城镇化中后期阶段，中国面临着很多新的问题和新的形势。从棚户区改造到老旧小区改造，再到实施城市更新行动，中国对于城市更新的重视不断增加，未来五年全国城市更新的力度将进一步加大。已有专家预计，城市更新将催生数万亿级的市场。城市更新不仅仅是房地产开发企业取得土地的新形态，也是政府发展产业、提升城市品质的重要手段。当城市更新成为城市发展的新常态、成为国家级行动部署，城市更新也将面临一系列新趋势、新特点和新挑战。

（一）城市更新将成为解决土地二元制结构性矛盾的主要手段，集体土地市场将成为中国土地市场的重要组成部分

我国用地制度存在集体土地和国有土地的二元制结构性矛盾。在2019年《土地管理法》修订之前，集体土地的用途受到严格限制，经营性建设用地通常只限于国有土地。《土地管理法》限制集体土地用于经营性建设的规定，与市场经济活动的现实情况脱节。以广东省为例，改革开放初期，大量的外企、民企与村集体经济组织合作，合作的主要方式是村集体出地、企业出资建设工业厂房。正是改革开放初期建设于集体土地的工业厂房构成了如今成片的村级工业园，农村集体经济也在村级工业园的基础上发展起来。村级工业园吸引大量外来务工人员，催生大量的消费、商业和居住需求，城中村的物业价值也随之攀升。但因为《土地管理法》及其他法律法规的限制，外企、民企与村集体合作建设的大量工业厂房缺少合法的审批手续，也未取得产权证书。

为解决普遍存在的历史遗留违法建筑问题，深圳曾出台多份法规政策文件，但仍有大规模城中村建筑依然无法办理合法登记手续。城市更新已

成为彻底解决历史遗留违法建筑问题的重要手段，为此深圳出台了城市更新项目范围内历史违建的简易处理制度、合法用地比例制度和历史违建权利人确认制度。当城市更新项目列入更新单元计划，项目范围内的历史违建可以得到搬迁补偿，项目范围内的集体用地可以完成征转手续后转为国有用地，建成后的物业可以作为市场商品房无限制地流通。从某种意义上说，深圳的城市更新制度已为彻底解决土地所有权二元制结构性矛盾提供范例，但城市更新项目集体用地处理仍然是非常棘手的问题。

2021 年修订的《中华人民共和国土地管理法实施条例》（下称《实施条例》）或将彻底改变城市更新项目的用地审批困境。《实施条例》对城中村改造具有以下重要意义：一是明确集体经营性建设用地的入市程序、入市方案、合同内容、入市的相关权利义务等内容，有利于集体经营性建设用地与国有建设用地真正实现“同地同权”；二是鼓励乡村重点产业和重点项目利用集体经营性建设用地，促进集体经营性建设用地的节约集约利用；三是优化建设用地审批流程，减少农用地转用的批准手续。

《实施条例》将彻底扫清集体经营性建设用地流转的法律障碍，集体土地不再需要先转为国有土地再进行流转。在新的土地管理法框架下，城中村更新项目用地的手续办理、地价成本将有望改变深圳一贯的做法，转而按照新的程序办理，即无需先将集体土地转为国有土地后再进入国有经营性建设用地市场，而是直接以集体经营性建设用地进行改造和流转。随着各地配套政策的落地，尤其是各地政府对村级工业园改造的大力支持，城中村将出现新一轮的投资建设热潮，“产城融合”将随着村级工业园全面升级改造而得以实现，集体土地的资产价值也将随着城市更新得以全面实现，庞大的集体经营性建设用地市场将逐渐形成。

（二）城市更新将由“开发模式”向“经营模式”转变，地产开发商参与城市更新面临新的机遇和挑战

住建部 63 号文旗帜鲜明地指出城市更新要防止过度地产化，要鼓励

城市更新发展模式由“开发方式”向“经营模式”转变，探索政府引导、市场运作、公众参与的城市更新可持续模式。各地政府亦在相关政策中响应中央号召，采取措施防止城市更新中的土地开发炒作。具体的举措主要包括：①强调公益属性，提高城市更新项目的公共服务空间比例。以深圳为例，《深圳更新条例》首次提出“公益优先”；从已批准立项的项目来看，城市更新中公共服务空间贡献比例平均达到30%左右。②强调产业保障，鼓励“工改工”、限制“工改商住”。广东省各城市的城市更新政策存在共性特点，即出台各种激励政策，大力推进成片工业园改造，释放新的产业空间，严格限制工业用地转为商住用地的供应。③强调“绣花功夫”，鼓励微改造，限制大拆大建。微改造能够有效地提升居住品质、改善社区环境，能够在保护历史建筑的同时挖掘文化旅游资源。

自深圳开展市场化城市更新以来，城市更新市场中最活跃的主体是房地产开发商，以及为开发商配套融资的金融机构。城市更新市场活动中房地产投机炒作行为，既包括前期服务商炒卖项目，也包括项目范围内回迁房的交易炒作。这些问题已经引起政府部门的关注，深圳市、区两级政府均已出台相关规定禁止回迁房炒作。地方政府防止城市更新地产化的系列举措不断挤压房地产开发商在城市更新的利润空间，再加上房地产调控和三道红线的影响，部分房地产开发商已经陷入债务困境，楼市开始降温。房地产行业将迎来行业大洗牌，城市更新市场也将进行深度调整。对于部分债务负担重、追逐高额利润、投机套利的开发商企业，近期的强管控对它们影响很大。但对于稳健经营、资金充裕的房地产企业而言，却是抓住机遇进行转型的好时机。

如何顺应政策导向完成“开发模式”到“经营模式”的角色转型，是参与城市更新的房地产开发商首要考虑的问题。城市更新市场实践并无成熟的经验可供借鉴，住建部63号文也没有具体规定开发商如何从开发模式转变为经营模式。城市更新具有很强的地域性，全国各地很难在短期内依据住建部63号出台清晰可行的转型政策，参与城市更新的开发商将面临较大挑战。开发商不仅需要转变思维，更需要创新商业模式。

从市场角度分析，从“开发模式”转变为“经营模式”，意味着城市更新市场将面临系列的转变。首先，从短期高额利润到长期价值创造转变，短期投机行为将逐渐挤出市场。如本文前面分析，过去，城市更新市场中存在大量的投机行为，但随着政府提高市场准入资格、加大审批监管力度，大量以投机为主的中小企业将挤出市场。其次，从资本驱动到专业驱动的转变。在“开发模式”下，以大拆大建房地产开发为主，这种模式主要靠资本驱动。而在“经营模式”，以产业园建设和微改造为重点，无论是产业项目，还是老旧街区的改造，专业能力显得更加重要。最后，从独立项目开发到社区、片区整体运营的转变。传统开发模式下，开发商以项目为单位独立开发，除了项目配套的商业设施和公共设施外，项目相对独立。但随着城市更新的深入推进，城市更新更加注重片区整体规划、整体开发和整体运营，是多项目、多业态、多模式的混合，市场主体必须考虑整个社区、片区的利益平衡。

（三）城市更新是政府招商引资的新引擎，镇村旧工业园成片改造将迎来新机遇，市场主体应顺应政府趋势，积极布局相关市场

城市更新将在盘活低效空间、推动产业升级中发挥重要作用。从广东省来看，城市更新是产业升级转型的重要引擎，城市更新将传统高污染、高能耗、低附加值的低端制造业改造为以高新技术、智能制造、新材料、新能源等方向为主的新产业聚集区，真正实现产业转型、“腾笼换鸟”。

截至目前，粤港澳大湾区珠三角9市实施的城市更新项目中，属于产业类的项目超过1000个。各地政府都在积极开展以城市更新为主题的产业招商引资工作。以顺德为例，顺德全区有十大主题产业园规划用地合计约3.5万亩（约23.3 km^2），已启动建设的园区用地合计约1万亩（约6.6 km^2），已完成的建筑面积约384.19万 m^2，这些主题产业园区已布局芯片、智能家电、机器人等新兴产业。而东莞存量的镇村工业园 1 800 多个，园区面积 50 多万亩（约 333.3 km^2）。东莞提出从 2020 年起，以低效镇村工业园改造为核心，实施“工改工”三年行动计划，力争三年完成“工改工”拆除整理 30 000 亩（20 km^2）。

从政策层面来看，各地政府在持续优化“工改工”政策，不断释放政策红利。例如，东莞市政府在 2020 年出台《关于加快镇村工业园改造提升的实施意见》，该意见针对土地归宗拆迁补偿难、连片改造动力不足、各类历史遗留问题负担沉重等难点，围绕“降低成本、提高收益、创新模式、破解难题、机制保障”五个方面，通过 60 多项创新集成为镇村工业园改造提供政策支撑。“工改工”的政策环境和市场环境持续向好，“工改工”市场尤其是镇村旧工业园成片改造将迎来新机遇。首先，在住建部防止大拆大建和限制地产化总体思想指导下，改造方向为商住类的项目将减少，拆除重建类的成片工业园改造将是存量土地再开发的主战场。开发商要获取新的土地资源，成片工业园的改造将是不可或缺的途径。其次，政府将逐步放开“工改工”项目的诸多限制。比如适当放宽用途管制，允许混合用途的“工改工”项目。再比如放宽面积分割转让限制，使得“工改工”项目的流转更符合市场需要。最后，成片工业园改造和整村改造相结合，产业空间和商住空间捆绑开发会成为主流模式。

因此，市场主体应当顺应政策趋势，以“工改工”为抓手，以整村改造、产城融合开发为主要模式，将公司长期盈利目标和城市发展的公益目标相结合，方可实现城市更新的可持续发展。

（四）创新成为引领未来城市发展的动力

在全球经济转型的背景下，创新成为城市发展的重要动力。在空间层面，城市创新的逻辑已发生转变，创新经济的载体已从传统的“生产主导型”的产业园、高新技术园区等产业集聚区转向生产生活相融合的“城市社区型”创新街区。城市街区成为吸引创新集聚的主要原因在于其具备完善、功能齐全的城市硬环境和软环境，可在有限的空间内实现高密度协同。未来将有更多的混合街区成为创新创业载体，尤其是城市的老旧住宅区，在更新改造后更易成为最具活力的创新空间。国外，通过城市更新使传统的老旧住宅区转型为创新街区已成为一些城市普遍实施的城市复兴和经济发展战略，如伦敦硅环、纽约硅巷等。未来，通过规划创新街区打造创新空间，吸引创新人才，将成为城市更新建设的核心关键之一。

（五）文化传承彰显未来城市的特色魅力

城市文化是城市区别于其他地区的特征所在，是城市内在吸引力的表征，是城市核心竞争力的体现。美国社会哲学家刘易斯·芒福德（Lewis Mumford）曾指出“城市是文化的容器”。国家新型城镇化战略提出“要融入现代元素，更要保护和弘扬传统优秀文化，延续城市历史文脉”。我国未来城市建设中，应通过文化探索城市发展的新路径，展现城市新形象。

当前城市文化的载体一般聚焦在历史街区、工业区更新为创意街区以及文化区等，在社区层面的文化传承较为薄弱。而对于居民而言，社区是其最主要的活动场所，社区层面进行文化建设更易形成城市文化的“触媒”，更有利于文化氛围的营造。

（六）智能技术提升未来城市的运行效率

目前，新技术持续的突破性进展正带来城市的新一轮变革，大数据的应用、计算能力的提升、理论算法的革新和网络设施的演进驱动信息技术进入发展高峰期，以 AI、虚拟现实为代表的新技术将会深刻改变现代人的生活，并会极大提升未来城市的运行效率。如新加坡计划通过信息技术打造全球城市，开展“智慧园”计划。毋庸置疑，智能技术将对未来城市的建设产生深刻的影响。智慧社区作为智慧城市组成的基本单元，智慧化建设亦有助于提高社区效率，解决社区中的社会问题。

（七）更新成为未来城市建设的主要方式

我国在过去数十年的城镇化发展过程中，用地惯性扩张的现象长期存在，土地资源被粗放地消耗，城市规划亟须由原先的增量扩张向存量更新转型。存量规划时代，减量提质、城市更新成为未来城市发展及建设的主要方式。其中，老旧居住区是城市更新的重要组成部分。但以往的城市更新存在众多问题：土地利用方式粗放，公共利益界定不明，公共设施难以保障，旧城社会网络遭受破坏等。鉴于此，以上海、广州为代表的城市积极探索社区“微更新”。改造并推动从设施完善、产业优化、环境美化、内涵升华、演进永续的五大目标逐级递进。

微更新可在一定程度上解决社区的空间、设施及活力问题，但由于局限于“小规模、微尺度”，故提升力度有限，对城市发展的带动力度较弱。故而，文章将未来社区理念引入未来城市更新，探索其如何带动城市整体发展，改善人居环境，提高土地使用效率，带动转型升级等，同时彰显城市特色与文化内涵。

三、基于未来社区理念的未来城市更新规划要点探索

（一）价值取向的修正

1. 从以物为本向以人为本的转变

以往的城市更新过多关注物质空间，而忽视人的实际需求。在创新经济时代背景下，“人”必然会成为城市最重要的资产，未来社区理念下，应把人对美好生活的向往、对生命价值的追求视为核心问题，关注物质要素和人文环境是否能够公平更好地满足每个人的物质需求和精神需求，使城市成为幸福家园。

2. 从单一目标向多元目标的完善

现阶段城市更新侧重以盘活存量用地、追求经济效益为主要目标。未来，应将城市更新上升到城市发展战略、城市公共政策的高度来看待，更

加注重体现社会公平、改善人居环境、促进产业转型升级、传承文化、激发城市活力等多元目标的实现，并向智慧化、生态化等多元化的方向升级。

3. 从有限利益主体向多元利益主体的重构

目前的城市更新大多是政府和市场占据主导地位，社区居民的参与力度不足，诉求往往得不到有效回应。未来社区理念下，不仅应权衡政府、市场、居民的三方利益（充分保障公众有序、有力地参与，同时对开发商的行为进行有效规范，确保开发商不过多挤占利益空间），更应考虑城市创新人才、就业群体、租户等城市其他人群的利益，形成开放多元的主体形式。

（二）人本宜居的贯彻

1. 提供多层次的设施和服务

基于生活圈理论，面向文化、教育、健康等需求，配套多层级、复合化的公共服务设施，并提供个性化、定制化的服务。如杭州萧山瓜沥七彩未来社区突出文化和公共服务功能，打造集公共服务中心、智慧管理中心、文化中心、创业中心、宴请生活中心、社交娱乐中心、运动健康中心等七大中心复合一体的综合服务中心。

2. 塑造回归人本的公共空间

公共空间的规划应更加注重人的需求和空间活力的提升，在传统营造多层级公共空间的基础上，以精细化、立体化为重点。可合理利用建筑灰色空间，营造活力、互动的街道；通过街道空间的精细化设计，营造无障碍的慢行公共空间；通过空中平台（连廊）系统，塑造“三维立体”的公共空间。未来社区普遍规划有空中平台（连廊）系统，构建立体网络化活动和交通空间。在其他城市更新区块，也应该结合地形、环境条件和周边情况，有意识地强化空中（或下沉）类型活动空间的打造，并相互连接，形成城市级别的立体系统。

（三）文化特色的传承

1. 营造文化特色空间

深入挖掘城市的历史文化特色，并通过空间上的转译和再现，实现传承。如义乌下车门社区传承“商城”特色，打造“商局融合”的社区新模式。构建各具特色的步行化商住街区，传承义乌的商业风情特色。结合文化物质要素，打造记忆节点：如杭州始版桥社区保留代表城市工业发展历史的老厂房烟囱，打造中心公园，并结合汽车南站的旧址规划“南站纪念小广场”。在其他的城市更新地区，应该重视地块的“小”文化特色的凸显，积小成大，促进城市“大”文化特色的传承。

2. 融入文化风貌特色

未来社区一般通过空间尺度、建筑元素的延续植入传统地域文化要素，并以现代化的手法进行演绎，形成“既传统又未来”的风貌特征。如衢州柯城礼贤社区在文化特征中提取传统小街巷、多院落的组合方式，营造宜人的空间尺度；并提取传统东方建筑“白墙黛瓦”“前坊”“望楼”等元素进行现代演绎，融合形成大花园、小房子，兼具地域特色与强烈未来感。在未来城市更新时，在融入文化元素的同时，应注重“未来感”的体现。

3. 强化文化 IP，延续精神内核

城市文化 IP 的终极目标是追求价值和文化认同，未来社区通过对文化 IP 的塑造满足人们对文化认同与社会关系延续的期许。如宁波鄞州划船社区秉持“众人划船、共建和谐”的社区精神，打造里坊式邻里形态，并分别嵌入原有的“墙门”文化；同步建设红色文化展示长廊，展示社区精神。未来其他地区城市更新，应通过文化空间的重现、文化形态的重组、文化记忆节点的还原等方式，延续文化。

4. 创新要素的统筹

城市层面，需进行支撑创新“全要素矩阵”的构建，包括营造创新环境、系统考虑科研基础与平台、谋划特色创新空间、对创新产业进行整体培育等。未来社区是“全要素矩阵”的重要组成部分，一般承担“创新街区的营造”“适应创新人才的居住载体”“谋划特色创新空间”等分工。一方面，通过用地混合开发，营造创新街区，打造弹性共享的复合型多功能创新载体；另一方面，通过户型选择、特色打造、主题营造等方式，建设创新人群需求的“潮宅”。如拱墅瓜山未来社区改造老的农民房，从户型设计、主题特色、配套设施等方面均考虑创新人群的需求，打造面向创新人群的居住空间。再者，可通过建筑垂直混合，打造激发创新、促进创新交流的多元空间。未来城市更新应着重考虑创新需求，根据其在城市层面应承担的“创新分工”及自身特征，通过用地混合、建筑混合等策略推广创新驱动的有机更新。

5. 系统化整体设计

未来社区引领城市更新的关键之一在于通过要素的构建统筹城市或片区整体；无论是基础设施还是服务设施均具有网络型、系统性、公共性的特点，无法局限于单个地块内考虑。只有从交通、功能、公共空间、智慧化运营等多方面通过与城市（或片区）进行系统组织，才可发挥整体作用。

如未来社区中高效立体的交通组织，无疑需要考虑与城市交通的衔接，与公共服务设施的连通，与公共交通设施的对接；公共空间的构建，应与周边的公园、广场、绿地等进行统筹考虑，形成连续、开放的公共空间整体，方可更高效地发挥作用。再如，智慧化建设需要以城市各类网络系统融合为基础，进而建设虚实交融、服务感知无处不在的“虚拟社区”，实现物流、商业、医疗、文化、教育等服务设施广泛覆盖。具体到社区层面的措施，包括以全链接的理念构建智能服务平台，整合信息要素；推进智慧物流体系，建立物流配送的信息共享平台等。未来城市更新不应局限于更新单元内部，应多方面综合考虑各单元与城市（片区）的匹配，以及各系统的整体联结；而城市也需要不断调整更新发展的路径，预留和升级各系统接口，方便各单元融入城市系统形成整体。

参考文献

[1] 张雯. 城市更新实践与文化空间生产 [M]. 上海：上海交通大学出版社，2019.

[2] 白友涛，陈赟畅. 城市更新社会成本研究 [M]. 南京：东南大学出版社，2008.

[3] 阳建强，吴明伟. 现代城市更新 [M]. 南京：东南大学出版社，1999.

[4] 任宏，梁璐. 我国城市更新中的困境与策略分析 [J]. 城市住宅，2020，27（02）：48-50.

[5] 王世福，易智康. 以制度创新引领城市更新 [J]. 城市规划，2021，45（04）：41-47，83.

[6] 褚晓天. 大都市老城区发展研究 [D]. 南京：南京理工大学，2006.

[7] 李晋轩，曾鹏. 新中国城市扩张与更新的制度逻辑解析 [J]. 规划师，2020，36（17）：77-82，98.

[8] 阳建强. 转型发展新阶段城市更新制度创新与建设 [J]. 建设科技，2021（06）：8-11，21.

[9] 唐燕. 强化制度建设 推进城市更新 从简单的物质改造转向综合的社会治理 [J]. 环境经济，2020（13）：39-43.

[10] 周显坤. 城市更新区规划制度之研究 [D]. 北京：清华大学，2017.

[11] 安德鲁·塔隆. 英国城市更新 [M]. 杨帆，译. 上海：同济大学出版社，2017.

[12] 李艳玲. 美国城市更新运动与内城改造 [M]. 上海：上海大学出版社，2004.

[13] 阳建强. 西欧城市更新 [M]. 南京：东南大学出版社，2012.

[14] 同济大学建筑与城市空间研究所，株式会社日本设计. 东京城市更新经验：城市再开发重大案例研究 [M]. 上海：同济大学出版社，2019.

[15] 黄卫东. 城市治理演进与城市更新响应：深圳的先行试验 [J]. 城市规划，2021，45（06）：19-29.
[16] 李江，胡盈盈. 转型期深圳城市更新规划探索与实践 [M]. 南京：东南大学出版社，2015.
[17] 莫霞. 城市设计与更新实践：探索上海卓越全球城市发展之路 [M]. 上海：上海科学技术出版社，2020.
[18] 万勇，顾书桂，胡映洁. 基于城市更新的上海城市规划、建设、治理模式 [M]. 上海：上海社会科学院出版社，2018.
[19] 王世福，张晓阳，费彦. 广州城市更新与空间创新实践及策略 [J]. 规划师，2019，35（20）：46-52.
[20] 丁曼馨. 城市更新改造的工作机制创新：广州经验 [J]. 现代商贸工业，2021，42（04）：46-47.
[21] 王崇烈，陈思伽. 北京城市更新实践历程回顾 [J]. 北京规划建设，2021（06）：26-32.
[22] 李政清. 北京城市更新的实践与思考 [J]. 城市开发，2022（01）：38-40.
[23] 赵晔. 北京城市更新的挑战与对策 [J]. 北京规划建设，2021（01）：14-17.
[24] 陈则明. 城市更新理念的演变和我国城市更新的需求 [J]. 城市问题，2000（01）：11-13.
[25] 张静波，周亚权. 城市公共空间治理体系与治理方式创新的路径 [J]. 云南行政学院学报，2018，20（04）：132-137.
[26] 唐燕. 我国城市更新制度建设的关键维度与策略解析 [J]. 国际城市规划，2022，37（01）：1-8.
[27] 贺倩明. 国家城市更新行动的“进”与“退”[J]. 住宅与房地产，2022（12）：15-24.
[28] 刘曼，洪江，陈勇，等. 未来社区引领未来城市更新的规划思考 [J]. 浙江建筑，2022，39（03）：1-3，11.